普通高等教育"十三五"规划教材

国家自然科学基金项目
江西理工大学本科生、研究生优质课程建设项目 } 资助

面向测绘地信行业的 ObjectArx. NET API 二次开发教程

刘德儿 徐昌荣 兰小机 编著

北 京
冶金工业出版社
2019

内容提要

本书紧密围绕测绘地信行业对 AutoCAD 的应用需求，以 C#语言作为实现途径，系统地介绍了 AutoCAD 二次开发组件 ObjectArx. NET API 在本专业中的应用。全书共分 8 章，主要内容包括：ObjectArx. NET API 编程基础、用户交互与用户界面、AutoCAD 中地形图符号制作、地形要素创建与编辑、基于 Jig 的地形图要素实时绘制、事件与规则重定义、ObjectArx. NET API 在测绘中的应用、AutoCAD 中的 GIS 插件：ArcGIS for AutoCAD。

本书为高等院校地理信息科学、测绘等专业的本科生和研究生教材，也可供从事测绘、GIS 工程项目的技术人员参考。

图书在版编目(CIP)数据

面向测绘地信行业的 ObjectArx. NET API 二次开发教程/刘德儿，徐昌荣，兰小机编著. —北京：冶金工业出版社，2019.12

普通高等教育"十三五"规划教材

ISBN 978-7-5024-8350-0

Ⅰ.①面… Ⅱ.①刘… ②徐… ③兰… Ⅲ.①数字地图—测绘—AutoCAD 软件—高等学校—教材 Ⅳ.①P28-39

中国版本图书馆 CIP 数据核字(2019)第 283442 号

出 版 人　陈玉千
地　　址　北京市东城区嵩祝院北巷 39 号　邮编　100009　电话　(010)64027926
网　　址　www.cnmip.com.cn　电子信箱　yjcbs@cnmip.com.cn
责任编辑　郭冬艳　美术编辑　吕欣童　版式设计　禹　蕊
责任校对　郭惠兰　责任印制　李玉山

ISBN 978-7-5024-8350-0

冶金工业出版社出版发行；各地新华书店经销；三河市双峰印刷装订有限公司印刷
2019 年 12 月第 1 版，2019 年 12 月第 1 次印刷
787mm×1092mm　1/16；17.25 印张；417 千字；265 页
39.00 元

冶金工业出版社　投稿电话　(010)64027932　投稿信箱　tougao@cnmip.com.cn
冶金工业出版社营销中心　电话　(010)64044283　传真　(010)64027893
冶金工业出版社天猫旗舰店　yjgycbs.tmall.com

(本书如有印装质量问题，本社营销中心负责退换)

前　言

　　AutoCAD 是 Autodesk（欧特克）公司首次于 1982 年开发的计算机辅助设计软件，由于其具有强大的二、三维图形绘制功能，以及良好的用户界面和用户交互方式，现已成为国际上广为流行的绘图工具，被广泛应用于机械、建筑、城市规划、测绘等众多专业领域。

　　虽然，当前 GIS 软件已经相当成熟，但由于 AutoCAD 自身所具有的优势，在测绘地信行业的数据采集与处理方面仍然具有相当大的需求和应用，同时，对 AutoCAD 自动化作业水平提出了更高的要求，而 AutoCAD 作为一个普适的图形编辑处理软件并非为某个专业领域专门设计具体功能，这就需要专业人士进行专门开发。AutoCAD 作为一款基础制图软件平台，为用户提供了多样化的强大二次开发功能，开发语言包括：Lisp/Visual Lisp、VBA/VB.NET、C++、C#等，围绕这些开发语言出现了系列教材，目前市面上的现有教材针对性不强，且内容侧重点不一，不太适合测绘地信专业教学使用。

　　本书使用的 AutoCAD 版本为 2015，开发环境为 VS.NET2017，框架为 Framework 4.5。全书分为 8 章，每章的主要内容如下：

　　第 1 章主要讲述 ObjectArx.NET API 编程基础，对二次开发组件体系结构及其编程环境配置、程序执行过程等进行系统讲解，为后续章节学习打下基础。

　　第 2 章对用户交互和用户界面的用户拓展进行讲解，该部分主要解决用户与 AutoCAD 人机交互的实现，通过该部分的学习，学习者将能够开发出符合实际需求的自定义命令、用户操作界面等。

　　第 3 章讲述数字地形图点要素符号、线要素符号、面要素符号的制作，为后续章节地形图要素创建与编辑打下基础。

　　第 4 章以数字地形图中的地理实体创建为例，对 AutoCAD 图形数据库中基本对象创建、维护等知识进行讲解，使读者能够初步理解数字地形图软件开发实现的基本思路。

　　第 5 章对实时绘图技术 Jig 进行讲解，通过该章的学习，学习者将能够开发出类似 AutoCAD 软件自身提供的交互式绘图命令执行过程中鼠标当前位置的实时绘制。

第 6 章对事件和规则重定义进行讲解，通过该章的学习，学习者将能深入理解和应用 AutoCAD 中的事件，提高作业自动化程度，其次，能够较好地定义 AutoCAD 图形显示规则，从而解决由于数据量大，导致 AutoCAD 软件运行非常缓慢的问题。

第 7 章以三角网构建、土石方计算等案例形式讲解 ObjectArx.NET API 在测绘中的应用，通过该章的学习，学习者将能够解决日常测绘作业中遇到的特殊功能需求的二次开发任务。

第 8 章围绕 AutoCAD 与 GIS 之间的联系，以 ObjectArx.NET API 在基础测绘数据入库中的应用为例，讲解 AutoCAD 数据到 GIS 数据转换，通过该章的学习，学习者将能够解决生产作业中遇到的数据入库问题，更能体会到学习 Auto-CAD 二次开发的重要性。

本书的编写和出版，得到了国家自然科学基金项目，江西理工大学本科生、研究生优质课程建设项目，江西理工大学著作出版基金联合资助，在此一并表示感谢！

由于作者水平有限，书中不妥之处，敬请广大读者指正！

作　者
2019 年 8 月

目 录

1 ObjectArx.NET API 编程基础 ································· 1

1.1 简单实例 ··· 1
1.1.1 安装 ObjectArx.NET API 开发包 ························· 1
1.1.2 Hello World 程序实例 ·· 2
1.2 ObjectArx.NET 程序调试设置 ······································ 5
1.3 ObjectArx.NET API 程序自动加载 ································ 6
1.4 AutoCAD 对象层次 ·· 6
1.4.1 Application 对象 ··· 7
1.4.2 Document 对象 ··· 7
1.4.3 Database 对象 ·· 9
1.4.4 图形对象和非图形对象 ·· 9
1.4.5 集合对象 ··· 10
1.4.6 非本地的图形对象和非图形对象 ··························· 15
1.5 扩展数据、扩展记录和对象字典 ·································· 15
1.6 AutoCAD 绘图环境控制 ··· 17
1.6.1 控制应用程序窗口 ··· 17
1.6.2 控制图形窗口 ·· 18
1.6.3 新建、打开、保存和关闭图形 ······························ 33
1.6.4 锁定和解锁文档 ··· 38
1.6.5 设置 AutoCAD 选项 ·· 39
1.6.6 设置和返回系统变量 ··· 41
1.6.7 精确绘图 ··· 41
习题与思考题 ··· 47

2 用户交互与用户界面 ·· 48

2.1 用户交互输入 ·· 48
2.1.1 GetString( ) 方法 ··· 48
2.1.2 GetPoint( ) 方法 ·· 49
2.1.3 GetKeywords( ) 方法 ·· 50
2.1.4 控制用户输入 ·· 51
2.2 使用选择集 ··· 52
2.2.1 获得先选择后执行（PickFirst）选择集 ···················· 53

  2.2.2 在绘图区域选择对象 ··· 54
  2.2.3 添加或合并多个选择集 ··· 56
  2.2.4 定义选择集过滤器规则 ··· 57
  2.2.5 从选择集删除对象 ··· 64
 2.3 AutoCAD 内部命令调用 ··· 65
  2.3.1 访问 AutoCAD 命令行 ··· 65
  2.3.2 调用 AutoCAD 命令 ··· 65
 2.4 用户菜单定义 ·· 67
  2.4.1 上下文菜单定义 ··· 67
  2.4.2 下拉菜单定义 ··· 69
 2.5 用户工具条定义 ·· 72
 2.6 用户自定义用户窗体 ·· 74
  2.6.1 定义窗体 ··· 74
  2.6.2 加载窗体 ··· 75
 2.7 用户自定义面板 ·· 78
 习题与思考题 ·· 79

3 AutoCAD 中地形图符号制作 ·· 81

 3.1 地形图符号概述 ·· 81
  3.1.1 地形图符号的意义 ··· 81
  3.1.2 制定地形图符号的基本原则 ··· 81
  3.1.3 地形图符号的分类 ··· 82
 3.2 点符号及其制作 ·· 82
  3.2.1 传统地形图符号制作的缺陷 ··· 83
  3.2.2 形的制作 ··· 83
  3.2.3 使用 Express Tools 的 MakeShape 工具制作形 ······································· 85
  3.2.4 基于块的点状符号制作 ··· 89
 3.3 线符号及其制作 ·· 92
  3.3.1 简单线型符号制作 ··· 92
  3.3.2 复合线型符号制作 ··· 93
  3.3.3 使用 MakeLineType 工具制作线型 ··· 94
 3.4 面符号及其制作 ·· 95
 习题与思考题 ·· 96

4 地形要素创建与编辑 ··· 98

 4.1 地形图碎部点 ·· 98
  4.1.1 碎部点获取及野外操作编码 ··· 98
  4.1.2 碎部点展点 ··· 102
 4.2 独立地物的绘制 ·· 105

目录

- 4.2.1 基于形的独立地物的绘制 ………………………………… 105
- 4.2.2 基于块的独立地物的绘制 ………………………………… 105
- 4.3 线状地形要素绘制 ………………………………………………… 110
  - 4.3.1 AutoCAD 中的线对象 ……………………………………… 110
  - 4.3.2 使用 Polyline 对象绘制二维地形线要素 ………………… 113
  - 4.3.3 使用 Polyline3d 对象绘制三维地形线要素 ……………… 115
  - 4.3.4 线要素顶点读取与编辑 …………………………………… 116
  - 4.3.5 判断线要素是否相交 ……………………………………… 117
- 4.4 面状地形要素绘制 ………………………………………………… 118
  - 4.4.1 居民地房屋要素绘制 ……………………………………… 118
  - 4.4.2 植被与土质要素绘制 ……………………………………… 121
- 4.5 地形要素属性数据输入与编辑 …………………………………… 124
  - 4.5.1 添加用户控件 ……………………………………………… 124
  - 4.5.2 注册应用程序名 …………………………………………… 125
  - 4.5.3 绘制要素 …………………………………………………… 126
  - 4.5.4 属性数据输入 ……………………………………………… 127
  - 4.5.5 保存属性数据 ……………………………………………… 128
- 习题与思考题 …………………………………………………………… 129

5 基于 Jig 地形图要素的实时绘制 ……………………………………… 130

- 5.1 实时绘图技术 Jig 概述 …………………………………………… 130
  - 5.1.1 EntityJig …………………………………………………… 130
  - 5.1.2 DrawJig ……………………………………………………… 130
- 5.2 EntityJig 实例 ……………………………………………………… 131
  - 5.2.1 直线实时绘制 ……………………………………………… 131
  - 5.2.2 线状地形要素实时绘制 …………………………………… 134
  - 5.2.3 无填充面状地形要素实时绘制 …………………………… 139
  - 5.2.4 圆形面状地形要素实时绘制 ……………………………… 141
  - 5.2.5 注记要素实时绘制 ………………………………………… 144
- 5.3 DrawJig 实例 ……………………………………………………… 149
  - 5.3.1 使用 DrawJig 动态地移动、旋转、缩放地形要素 ……… 149
  - 5.3.2 使用 DrawJig 实时绘制矩形要素 ………………………… 153
  - 5.3.3 有填充面状要素实时绘制 ………………………………… 157
- 习题与思考题 …………………………………………………………… 162

6 事件与规则重定义 ……………………………………………………… 163

- 6.1 AutoCAD 中的事件 ………………………………………………… 163
  - 6.1.1 了解 AutoCAD 中的事件 …………………………………… 163
  - 6.1.2 事件处理程序的原则 ……………………………………… 163

6.1.3　事件的注册与撤销 …………………………………………… 164
　　6.1.4　处理 Application 事件 ……………………………………… 165
　　6.1.5　处理 Document 事件 ………………………………………… 166
　　6.1.6　处理 DocumentCollection 对象事件 ………………………… 167
　　6.1.7　处理 Object 级事件 …………………………………………… 168
　　6.1.8　使用 .NET 注册基于 COM 的事件 …………………………… 172
　6.2　规则重定义 …………………………………………………………… 173
　　6.2.1　显示重定义 …………………………………………………… 174
　　6.2.2　夹点重定义 …………………………………………………… 176
　习题与思考题 ………………………………………………………………… 183

7　ObjectArx.NET API 在测绘中的应用 …………………………………… 184

　7.1　Delaunay 三角网构建 ………………………………………………… 184
　　7.1.1　Delaunay 三角网的特征 ……………………………………… 184
　　7.1.2　Delaunay 三角形的基本准则 ………………………………… 184
　　7.1.3　Delaunay 三角形网的构建算法 ……………………………… 185
　　7.1.4　Delaunay 三角形网代码实现 ………………………………… 185
　7.2　土石方计算 …………………………………………………………… 199
　　7.2.1　开挖方量计算原理 …………………………………………… 200
　　7.2.2　填方量计算原理 ……………………………………………… 201
　　7.2.3　挖方与填方并存时计算原理 ………………………………… 202
　　7.2.4　填挖程序代码实现 …………………………………………… 206
　7.3　道路纵断面绘制 ……………………………………………………… 209
　　7.3.1　道路纵断面概述 ……………………………………………… 209
　　7.3.2　断面图纵横坐标计算 ………………………………………… 210
　　7.3.3　纵断面图绘制代码 …………………………………………… 211
　习题与思考题 ………………………………………………………………… 225

8　AutoCAD 中的 GIS 插件——ArcGIS for AutoCAD ……………………… 226

　8.1　简介 …………………………………………………………………… 226
　　8.1.1　ArcGIS for AutoCAD? ………………………………………… 226
　　8.1.2　快速浏览——ArcGIS for AutoCAD ………………………… 227
　　8.1.3　启动 ArcGIS for AutoCAD …………………………………… 231
　　8.1.4　ArcGIS for AutoCAD 基本词汇 ……………………………… 231
　　8.1.5　命令参考 ……………………………………………………… 232
　8.2　安装指南 ……………………………………………………………… 233
　　8.2.1　ArcGIS for AutoCAD 的系统要求 …………………………… 233
　　8.2.2　安装 ArcGIS for AutoCAD …………………………………… 234
　　8.2.3　加载 ArcGIS for AutoCAD …………………………………… 234

8.2.4 在启动时加载 ArcGIS for AutoCAD … 234
8.3 ArcGIS 中的要素类 … 235
8.3.1 要素类 … 235
8.3.2 地理数据库中要素类的类型 … 236
8.4 原生要素类 … 237
8.4.1 使用原生要素类的基本概念 … 237
8.4.2 创建原生要素类 … 238
8.4.3 导入原生要素类 … 238
8.4.4 选择原生要素 … 238
8.4.5 按属性选择要素 … 239
8.4.6 编辑原生要素属性 … 239
8.4.7 覆盖要素类属性 … 239
8.4.8 原生要素类属性 … 240
8.5 使用 AutoLISP 对 ArcGIS for AutoCAD 进行自定义 … 241
8.5.1 AutoLISP … 241
8.5.2 ArcGIS for AutoCAD 命令 … 241
8.5.3 ArcGIS for AutoCAD AutoLISP API … 241
8.6 AutoCAD 制图规范 … 244
8.6.1 AutoCAD 制图规范 … 244
8.6.2 面向开发人员的 DWG 文件基本词汇 … 245
8.6.3 原生要素类编码的基本概念 … 246
8.6.4 制图规范分组编码 … 248
8.6.5 制图规范对象示意图 … 248
8.6.6 代码实例 … 249
习题与思考题 … 264

参考文献 … 265

1 ObjectArx.NET API 编程基础

1.1 简单实例

1.1.1 安装 ObjectArx.NET API 开发包

进入 Autodesk 官网 http://usa.autodesk.com/下载对应 AutoCAD 版本开发包，下载开发包前需要填写个人信息，完成后点击页面底部"Submit"按钮即可下载。ObjectArx.NET API 开发包不同版本对应 Visual Studio 不同版本，版本配置关系如表 1-1 所示。

表 1-1 ObjectArx.NET API 开发包与 VS 配置关系

AutoCAD 版本	Visual Studio 版本	开发框架
ACAD2000~ACAD2002	Microsoft Visual C++ 6.0	
ACAD2004~ACAD2006	VS 2002	.NETFramework 1.0
ACAD2007~ACAD2009	VS 2005	.NETFramework 2.0
ACAD2010~ACAD2011	VS 2008 带 SP1	.NET Framework 3.5 带 SP1
ACAD2012~ACAD2014	VS 2010/2012	.NET Framework 4.0
ACAD2015~ACAD2016	VS 2012/2013	.NET Framework 4.5
ACAD2017	VS 2015	.NET Framework 4.5

开发包下载完成后直接点击安装，如图 1-1 所示，安装默认路径为"C:\ObjectARX 2015"，.NET API 开发包位于目录"C:\ObjectARX 2015\inc"。开发包安装完后，为了实现程序开发环境及开发包的自动配置，需要安装开发向导 AutoCADNetWizards.msi。

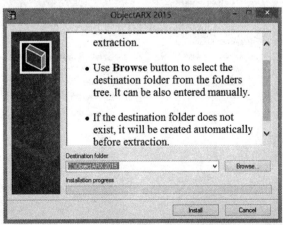

图 1-1 ObjectARX.NET API 安装

1.1.2 Hello World 程序实例

在本节中，将使用 Visual Studio.NET 创建一个新的类库工程，并被编译成能被 AutoCAD 装载的.NET dll 动态库。加载该 dll 后会向 AutoCAD 添加一个名为"HelloWorld"的新命令。当用户运行这个命令后，在 AutoCAD 命令行上将显示"HelloWorld"文本。本程序实例创建基本过程如下：

（1）启动 Visual Studio.NET，新建"Visual C#"类型项目，并使用 Autodesk 向导新建工程，如图 1-2 所示，将工程命名为"HelloWorld"，选择工程存放位置。点击"确定"按钮弹出如图 1-3 所示界面，程序默认运行于 ACAD 进程中，其次对于本实例所需 API 默

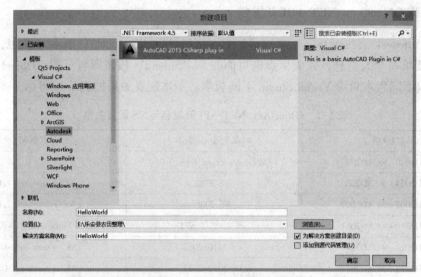

图 1-2 使用向导创建工程

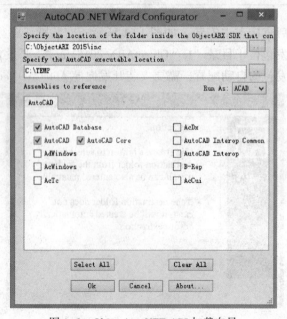

图 1-3 ObjectArx.NET API 加载向导

认前三项已经足够,其他选项将根据工程具体实际进行选择,如:需要创建用户自定义菜单或工具条,则需要选择"AcCui"。

(2) 单击"Ok"后,在项目中将自动添加两个类:插件初始化类——myPlugin 和命令类——myCommands。myPlugin 集成 IExtensionApplication 接口,用于 CAD 初始化托管程序。

当 AutoCAD 装载一个托管程序时,它查询程序的装配件(assembly)是否有 ExtensionApplication 自定义特性。如果它找到这个特性,AutoCAD 把这个特性所联系的类型作为程序的入口点。如果没有找到这个特性,AutoCAD 查找所有实现 IExtensionApplication 接口的输出类。如果没有找到相关的接口实现,AutoCAD 就会跳过程序的初始化步骤。ExtensionApplication 特性只能被附加到一个类型,被附加的类型必须实现 IExtensionApplication 接口,该接口封装在 Autodesk.AutoCAD.Runtime 包中,如表 1-2 所示。

除了查找 IExtensionApplication 接口的实现,AutoCAD 查询程序的装配件是否有一个或多个 CommandClass 特性。如果找到带有这个特性的实例,AutoCAD 只查找它们所联系的命令方法类型。否则,它会查找所有输出的类型。CommandClass 特性可以被声明为定义 AutoCAD 命令处理函数的任何类型。如果一个程序使用 CommandClass 属性,它必须为包含有 AutoCAD 命令处理函数的所有类型声明一个带有此特性的实例。

当程序中包含类的数目较多时,通过 ExtensionApplication 和 CommandClass 这两个属性可显著加快程序的加载速度,这两属性不是必须的。插件初始化类代码如下:

```
usingAutodesk.AutoCAD.Geometry;
usingAutodesk.AutoCAD.EditorInput;
//This line is not mandatory,but improves loading performances
[assembly:ExtensionApplication(typeof(HelloWorld.MyPlugin))]
namespace HelloWorld
{
    publicclassMyPlugin:IExtensionApplication
    {
        voidIExtensionApplication.Initialize()
        {
            //Initialize your plug-in application here
        }
        voidIExtensionApplication.Terminate()
        {
            //Do plug-in application clean up here
        }
    }
}
```

IExtensionApplication 接口构造:

```
namespace Autodesk.AutoCAD.Runtime
{
    using System;
    public interface IExtensionApplication
    {
        void Initialize();
        void Terminate();
    }
}
```

(3) 编写属于自己的第一个 CAD 名命令——HelloWorld,引用 Autodesk.AutoCAD.Runtime、Autodesk.AutoCAD.ApplicationServices 和 Autodesk.AutoCAD.EditorInput 三个必须命名空间,并在程序引用和命名空间添加 CommandClass 属性,具体代码如下:

```
using System;
using Autodesk.AutoCAD.Runtime;
using Autodesk.AutoCAD.ApplicationServices;
using Autodesk.AutoCAD.EditorInput;
[assembly:CommandClass(typeof(HelloWorld.MyCommands))]
namespace HelloWorld
{
    public class MyCommands
    {
        [CommandMethod("MyGroup","HelloWorld","MyCommandLocal",CommandFlags.Modal)]
        public void HelloWorld()
        {
            Document doc = Application.DocumentManager.MdiActiveDocument;
            Editor ed;
            if(doc! = null)
            {
                ed = doc.Editor;
                ed.WriteMessage("Hello World,this is your first command.");
            }
        }
    }
}
```

(4) 编译 Hello 及运行实例。启动 AutoCAD,在命令框中输入 netload 命令加载 HelloWorld.dll 动态库,如图 1-4 所示;然后,在命令框中输入"HelloWorld"命令,运行结果如图 1-5 所示。

1.2 ObjectArx.NET 程序调试设置

图 1-4 加载用户自定义动态库

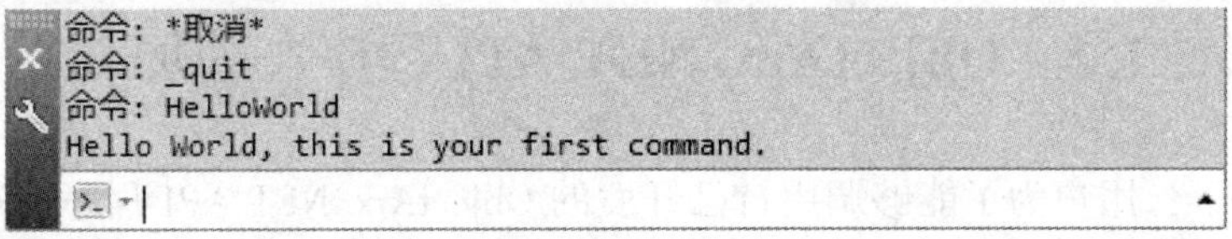

```
命令: *取消*
命令: _quit
命令: HelloWorld
Hello World, this is your first command.
```

图 1-5 HelloWorld 命令运行结果

1.2 ObjectArx.NET 程序调试设置

程序调试是透视程序运行的一个重要举措，对于发现程序存在的问题具有举足轻重的作用。像其他 .NET 程序一样，ObjectArx.NET 程序同样可以设置断点在 .NET 开发框架中进行调试，基本设置如图 1-6 所示，选择"调试→启动外部程序"，然后在文本框中输入

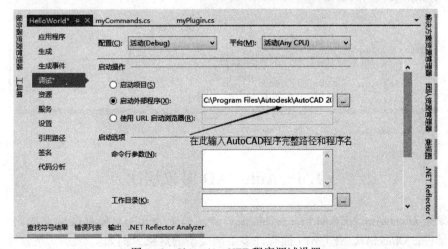

图 1-6 ObjectArx.NET 程序调试设置

AutoCAD 主程序完整路径 "C：\Program Files\Autodesk\AutoCAD 2015\acad.exe"，保存设置后即可进行调试，HelloWorld 程序实例启动调试效果如图 1-7 所示。

提示：AutoCAD 版本为 2017 时，若要进行调试，则首先要运行 AutoCAD，再启动调试。

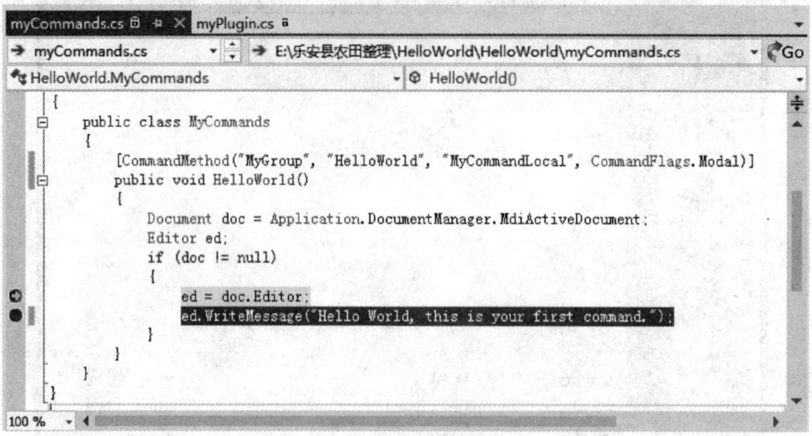

图 1-7 ObjectArx. NET 程序调试

1.3 ObjectArx. NET API 程序自动加载

常规情况下，用户为了能够调用自己开发的 ObjectArx. NET API 程序，每次启动 AutoCAD 进程后，需要使用 Netload 命令手动重新加载。为了能够自动加载用户自定义功能，AutoCAD 在 acadXXXXdoc.lsp 文件中提供了自动加载入口，如图 1-8 所示，该文件通常位于安装目录下的："…\\Support" 或 "…\\Support\zh-cn"（中文版所在位置），其中 XXXX 代表 AutoCAD 版本年份，如 acad2015doc.lsp。

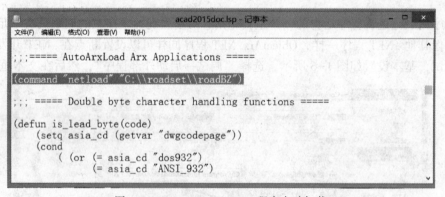

图 1-8 ObjectArx. NET API 程序自动加载

1.4 AutoCAD 对象层次

对象是 ObjectArx. NET API 的主要构成成分。每个公开的对象都准确地代表 AutoCAD 的一个部件。ObjectArx. NET API 拥有许多不同类型的对象，例如：

(1) 直线、圆弧、文字和标注等图形对象；
(2) 图层、线型、标注样式等样式设置对象；
(3) 图层、组、块等图形组织结构对象；
(4) 视图、视口等图形显示对象；
(5) 乃至图形和 AutoCAD 应用程序本身也是对象。

所有对象以 ObjectArx.NET API 的 Application 对象为根对象，按层次结构方式组织，通常称层次结构为对象模型。如图 1-9 所示描述了 Application 对象与 BlockTableRecord 模型空间内实体（Entity）的基本关系。图中只列出了 ObjectArx.NET API 中的部分对象。

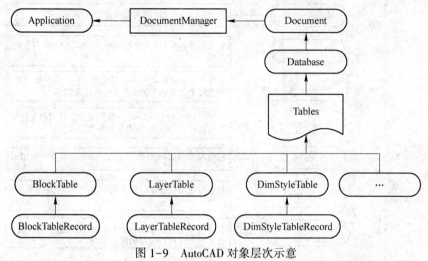

图 1-9 AutoCAD 对象层次示意

1.4.1 Application 对象

Application 对象是 ObjectArx.NET API 的根对象，从 Application 对象，可以访问 AutoCAD 主窗口，以及任何打开的图形，并进而访问图形里的各个对象，结构如图 1-10 所示。例如，Application 对象有一个 DocumentManager 属性，用来返回 DocumentCollection 对象，该对象提供了访问当前打开的 AutoCAD 图形的功能，并允许用户创建、保存、打开图形文件；Application 对象的其他属性提供了访问应用程序特有数据的功能，如信息中心 InfoCenter、主窗口、状态栏等。MainWindow 属性允许访问应用程序的名称、主窗口大小、位置及可见性等。

Application 对象的大多数属性允许对 ObjectArx.NET API 里的对象进行访问，同时也有一些属性是对 AutoCAD ActiveX® Automation 里的对象（COM 对象）的引用，这些属性包括应用程序对象的 COM 版本（AcadApplication）、菜单栏（MenuBar）、加载的菜单组（MenuGroups）、以及选项设置（Preferences）等。

1.4.2 Document 对象

Document 对象，实际上就是一个 AutoCAD 图形，是 DocumentCollection 对象的一部分，提供了访问与 Document 对象相关联的 Database 对象的功能。Database 对象包含 AutoCAD 的全部图形对象和大部分非图形对象（见图 1-11）。

Document 对象连同 Database 对象一起，提供了对图形状态栏、图形窗口、编辑器

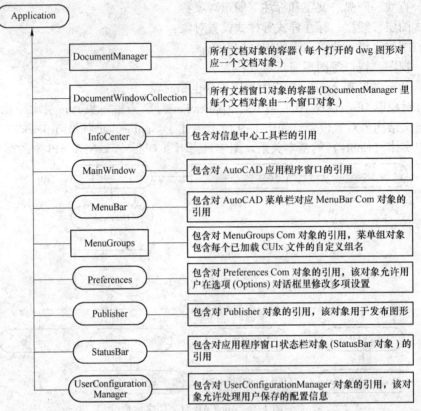

图 1-10　Application 对象层次结构

（Editor）及事务管理器（TransactionManager）对象的访问。Editor 对象提供了获取用户输入的功能，用户输入的形式可以是一个点、一个字串或数值等。事务管理器对象在被称为事务（transaction）的单一操作中，用来管理多个数据库对象。事务可以嵌套，当与事务打交道时，可以提交或终止所做的修改。

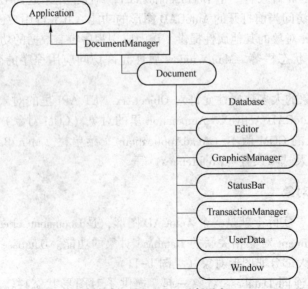

图 1-11　Document 对象层次

1.4.3 Database 对象

Database 对象包含 AutoCAD 所有的图形对象和绝大部分非图形对象，其中包括实体（图元）、符号表、命名字典等。实体（图元）表示图形里的图形对象，直线、圆、弧线、文字、填充和多义线等都是实体。用户能在屏幕上看到实体并可以对其进行操作（见图 1-12）。

可通过 Document 对象的 Database 成员属性来访问当前文档的 Database 对象：

Database pDatabsae = Application. DocumentManager. MdiActiveDocument. Database

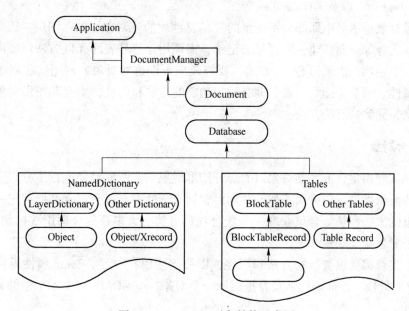

图 1-12　Database 对象结构示意图

符号表和字典用来访问非图形对象（块、图层、线型、布局等等）。图形文件中字典的个数会因 AutoCAD 应用程序的特点和类型而变化，而每个图形文件都包含有 9 个固定的符号表。不能往数据库里添加新的符号表。

符号表的例子，如图层表（LayerTable），其中包含图层表记录，还有块表（BlockTable），其中包含块表记录，等。所有的图形实体（线、圆、弧等等）都属于一个块表记录。缺省情况下，任何图形文件都包含为模型空间和图纸空间预定义的块表记录。每个图纸空间布局拥有自己的块表记录。

字典是可以包含任何 AutoCAD 对象或 XRecord 的容器对象。字典要么保存在命名字典对象数据库里，要么作为一个表记录或图形实体的扩展字典来保存。命名字典对象是与数据库关联的所有字典的主表。与符号表不同，新的字典可以被创建并添加到命名字典对象里。

1.4.4 图形对象和非图形对象

图形对象，又称为实体，是组成图形的可见对象，如：线、圆、光栅图像，等等。向当前图形添加图形对象的方法是，通过引用正确的块表记录，使用 AppendEntity 方法将要添加的新对象添加到图形中。

要修改或查询对象，先从相应的块表记录里获得对该对象的引用，然后调用该对象自己的方法或属性。每个图形对象都拥有一些方法，这些方法实现了与大部分 AutoCAD 编辑命令相同的功能，如：复制、删除、移动、镜像，等等。

这些对象还有一些方法，用于检索扩展数据（XData）、突出显示和取消突出显示、从别的实体设置属性等。大多数图形对象都拥有一些彼此共有的属性，比如 LayerId、LinetypeId、Color、Handle 等。另外每个图形对象还拥有自己特有的属性，比如 Center、StartPoint、Radius，以及 FitTolerance 等。

非图形对象是图形中那部分不可见的（信息性质的）对象，如：图层、线型、标注样式、文字样式等等。要新建一个符号表记录，需调用该符号表的 Add 方法。要向命名对象字典添加一个字典，需调用 SetAt 方法。要修改或查询这些对象，调用这些对象自己相应的方法或属性。每个非图形对象都拥有特定功能的方法和属性，所有非图形对象都拥有检索扩展数据、删除自己的方法。

1.4.5 集合对象

AutoCAD 使用集合或容器对象对大部分图形对象和非图形对象进行了分组。尽管集合包含不同的数据类型，仍可用相似的技术对它们进行处理。每个集合都拥有把一个对象添加到集合里的方法和从集合里获取一个集合项的方法。大多数集合调用 Add 方法或 SetAt 方法将一个对象添加到集合里。

大多数集合都提供类似的方法和属性，以便于使用和学习。Count 属性返回集合里从 0 开始的对象计数，Item 函数从集合里返回一个对象。AutoCAD.NET API 中的集合成员如表 1-2 所示。

表 1-2 AutoCAD 集合对象实例

集合对象名称	功　　能
Block Table Record 块表记录	包含指定块定义里的全部实体
Block Table 块表	包含图形文件里的全部块
Layer Table 图层表	含图形文件里的全部图层
Linetype Table 线型表	含图形文件里的全部线型
Dimension Style Table 标注样式表	含图形文件里的全部标注样式
Text Style Table 文字样式表	含图形文件里的全部文字样式
Registered Application Table 已注册应用程序表	含图形文件里全部已注册的应用程序
View Table 视图表	含图形文件里的全部视图
Document Collection 文档集合	含当前对话任务里的全部打开的图形文件
Named Objects Dictionary 命名字典	含图形文件里的全部字典
File Dependency Collection 文件依赖性集合	含文件依赖性列表里的全部项

续表 1-2

集合对象名称	功能
Group Dictionary 组字典	含图形文件里的全部组
Hyperlink Collection 超链接集合	含给定实体的全部超链接
Layout Dictionary 布局字典	含图形文件里的全部布局
MenuBar Collection 菜单栏集合	含 AutoCAD 当前显示的全部菜单项
MenuGroup Collection 菜单组集合	含 AutoCAD 当前加载的全部自定义组。自定义组代表一个加载的 CUIx 文件，该文件可包含菜单、工具条、ribbon 选项卡以及定义用户界面的其他元素
Plot Configuration Dictionary 绘图配置字典	含图形文件里的命名绘图设置
UCS Table UCS 表	含图形文件里的全部用户坐标系
Viewport Table 视口表	含图形文件里的全部视口

1.4.5.1 访问集合

多数集合对象和容器对象都是通过 Document 对象或 Database 对象来访问的。Document 对象和 Database 对象包含一个属性，用来访问大多数可用集合对象中的对象或对象 ID。例如，下面的代码定义了一个变量并检索 LayersTable 对象，LayersTable 对象表示当前图形文件的图层集合：

```
//获取当前文档,启动事务管理器
Database acCurDb = Application.DocumentManager.MdiActiveDocument.Database;
using(Transaction acTrans = acCurDb.TransactionManager.StartTransaction())
{
    //本例返回当前数据库中的图层表
    LayerTableacLyrTbl;
    acLyrTbl = acTrans.GetObject(acCurDb.LayerTableId, OpenMode.ForRead) asLayerTable;
    //关闭事务
}
```

1.4.5.2 向集合对象添加新成员

向集合中添加新成员，使用 Add() 方法。下面的示例代码新建一个图层并将其添加到 Layer 表：

```
usingAutodesk.AutoCAD.Runtime;
usingAutodesk.AutoCAD.ApplicationServices;
usingAutodesk.AutoCAD.DatabaseServices;
[CommandMethod("AddMyLayer")]
publicstaticvoidAddMyLayer()
{
    //获取当前文档和数据库,并启动事务；
    Document acDoc = Application.DocumentManager.MdiActiveDocument;
```

```
        Database acCurDb = acDoc. Database;
using( Transaction acTrans = acCurDb. TransactionManager. StartTransaction( ) )
            {
//返回当前数据库的图层表
LayerTableacLyrTbl;
acLyrTbl = acTrans. GetObject( acCurDb. LayerTableId,OpenMode. ForRead)asLayerTable;
//检查图层表里是否有图层 MyLayer
if( acLyrTbl. Has("MyLayer")！ = true)
            {
//以写模式打开图层表
acLyrTbl. UpgradeOpen( );
//新创建一个图层表记录,并命名为"MyLayer"
using( LayerTableRecordacLyrTblRec = newLayerTableRecord( ) )
                {
acLyrTblRec. Name = "MyLayer";
//添加新的图层表记录到图层表,添加事务
acLyrTbl. Add( acLyrTblRec);
acTrans. AddNewlyCreatedDBObject( acLyrTblRec,true);
//释放 DBObject 对象
}
//提交修改
acTrans. Commit( );
            }
//关闭事务,回收内存;
        }
    }
```

1.4.5.3 遍历集合对象

选择集合对象的指定成员,用 Item( ) 方法或 GetAt( ) 方法。Item( ) 方法和 GetAt( ) 方法需要一个代表成员名称的字符串形式参数值。对大多数集合来说,Item( ) 方法是隐含的,这意味着其实不需要使用该方法。

对有些集合对象来说,还可以用一个索引值来指定一个成员在要检索的集合里的位置。所用的这些方法,会根据所用的编程语言的不同,以及是使用符号表还是使用字典,而有不同的格式。

下列代码演示如何访问图层符号表里的 MyLayer 表记录:

```
acObjId = acLyrTbl["MyLayer"];
```

迭代 LayerTable 对象

下面的例子遍历 LayerTable 对象并显示全部图层表记录的名称。

```
usingAutodesk. AutoCAD. Runtime;
usingAutodesk. AutoCAD. ApplicationServices;
usingAutodesk. AutoCAD. DatabaseServices;
```

1.4 AutoCAD 对象层次

```
[CommandMethod("IterateLayers")]
public static void IterateLayers()
{
    //获取当前数据库,启动事务
    Document acDoc = Application.DocumentManager.MdiActiveDocument;
    Database acCurDb = acDoc.Database;
    using(Transaction acTrans = acCurDb.TransactionManager.StartTransaction())
    {
        //返回当前数据库的图层表
        LayerTable acLyrTbl;
        acLyrTbl = acTrans.GetObject(acCurDb.LayerTableId, OpenMode.ForRead) as LayerTable;
        //遍历图层表并打印每个图层的名字
        foreach(ObjectId acObjId in acLyrTbl)
        {
            LayerTableRecord acLyrTblRec;
            acLyrTblRec = acTrans.GetObject(acObjId, OpenMode.ForRead) as LayerTableRecord;
            acDoc.Editor.WriteMessage("\n" + acLyrTblRec.Name);
        }
        //关闭事务
    }
}
```

从 LayerTable 对象中查找名为 MyLayer 的图层表记录

下面的例子检查 LayerTable 对象,确定名为 MyLayer 的图层是否存在,并显示相应消息。

```
using Autodesk.AutoCAD.Runtime;
using Autodesk.AutoCAD.ApplicationServices;
using Autodesk.AutoCAD.DatabaseServices;
[CommandMethod("FindMyLayer")]
public static void FindMyLayer()
{
    //获取当前数据库,启动事务
    Document acDoc = Application.DocumentManager.MdiActiveDocument;
    Database acCurDb = acDoc.Database;
    using(Transaction acTrans = acCurDb.TransactionManager.StartTransaction())
    {
        //返回当前数据库的图层表
        LayerTable acLyrTbl;
        acLyrTbl = acTrans.GetObject(acCurDb.LayerTableId, OpenMode.ForRead) as LayerTable;
        //检查图层表里是否有图层 MyLayer
        if(acLyrTbl.Has("MyLayer") != true)
        {
            acDoc.Editor.WriteMessage("\n'MyLayer'does not exist");
```

```
            }
        else
            {
            acDoc.Editor.WriteMessage("\nMyLayer exists");
            }
//关闭事务
        }
    }
```

1.4.5.4 从集合对象中删除成员

可以使用集合对象成员的 Erase() 方法删除集合对象成员。下面的示例代码演示如何从 LayerTable 对象中删除图层 MyLayer。

从图形中删除一个图层前,应先确定该图层能否被安全删除。用 Purge() 方法确定是否可以删除图层、块、文字样式等这样的命名对象。

```
using Autodesk.AutoCAD.Runtime;
using Autodesk.AutoCAD.ApplicationServices;
using Autodesk.AutoCAD.DatabaseServices;
[CommandMethod("RemoveMyLayer")]
public static void RemoveMyLayer()
    {
//获取当前数据库,启动事务
    Document acDoc = Application.DocumentManager.MdiActiveDocument;
    Database acCurDb = acDoc.Database;
    using(Transaction acTrans = acCurDb.TransactionManager.StartTransaction())
        {
//返回当前数据库的图层表
        LayerTable acLyrTbl;
        acLyrTbl = acTrans.GetObject(acCurDb.LayerTableId, OpenMode.ForRead) as LayerTable;
//检查图层表里是否有图层 MyLayer
        if(acLyrTbl.Has("MyLayer") == true)
            {
            LayerTableRecord acLyrTblRec;
            acLyrTblRec = acTrans.GetObject(acLyrTbl["MyLayer"], OpenMode.ForWrite) as LayerTableRecord;
            try
                {
                acLyrTblRec.Erase();
                acDoc.Editor.WriteMessage("\nMyLayer was erased");
//提交修改
                acTrans.Commit();
                }
            catch
                {
```

```
acDoc.Editor.WriteMessage(" \n″MyLayer″could not be erased");
                    }
                }
else
            {
acDoc.Editor.WriteMessage(" \n″MyLayer″does not exist");
                }
//关闭事务
            }
        }
```

一旦删除了对象,就不能试图在随后的程序中再访问该对象,否则就会出错。上面的示例代码演示了在访问对象前检查对象是否存在。试图删除对象时,应该用 Has() 方法检查其是否存在,或用 Try 语句捕捉可能发生的任何异常。

1.4.6 非本地的图形对象和非图形对象

AutoCAD.NET API 编程接口是 ObjectARX 和 ActiveX Automation 两种编程接口交叉实现的。当然可以从 ObjectARX 访问 ActiveX Automation,但通过.NET API,可以几乎无缝的使用这两种编程技术。正像使用本地.NET API 处理对象一样,可以从属性访问相同的 COM 对象。有些情况下,使用 COM 对象是编程访问 AutoCAD 功能的唯一途径。COM 对象通过.NET API 公开的属性的例子如:Preferences、Menubar、MenuGroups、AcadObject 及 AcadApplication 等。

Application 对象的 Preferences 属性用来访问一组 COM 对象,其中的每个 COM 对象对应选项对话框里的一个选项页,这些对象一起用来访问选项对话框里呈现出来的存储在注册表里的全部选项设置。用户可以使用 Application 对象的 SetSystemVariable 方法和 GetSystemVariable 方法来设置和修改选项(当然也可以设置和修改哪些不在选项对话框里的系统变量)。

当与最初可能是用 VB 或 VBA 开发的代码打交道时,或者当与那些使用了 AutoCAD ActiveX Automation 库和 AutoCAD.NET API 的第三方库打交道时,访问 COM 对象技术很有用。像 Preferences 对象那样,用户还可以使用 Utility 对象的诸如转换坐标、基于角和距离定义新点等实用功能,Utility 对象可通过 COM 对象 AcadApplication 访问,同等地,也可以通过.NET API 中的 Application 对象访问。

注意:当使用了 AutoCAD.NET API 和 ActiveX Automation 两种技术时,如果你创建的自定义函数需要返回一个对象,建议返回 ObjectId 而不是对象本身。

1.5 扩展数据、扩展记录和对象字典

AutoCAD 数据库的任何对象都可以灵活的附加一定数量的自定义数据,如房屋的结构、建设时间、所有者等信息,供开发者使用,这些数据的含义由开发者自行解释,AutoCAD 只维护这些数据而不管其具体的含义,这些数据被称为扩展数据(Xdata)。

扩展数据（Xdata）的数据链表不能超过 16K，同时开发者需要对 DXF 组码和结果缓冲区链表有所了解，DXF 组码范围为 1000~1071 之间，如表 1-3 所示。

表 1-3 DXF 编码值

DXF 编码值	扩展数据内容	DXF 编码值	扩展数据内容
1000~1009	字符串（最多不超过 255 个字符）	1011，1021，1031	三维空间位置
1001	Xdata 的引用程序名	1012，1022，1032	三维空间距离
1002	Xdata 的控制字符串	1013，1023，1033	三维空间方向
1003	图层名	1040	Xdata 中的浮点数
1004	二进制数据	1041	Xdata 中的距离值
1005	数据库对象句柄	1042	Xdata 中的比例系数
1010~1059	浮点数	1060~1070	16 位整数
1010，1020，1030	三维点（x，y，z）	1071	32 位整数

扩展数据需要一个唯一的应用程序名，可以通过 acdbRegApp() 进行注册，名字最长可达 31 个字符。由于每个数据库对象可以附加多个应用程序的数据，所以在结果缓冲区链表中，应用程序名是每段扩展数据的第一个数据，其后的结果缓冲数据都归此应用程序名所有。在命名空间 Autodesk.AutoCAD.DatabaseServices 的枚举类型 DxfCode 给出了所有扩展数据编码，如图 1-13 所示。

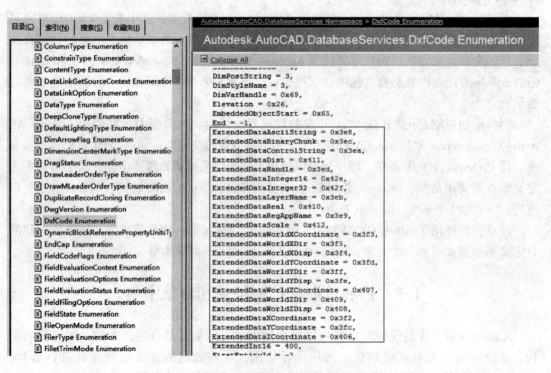

图 1-13 扩展数据 DxfCode 编码

1.6 AutoCAD 绘图环境控制

1.6.1 控制应用程序窗口

控制 AutoCAD 应用程序窗口的能力让开发人员可以灵活地创建高效智能的应用程序。比如有时需要在程序中适时地最小化 AutoCAD 窗口，也许此时的代码正在使用其他应用程序如 Excel 处理任务。又比如，在执行像提示用户输入这样的任务前，经常需要确认 AutoCAD 窗口的状态。

使用 Application 对象的方法和属性，不但可以改变 AutoCAD 应用程序窗口的位置、大小及可见性，还可以用 WindowState 属性来最小化、最大化 Application 窗口，以及检查 Application 窗口的当前状态等。

1.6.1.1 设置应用程序窗口位置和大小

本例使用 DeviceIndependentLocation 属性和 DeviceIndependentSize 属性将 AutoCAD 应用程序窗口定位于屏幕左上角，并将窗口大小设置为 400×400 像素。

注：下列示例需要在项目中引用 PresentationCore 库（PresentationCore.dll）。从添加引用对话框的 .NET 选项页中选 PresentationCore 即可。

```
usingSystem. Drawing;
usingAutodesk. AutoCAD. Runtime;
usingAutodesk. AutoCAD. ApplicationServices;
[CommandMethod("PositionApplicationWindow")]
public static void PositionApplicationWindow()
[CommandMethod("PositionApplicationWindow")]
publicstaticvoidPositionApplicationWindow()
    {
//设置应用程序窗口位置
System. Windows. PointptApp=newSystem. Windows. Point(0,0);
Autodesk. AutoCAD. ApplicationServices. Application. MainWindow. DeviceIndependentLocation=ptApp;
//设置应用程序窗口大小
System. Windows. SizeszApp=newSystem. Windows. Size(400,400);
Autodesk. AutoCAD. ApplicationServices. Application. MainWindow. DeviceIndependentSize=szApp;
    }
```

1.6.1.2 最小化和最大化应用程序窗口

注：下列示例需要在项目中引用 PresentationCore 库（PresentationCore.dll）。从添加引用对话框的 .NET 选项页中选 PresentationCore 即可。

```
usingSystem. Drawing;
usingAutodesk. AutoCAD. Runtime;
usingAutodesk. AutoCAD. ApplicationServices;
usingAutodesk. AutoCAD. Windows;
[CommandMethod("MinMaxApplicationWindow")]
```

```csharp
publicstaticvoidMinMaxApplicationWindow()
{
//最小化应用程序窗口
Application.MainWindow.WindowState=Window.State.Minimized;
System.Windows.Forms.MessageBox.Show("Minimized","MinMax",
System.Windows.Forms.MessageBoxButtons.OK,
System.Windows.Forms.MessageBoxIcon.None,
            System.Windows.Forms.MessageBoxDefaultButton.Button1,
System.Windows.Forms.MessageBoxOptions.ServiceNotification);
//最大化应用程序窗口
Application.MainWindow.WindowState=Window.State.Maximized;
System.Windows.Forms.MessageBox.Show("Maximized","MinMax");
}
```

1.6.1.3 获取应用程序窗口当前状态

本示例查询应用程序窗口的状态并将其显示出来。

```csharp
usingAutodesk.AutoCAD.Runtime;
usingAutodesk.AutoCAD.ApplicationServices;
usingAutodesk.AutoCAD.Windows;
publicstaticvoidCurrentWindowState()
{
System.Windows.Forms.MessageBox.Show("The application window is"+
    Application.MainWindow.WindowState.ToString(),"Window State");
}
```

1.6.1.4 使应用程序窗口不可见和可见

下列代码用 Visible 属性让 AutoCAD 应用程序窗口不可见，然后再让它可见。

```csharp
usingAutodesk.AutoCAD.Runtime;
usingAutodesk.AutoCAD.ApplicationServices;
usingAutodesk.AutoCAD.Windows;
[CommandMethod("HideWindowState")]
publicstaticvoidHideWindowState()
{
//隐藏应用程序窗口
Application.MainWindow.Visible=false;
System.Windows.Forms.MessageBox.Show("Invisible","Show/Hide");
//显示应用程序窗口
Application.MainWindow.Visible=true;
System.Windows.Forms.MessageBox.Show("Visible","Show/Hide");
}
```

1.6.2 控制图形窗口

AutoCAD 应用程序是多文档界面软件（Multiple Document Interface，MDI）。在

AutoCAD 主窗口内可以打开多个图形文档，而每个图形文档都拥有一个窗口。

和 AutoCAD 应用程序窗口一样，同样可以对任一图形文档窗口进行最小化、最大化、改变位置、改变大小以及检查状态等操作。还可以通过使用视图、视口及缩放方法改变图形在窗口内的显示方式。

AutoCAD. NET API 编程接口提供了许多显示图形的手段。当浏览所绘图形的整体效果时，可以通过各种手段控制图形显示：快速移动到图形的不同区域；缩放或平移视图；保存命名视图，并在需要打印或引用特定细节时恢复命名视图；或者通过将屏幕分割为多个平铺视口的方式来一次显示多个视图等等。

1.6.2.1 改变文档窗口的位置和大小

可以使用 Document 对象来调整图形文档窗口的位置和大小。可以用 WindowState 属性最大化和最小化文档窗口，还可以用 WindowState 属性获取文档窗口当前状态。

（1）设置当前文档窗口的位置和大小。本例使用 DeviceIndependentLocation 属性和 DeviceIndependentSize 属性设置文档窗口位置并将窗口大小设置为 400 像素宽 400 像素高。

```
usingAutodesk. AutoCAD. Runtime;
usingAutodesk. AutoCAD. ApplicationServices;
usingAutodesk. AutoCAD. Windows;
[CommandMethod("SizeDocumentWindow")]
publicstaticvoidSizeDocumentWindow()
{
    //获取当前文档窗口
    Document acDoc=Application. DocumentManager. MdiActiveDocument;
    acDoc. Window. WindowState=Window. State. Normal;    //设置文档窗口位置
    System. Windows. PointptDoc=newSystem. Windows. Point(0,0);
    acDoc. Window. DeviceIndependentLocation=ptDoc;
    //设置文档窗口大小
    System. Windows. SizeszDoc=newSystem. Windows. Size(400,400);
    acDoc. Window. DeviceIndependentSize=szDoc;
}
```

（2）最小化和最大化活动文档窗口。

```
usingAutodesk. AutoCAD. Runtime;
usingAutodesk. AutoCAD. ApplicationServices;
usingAutodesk. AutoCAD. Windows;
[CommandMethod("MinMaxDocumentWindow")]
publicstaticvoidMinMaxDocumentWindow()
{
    Document acDoc=Application. DocumentManager. MdiActiveDocument;
    //最小化文档窗口
    acDoc. Window. WindowState=Window. State. Minimized;
    System. Windows. Forms. MessageBox. Show("Minimized","MinMax");
    //最大化文档窗口
```

acDoc. Window. WindowState = Window. State. Maximized;
System. Windows. Forms. MessageBox. Show("Maximized","MinMax");
　　}

（3）获取活动文档窗口的当前状态。

　usingAutodesk. AutoCAD. Runtime;
　usingAutodesk. AutoCAD. ApplicationServices;
　usingAutodesk. AutoCAD. Windows;
　[CommandMethod("CurrentDocWindowState")]
　publicstaticvoidCurrentDocWindowState()
　　{
　　Document acDoc = Application. DocumentManager. MdiActiveDocument;
System. Windows. Forms. MessageBox. Show("The document window is" +
acDoc. Window. WindowState. ToString(),"Window State");
　　}

1.6.2.2 缩放和平移当前视图

视图是图形窗口中具有指定比例、位置、方向的图形。通过改变当前视图的高、宽及中心点位置，可以改变图形的视图。增大或减小视图的宽度或高度会影响图形显示的大小。通过调整当前视图的中心位置可以平移视图。

A 操作当前视图

通过调用 Editor 对象的 GetCurrentView() 方法来访问模型空间或图纸空间中视口的当前视图。GetCurrentView 方法返回一个 ViewTableRecord 对象。就用 ViewTableRecord 对象来操作活动视口中视图的缩放、位置及方向。一旦修改了 ViewTableRecord 对象，就可以调用 SetCurrentView() 方法来更新活动视口中的当前视图。

用来操作当前视图的常用属性：

（1）CenterPoint-DCS（显示坐标系）坐标系中视图的中心点；
（2）Height-DCS 坐标系中视图的高度，高度增加视图拉远，高度减小视图拉近；
（3）Target-WCS 坐标系中视图的目标；
（4）ViewDirection-WCS 坐标系中视图目标到视图观察点的矢量；
（5）ViewTwist-视图扭转角（弧度）；
（6）Width-DCS 坐标系中视图的宽度，宽度增加视图拉远，宽度减小视图拉近。

用来操作当前视图的函数：

本例代码是一个常用子程序，后面的示例中将用到。Zoom() 函数接受 4 个参数，实现了缩放视图到边界、平移视图、视图居中以及按给定系数放大视图等功能。Zoom() 函数要求所有坐标值为 WCS 坐标。

Zoom() 函数的参数：

（1）Minimum point-用来定义显示区域左下角的 3D 点；
（2）Maximum point-用来定义显示区域右上角的 3D 点；
（3）Center point-用来定义视图中心的 3D 点；
（4）Scale factor-用来指定视图放大缩小比例的实数。

1.6 AutoCAD 绘图环境控制

```
usingAutodesk.AutoCAD.ApplicationServices;
usingAutodesk.AutoCAD.DatabaseServices;
usingAutodesk.AutoCAD.Runtime;
usingAutodesk.AutoCAD.Geometry;
staticvoid Zoom(Point3d pMin,Point3d pMax,Point3d pCenter,doubledFactor)
    {
//获取当前文档及数据库
    Document acDoc=Application.DocumentManager.MdiActiveDocument;
    Database acCurDb=acDoc.Database;
intnCurVport=System.Convert.ToInt32(Application.GetSystemVariable("CVPORT"));
//没提供点或只提供了一个中心点时,获取当前空间的范围
//检查当前空间是否为模型空间
if(acCurDb.TileMode==true)
    {
if(pMin.Equals(new Point3d())==true&&
pMax.Equals(new Point3d())==true)
        {
pMin=acCurDb.Extmin;
pMax=acCurDb.Extmax;
        }
    }
else
    {
//检查当前空间是否为图纸空间
if(nCurVport==1)
    {
//获取图纸空间范围
if(pMin.Equals(new Point3d())==true&&
pMax.Equals(new Point3d())==true)
        {
  pMin=acCurDb.Pextmin;
  pMax=acCurDb.Pextmax;
        }
    }
else
    {
//获取模型空间范围
if(pMin.Equals(new Point3d())==true&&
pMax.Equals(new Point3d())==true)
        {
pMin=acCurDb.Extmin;
pMax=acCurDb.Extmax;
        }
```

```
            }
        }
        //启动事务
        using(Transaction acTrans=acCurDb.TransactionManager.StartTransaction())
        {
            //获取当前视图
            using(ViewTableRecord acView=acDoc.Editor.GetCurrentView())
            {
                Extents3d eExtents;
                //将 WCS 坐标变换为 DCS 坐标
                Matrix3d matWCS2DCS;
                matWCS2DCS=Matrix3d.PlaneToWorld(acView.ViewDirection);
                matWCS2DCS=Matrix3d.Displacement(acView.Target-Point3d.Origin) * matWCS2DCS;
                matWCS2DCS=Matrix3d.Rotation(-acView.ViewTwist,
                                             acView.ViewDirection,
                                             acView.Target) * matWCS2DCS;
                //如果指定了中心点,就为中心模式和比例模式
                //设置显示范围的最小点和最大点;
                if(pCenter.DistanceTo(Point3d.Origin)! =0)
                {
                    pMin=new Point3d(pCenter.X-(acView.Width/2),
                                     pCenter.Y-(acView.Height/2),0);
                    pMax=new Point3d((acView.Width/2)+pCenter.X,
                                     (acView.Height/2)+pCenter.Y,0);
                }
                //用直线创建范围对象;
                using(Line acLine=new Line(pMin,pMax))
                {
                    eExtents=new Extents3d(acLine.Bounds.Value.MinPoint,
                                           acLine.Bounds.Value.MaxPoint);
                }
                //计算当前视图的宽高比
                double dViewRatio;
                dViewRatio=(acView.Width/acView.Height);
                //变换视图范围
                matWCS2DCS=matWCS2DCS.Inverse();
                eExtents.TransformBy(matWCS2DCS);
                double dWidth;
                double dHeight;
                Point2d pNewCentPt;
                //检查是否提供了中心点(中心模式和比例模式)
                if(pCenter.DistanceTo(Point3d.Origin)! =0)
                {
```

```
dWidth = acView. Width;
dHeight = acView. Height;
if( dFactor = = 0)
            {
pCenter = pCenter. TransformBy( matWCS2DCS);
            }
pNewCentPt = new Point2d( pCenter. X,pCenter. Y);
        }
else//窗口、范围和界限模式下
        {
//计算当前视图的宽高新值;
dWidth = eExtents. MaxPoint. X-eExtents. MinPoint. X;
dHeight = eExtents. MaxPoint. Y-eExtents. MinPoint. Y;
//获取视图中心点
pNewCentPt = new Point2d( ( (eExtents. MaxPoint. X+eExtents. MinPoint. X) * 0.5),
                            ( (eExtents. MaxPoint. Y+eExtents. MinPoint. Y) * 0.5));
        }
//检查宽度新值是否适于当前窗口
if( dWidth>( dHeight * dViewRatio)) dHeight = dWidth/dViewRatio;
//调整视图大小;
if( dFactor! = 0)
        {
acView. Height = dHeight * dFactor;
acView. Width = dWidth * dFactor;
        }
//设置视图中心;
acView. CenterPoint = pNewCentPt;
//更新当前视图;
acDoc. Editor. SetCurrentView( acView);
        }
//提交更改;
acTrans. Commit( );
    }
}
```

B 定义缩放窗口

在 AutoCAD 中，用 ZOOM 命令的 Window 选项来定义要显示在图形窗口的图形区域。当通过指定两个点定义这样的显示区域时，当前视图的 Width 属性和 Height 属性会调整至与该区域相匹配，同时视图的 CenterPoint 属性也会移动到基于指定点的新位置上。

缩放到两点定义的区域

本例代码使用上一小节给出的 Zoom( ) 函数定义一个区域，并演示如何缩放到该区域。显示区域通过将坐标（1.3，7.8，0）和（13.7，-2.6，0）传递给 Zoom( ) 方法的前两个参数来定义。

不需要新的中心点，所以将传递给 Zoom() 函数第三个参数声明为一个新的 Point3d 对象。Zoom() 函数的最后一个参数用来按比例缩放新视图。按比例缩放视图可以用来在显示区域和图形窗口间形成间隔。

```
[CommandMethod("ZoomWindow")]
static public void ZoomWindow()
{
//缩放到由点(1.3,7.8)和点(13.7,-2.6)定义的窗口边界
    Point3d pMin = new Point3d(1.3,7.8,0);
    Point3d pMax = new Point3d(13.7,-2.6,0);
    Zoom(pMin,pMax,new Point3d(),1);
}
```

C　按比例缩放视图

如果需要增加或减少绘图窗口中图像的放大倍率，可以更改当前视图的 Width 和 Height 属性。改变视图大小时，应确保用相同的比例系数修改 Width 属性和 Height 属性。改变当前视图大小时计算的比例系数通常基于下列情形：

（1）相对于图形界限；
（2）相对于当前视图；
（3）相对于图纸空间的图形单位。

用指定比例放大活动图形：本示例代码演示如何使用上一小节给出的 Zoom() 函数将当前视图缩小 50%。

Zoom() 函数总共需要 4 个参数，头两个为新声明的 3D 点，本例没用，第三个值为用来调整视图大小的中心点，最后一个为用来调整视图大小的比例系数。

```
[CommandMethod("ZoomScale")]
static public void ZoomScale()
{
//获取当前文档；
    Document acDoc = Application.DocumentManager.MdiActiveDocument;
//获取当前视图；
using(ViewTableRecord acView = acDoc.Editor.GetCurrentView())
    {
//获取当前视图中心；
        Point3d pCenter = new Point3d(acView.CenterPoint.X,acView.CenterPoint.Y,0);
//设置比例系数；
doubledScale = 0.5;
//基于当前视图中心按比例缩放视图；
        Zoom(new Point3d(),new Point3d(),pCenter,1/dScale);
    }
}
```

D 居中显示对象

可以通过用 CenterPoint 属性修改视图中心点来调整图形窗口中图像的位置。当修改视图中心点而不修改视图大小时，看到的是视图在屏幕上平移的效果。

移动当前图形到指定中心点：本例代码演示怎样使用上一小节给出的 Zoom( ) 函数修改当前视图的中心点。

Zoom( ) 函数总共需要 4 个值，前两个为新声明的 3D 点并忽略掉，第三个值点(5，5，0)为新定义的视图中心点，最后一个值传入 1 表示当前视图大小不变。

```
[CommandMethod("ZoomCenter")]
static public void ZoomCenter()
{
//设置视图的中心点为(5,5,0)
    Zoom(new Point3d(),new Point3d(),new Point3d(5,5,0),1);
}
```

E 显示图形范围和界限

图形的范围或界限，是用来定义让最外边的对象都出现在里边的边界，或者由当前空间界限定义的区域。

计算当前空间的范围，当前空间的范围可以通过下列属性从数据库中获得：

（1）Extmin and Extmax-返回模型空间的范围；

（2）Pextmin and Pextmax-返回当前图纸空间布局的范围。

一旦获取当前空间的范围，就可以计算当前视图的 Width 属性值和 Height 属性值。视图新的宽度值用下面公式计算：

dWidth = MaxPoint. X - MinPoint. X

视图新的高度值用下面公式计算：

dHeight = MaxPoint. Y - MinPoint. Y

计算出视图的宽度和高度后，就可以计算视图的中心点。视图中心点坐标可以用下面的公式获得：

dCenterX = (MaxPoint. X + MinPoint. X) * 0.5

dCenterY = (MaxPoint. Y + MinPoint. Y) * 0.5

计算当前空间的界限，要基于当前空间界限修改图形显示，使用数据库对象的 Limmin 和 Limmax、Plimmin 和 Plimmax 这两对属性。获得当前空间界限的点返回后，就可以用前面提到的公式计算新视图的宽、高和中心点了。

示例：缩放到当前空间的范围和界限

本例代码演示如何使用上一小节给出的 Zoom( ) 函数显示当前空间的范围和界限。

Zoom( ) 函数的 4 个参数中，前两个为定义显示区域的最小点和最大点，第三个为新声明的 3D 点并被忽略，最后一个参数在图形没有完整填充整个图形窗口时用来调整图像的大小。

[CommandMethod("ZoomExtents")]

```csharp
staticpublicvoidZoomExtents()
{
//缩放到当前空间的范围;
    Zoom(new Point3d(),new Point3d(),new Point3d(),1.01075);
}
[CommandMethod("ZoomLimits")]
staticpublicvoidZoomLimits()
{
    Document acDoc=Application.DocumentManager.MdiActiveDocument;
    Database acCurDb=acDoc.Database;
//放到模型空间的界限;
    Zoom(new Point3d(acCurDb.Limmin.X,acCurDb.Limmin.Y,0),
new Point3d(acCurDb.Limmax.X,acCurDb.Limmax.Y,0),
new Point3d(),1);
}
```

1.6.2.3 使用命名视图

对需要反复使用的视图可以进行命名并保存,当不再需要这个视图时,可以将其删除。

命名视图存储在 View 表里,View 表是图形数据库里的一个命名符号表。通过 Add() 方法将新视图添加到 View 表,就可以创建一个命名视图。当往 View 表添加新的命名视图时,会生成一个默认的模型空间视图。

在创建视图时为其命名。视图的名称可以至多含 255 个字符,包括字母、数字以及美元符号($)、连字符(-)、下划线(_)等特殊字符。

通过调用 ViewTableRecord 对象的 Erase() 方法,可以将命名视图从 View 表中删除。

(1) 添加命名视图并将其设置为当前视图。

下面的例子为图形添加一个命名视图并将其设置为当前视图。

```csharp
usingAutodesk.AutoCAD.ApplicationServices;
usingAutodesk.AutoCAD.DatabaseServices;
usingAutodesk.AutoCAD.Runtime;
[CommandMethod("CreateNamedView")]
publicstaticvoidCreateNamedView()
//获取当前数据库
    Document acDoc=Application.DocumentManager.MdiActiveDocument;
    Database acCurDb=acDoc.Database;
//启动事务
using(Transaction acTrans=acCurDb.TransactionManager.StartTransaction())
    {
//以读模式打开 View 表
ViewTableacViewTbl;
acViewTbl=acTrans.GetObject(acCurDb.ViewTableId,
```

```
        OpenMode.ForRead)asViewTable;
//检查名为 View1 的视图是否存在
if(acViewTbl.Has("View1")==false)
              {
//以写模式打开 View 表
acViewTbl.UpgradeOpen();
//新建一个 View 表记录并命名为 View1
using(ViewTableRecordacViewTblRec=newViewTableRecord())
                {
acViewTblRec.Name="View1";
//添加到 View 表及事务
acViewTbl.Add(acViewTblRec);
acTrans.AddNewlyCreatedDBObject(acViewTblRec,true);
//置 View1 为当前视图
acDoc.Editor.SetCurrentView(acViewTblRec);
//释放 DBObject 对象
                }
//提交修改
acTrans.Commit();
              }
//关闭事务
        }
}
```

（2）删除一个命名视图。

下面的例子从图形中删除一个命名视图。

```
usingAutodesk.AutoCAD.ApplicationServices;
usingAutodesk.AutoCAD.DatabaseServices;
usingAutodesk.AutoCAD.Runtime;
[CommandMethod("EraseNamedView")]
publicstaticvoidEraseNamedView()
{
//获取当前数据库
    Document acDoc=Application.DocumentManager.MdiActiveDocument;
    Database acCurDb=acDoc.Database;
//启动事务
using(Transaction acTrans=acCurDb.TransactionManager.StartTransaction())
        {
//以读模式打开 View 表
ViewTableacViewTbl;
acViewTbl=acTrans.GetObject(acCurDb.ViewTableId,
OpenMode.ForRead)asViewTable;
//检查名为'View1'的视图是否存在
```

```
if(acViewTbl.Has("View1")==true)
    {
//以写模式打开View表
acViewTbl.UpgradeOpen();
//获取命名视图的记录
ViewTableRecordacViewTblRec;
acViewTblRec=acTrans.GetObject(acViewTbl["View1"],
OpenMode.ForWrite)asViewTableRecord;
//从View表删除命名视图
acViewTblRec.Erase();
//提交修改
acTrans.Commit();
    }
//关闭事务
  }
}
```

1.6.2.4 使用平铺视口

AutoCAD 通常是用一个充满整个图形区域的单一平铺视口来开始新的绘图，可以分割模型空间的绘图区域让它同时显示多个视口。例如，如果让完整视图和局部细节视图同时可见，那么，就能看到对局部细节视图的修改反映在整个图形上的效果。对每个平铺视口，都可以进行下列操作：

（1）缩放，设置捕捉、栅格及 UCS 图标模式，在本视口恢复命名视图；

（2）一个视口正在执行命令时到另一个视口去绘图；

（3）命名视口配置以便重复使用。

可以用不同的配置显示平铺视口，怎样显示取决于想要看到的视图的数量和大小。模型空间的平铺视口存储在 Viewport 表里。

描述视口的更多内容和示例，参见《AutoCAD 用户手册》的"设置模型空间视口"。

平铺视口存储于 Viewport 表，每条 Viewport 表记录代表一个视口，而且，不像别的表记录，在 Viewport 表里，可以有多条同名的表记录。同名的每条表记录都用来控制视口的显示。

例如，名为"＊Active"的 Viewport 表记录代表当前显示在模型空间上的平铺视口。

A　辨别和操作活动视口

活动视口用 Viewport 表中名为"＊Active"的记录表示，这个名字不是唯一的，因为当前在模型空间里显示的所有平铺视口的名字都是"＊Active"。显示的每个视口会被赋予一个编码。活动视口的编码可通过下列方式获得：

（1）检索系统变量 CVPORT 的值；

（2）用 Editor 对象的 ActiveViewportId 属性获取活动视口的对象 ID，然后打开 Viewport 对象访问它的 Number 属。

一旦取得活动视口，就可以控制它的显示属性，为视口启用栅格、对象捕捉等绘图辅助功能，甚至改变视口本身的大小等。平铺视口由对角两个点定义：左下角和右上角。

LowerLeftCorner 属性和 UpperRightCorner 属性代表显示屏上视口的图形位置。

单个视口的配置为左下角（0,0）右上角（1,1）。不管模型空间里有多少个平铺视口，绘图窗口的左下角总是（0,0），右上角总是（1,1）。当显示的平铺视口多于一个时，每个视口的左下角和右上角会发生变化，但总会有这么两个视口，其中一个视口的左下角为（0,0）而另一个的右上角为（1,1）。

这些特性详细说明如下（以分割为四个视口为例，见图 1-14）：

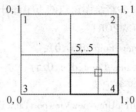

图 1-14 视口设置

这个例子中：
(1) 视口 1-左下角 = (0, .5)，右上角 = (.5, 1)；
(2) 视口 2-左下角 = (.5, .5)，右上角 = (1, 1)；
(3) 视口 3-左下角 = (0, 0)，右上角 = (.5, .5)；
(4) 视口 4-左下角 = (.5, 0)，右上角 = (1, .5)。

创建一个有两个水平窗口的平铺视口配置

下例创建一个有两个水平视口的命名视口配置，并重新定义活动显示。

```
usingAutodesk. AutoCAD. ApplicationServices；
usingAutodesk. AutoCAD. DatabaseServices；
usingAutodesk. AutoCAD. Runtime；
usingAutodesk. AutoCAD. Geometry；
[ CommandMethod( "CreateModelViewport" ) ]
publicstaticvoidCreateModelViewport( )
{
//获取当前数据库
    Document acDoc = Application. DocumentManager. MdiActiveDocument；
    Database acCurDb = acDoc. Database；
//启动事务
using( Transaction acTrans = acCurDb. TransactionManager. StartTransaction( ) )
    {
//以读模式打开 Viewport 表
ViewportTableacVportTbl；
acVportTbl = acTrans. GetObject( acCurDb. ViewportTableId，
OpenMode. ForRead) asViewportTable；
//检查视图 'TEST_VIEWPORT' 是否存在
if( acVportTbl. Has( "TEST_VIEWPORT" ) = = false)
    {
```

```
//以写模式打开 Viewport 表
acVportTbl.UpgradeOpen();
//添加新视口到 Viewport 表并添加事务记录
using(ViewportTableRecord acVportTblRecLwr = new ViewportTableRecord())
        {
acVportTbl.Add(acVportTblRecLwr);
acTrans.AddNewlyCreatedDBObject(acVportTblRecLwr,true);
//新视口命名为'TEST_VIEWPORT'并将绘图窗口的下半部分赋给它
acVportTblRecLwr.Name = "TEST_VIEWPORT";
acVportTblRecLwr.LowerLeftCorner = new Point2d(0,0);
acVportTblRecLwr.UpperRightCorner = new Point2d(1,0.5);
//添加新视口到 Viewport 表并添加事务记录
using(ViewportTableRecord acVportTblRecUpr = new ViewportTableRecord())
        {
acVportTbl.Add(acVportTblRecUpr);
acTrans.AddNewlyCreatedDBObject(acVportTblRecUpr,true);
//新视口命名为'TEST_VIEWPORT'并将绘图窗口的上半部分赋给它
acVportTblRecUpr.Name = "TEST_VIEWPORT";
acVportTblRecUpr.LowerLeftCorner = new Point2d(0,0.5);
acVportTblRecUpr.UpperRightCorner = new Point2d(1,1);
//将新视口设为活动视口,需要删除名为'*Active'的视
//口并基于'TEST_VIEWPORT'重建
//遍历符号表里的每个对象
foreach(ObjectId acObjId in acVportTbl)
        {
//以读模式打开对象
ViewportTableRecord acVportTblRec;
acVportTblRec = acTrans.GetObject(acObjId,
OpenMode.ForRead) as ViewportTableRecord;
//检查是否为活动视口,是就删除
if(acVportTblRec.Name == "*Active")
        {
acVportTblRec.UpgradeOpen();
acVportTblRec.Erase();
        }
        }
//复制新视口为活动视口
foreach(ObjectId acObjId in acVportTbl)
        {
//以读模式打开对象
ViewportTableRecord acVportTblRec;
acVportTblRec = acTrans.GetObject(acObjId,
OpenMode.ForRead) as ViewportTableRecord;
```

1.6 AutoCAD 绘图环境控制

```
//检查是否为活动视口,是就删除
if(acVportTblRec.Name=="TEST_VIEWPORT")
            {
ViewportTableRecordacVportTblRecClone;
using(acVportTblRecClone=acVportTblRec.Clone()
asViewportTableRecord)
            {
//添加新视口到 Viewport 表并添加事务记录
acVportTbl.Add(acVportTblRecClone);
acVportTblRecClone.Name="*Active";
acTrans.AddNewlyCreatedDBObject(acVportTblRecClone,true);
//释放 DBObject 对象
}



//用新的平铺视口排列更新显示
acDoc.Editor.UpdateTiledViewportsFromDatabase();
//释放 DBObject 对象
}
}
//提交修改
acTrans.Commit();
        }
//关闭事务
    }
}
```

B 使平铺视口为当前视口

在当前视口进行输入点和选择对象的操作。要想使视口成为当前视口,需要使用系统变量 CVPORT 并将相应视口的编码传给该系统变量。

可以遍历已存在的视口来查找某个特定的视口。方法是,用视口的 Name 属性来识别 Viewport 表中名为 "*Active" 的表记录。

分割视口并遍历每个窗口,本例将活动视口分割为两个水平窗口,然后遍历图形中所有平铺视口并显示每个视口的名字、左下角和右上角。

```
usingAutodesk.AutoCAD.ApplicationServices;
usingAutodesk.AutoCAD.DatabaseServices;
usingAutodesk.AutoCAD.Runtime;
usingAutodesk.AutoCAD.Geometry;
[CommandMethod("SplitAndIterateModelViewports")]
publicstaticvoidSplitAndIterateModelViewports()
{
//获取当前数据库
```

```
            Document acDoc = Application. DocumentManager. MdiActiveDocument;
            Database acCurDb = acDoc. Database;
//启动事务
using( Transaction acTrans = acCurDb. TransactionManager. StartTransaction( ) )
        {
//以写模式打开 Viewport 表
ViewportTable acVportTbl;
acVportTbl = acTrans. GetObject( acCurDb. ViewportTableId,
OpenMode. ForWrite) as ViewportTable;
//以写模式打开当前视口
ViewportTableRecord acVportTblRec;
acVportTblRec = acTrans. GetObject( acDoc. Editor. ActiveViewportId,
OpenMode. ForWrite) as ViewportTableRecord;
using( ViewportTableRecord acVportTblRecNew = new ViewportTableRecord( ) )
        {
//添加新视口到 Viewport 表,记录事务
acVportTbl. Add( acVportTblRecNew);
acTrans. AddNewlyCreatedDBObject( acVportTblRecNew, true);
//新视口的 Name 设置为" * Active"
acVportTblRecNew. Name = " * Active";
//用当前左下角作为新视口的左下角
acVportTblRecNew. LowerLeftCorner = acVportTblRec. LowerLeftCorner;
//获取当前右上角 X 值的一半
acVportTblRecNew. UpperRightCorner = new
        Point2d( acVportTblRec. UpperRightCorner. X, acVportTblRec. LowerLeftCorner. Y +
( ( acVportTblRec. UpperRightCorner. Y - acVportTblRec. LowerLeftCorner. Y)/2));
//重新计算活动视口的两个角
acVportTblRec. LowerLeftCorner = new Point2d( acVportTblRec. LowerLeftCorner. X,
            acVportTblRecNew. UpperRightCorner. Y);
//用新平铺视口布局更新显示
acDoc. Editor. UpdateTiledViewportsFromDatabase( );
//Step through each object in the symbol table
foreach( ObjectId acObjId in acVportTbl)
        {
//以读打开对象
ViewportTableRecord acVportTblRecCur;
acVportTblRecCur = acTrans. GetObject( acObjId,
OpenMode. ForRead) as ViewportTableRecord;
if( acVportTblRecCur. Name = = " * Active" )
            {
Application. SetSystemVariable( "CVPORT", acVportTblRecCur. Number);
Application. ShowAlertDialog( "Viewport:" + acVportTblRecCur. Number +
" is now active. " + " \nLower left corner:" +
```

1.6 AutoCAD 绘图环境控制

```
acVportTblRecCur. LowerLeftCorner. X+" ," +
acVportTblRecCur. LowerLeftCorner. Y+
" \nUpper right corner:" +
acVportTblRecCur. UpperRightCorner. X+" ," +
acVportTblRecCur. UpperRightCorner. Y );
        }
    }
//释放 DBObject 对象
}
//提交修改,关闭事务
acTrans. Commit( );
    }
}
```

1.6.2.5　更新文档窗口的几何信息

通过 AutoCAD. NET API 执行的许多操作都会修改绘图区域显示的内容,但不是所有的动作都立即更新图形显示。有这样的设计,就可以对图形进行多次修改而不必等待每次修改完都更新显示,相反可以将全部修改动作绑定在一起并在所有修改动作都完成后只执行一次更新显示的操作。

更新显示的方法,有 Application 对象和 Editor 对象的 UpdateScreen( ) 方法,以及 Editor 对象的 Regen( ) 方法。

UpdateScreen 方法重画应用程序窗口或文档窗口。Regen 方法重新生成绘图窗口中的图形对象,并重新计算所有对象的屏幕坐标和视图分解。Regen 方法还会重新索引图形数据库,以便优化图形显示性能和对象选择性能。

```
//重画图形
Application. UpdateScreen( );
Application. DocumentManager. MdiActiveDocument. Editor. UpdateScreen( );
//重新生成图形
Application. DocumentManager. MdiActiveDocument. Editor. Regen( );
```

1.6.3　新建、打开、保存和关闭图形

DocumentCollection 对象、Document 对象和 Database 对象提供了访问 AutoCAD® 图形文件的方法。

1.6.3.1　新建和打开图形文件

使用 DocumentCollection 对象提供的方法来创建新图形或打开已存在的图形。Add( ) 方法基于图形样板创建一个新图形文件并将图形添加到 DocumentCollection 集合中。Open( ) 方法打开一个已存在的图形文件。

（1）创建新图形。

本例使用 Add( ) 方法基于图形样板文件 acad. dwt 创建一个新图形。

```
usingAutodesk. AutoCAD. ApplicationServices;
```

```csharp
usingAutodesk.AutoCAD.DatabaseServices;
usingAutodesk.AutoCAD.Runtime;
[CommandMethod("NewDrawing",CommandFlags.Session)]
publicstaticvoidNewDrawing()
{
    //指定使用的样板,如果这个样板没找到,就使用默认设置
    stringstrTemplatePath = "acad.dwt";
    DocumentCollectionacDocMgr = Application.DocumentManager;
    Document acDoc = acDocMgr.Add(strTemplatePath);
    acDocMgr.MdiActiveDocument = acDoc;
}
//使用DocumentCollection对象的Open方法打开图形
```

（2）打开现有图形。

本例使用Open()方法打开一个已存在的图形。打开图形之前，程序会在试图打开文件前检查文件是否存在。

```csharp
using System.IO;
usingAutodesk.AutoCAD.ApplicationServices;
usingAutodesk.AutoCAD.DatabaseServices;
usingAutodesk.AutoCAD.Runtime;
[CommandMethod("OpenDrawing",CommandFlags.Session)]
publicstaticvoidOpenDrawing()
{
    stringstrFileName = "d:\\campus.dwg";
    DocumentCollectionacDocMgr = Application.DocumentManager;
    if(File.Exists(strFileName))
    {
        acDocMgr.Open(strFileName,false);
    }
    else
    {
        acDocMgr.MdiActiveDocument.Editor.WriteMessage("File"+strFileName+"does not exist.");
    }
}
```

1.6.3.2 保存和关闭图形文件

保存数据库对象的内容使用Database对象的SaveAs()方法。使用SaveAs()方法时，可以指定是否需要对数据库重新命名，以及是否需要将硬盘上的图形备份重命名为备份文件（.bak文件，通过将参数bBakAndRename设置为True实现），还可以通过检查系统变量DWGTITLED来确定数据库是否正在使用像Drawing1、Drawing2这样的默认文件名。如果系统变量DWGTITLED为0，说明图形还没有被重新命名。

有时想要检查当前图形是否有尚未保存的修改。这项检查最好在退出AutoCAD或开始

新图形之前进行。判断一个图形文件是否已经被修改,需要检查系统变量 DBMOD 的值。

(1) 关闭图形文件。

关闭一个打开的图形使用 Document 对象的 CloseAndDiscard() 方法和 CloseAndSave() 方法,其中 CloseAndDiscard() 方法忽略所作的修改,CloseAndSave() 方法保存所作的修改。还可以使用 DocumentCollection 的 CloseAll() 方法关闭 AutoCAD 中打开的所有图形。

(2) 保存当前图形。

本例将当前图形保存为"d:\MyDrawing.dwg"(要是还没保存或不是这个文件名)。

```
usingAutodesk.AutoCAD.ApplicationServices;
usingAutodesk.AutoCAD.DatabaseServices;
usingAutodesk.AutoCAD.Runtime;
[CommandMethod("SaveActiveDrawing")]
publicstaticvoidSaveActiveDrawing()
{
    Document acDoc = Application.DocumentManager.MdiActiveDocument;
stringstrDWGName = acDoc.Name;
object obj = Application.GetSystemVariable("DWGTITLED");
//图形命名了吗? 0-没呢
if(System.Convert.ToInt16(obj) == 0)
    {
//如果图形使用了默认名(Drawing1、Drawing2 等),
//就提供一个新文件名
strDWGName = "d:\\MyDrawing.dwg";
    }
//保存图形
acDoc.Database.SaveAs(strDWGName, true, DwgVersion.Current,
acDoc.Database.SecurityParameters);
}
```

(3) 判断图形是否有尚未保存的修改。

本例检查图形,看看是否有尚未保存的修改,并由用户确认是否保存图形(如果不保存,则跳至结束)。如果用户确认保存,就使用 SaveAs() 方法保存当前图形。代码如下:(注意:在工程中添加引用 System.Windows.Forms.dll。)

```
usingAutodesk.AutoCAD.ApplicationServices;
usingAutodesk.AutoCAD.DatabaseServices;
usingAutodesk.AutoCAD.Runtime;
[CommandMethod("DrawingSaved")]
[CommandMethod("DrawingSaved")]
publicstaticvoidDrawingSaved()
{
object obj = Application.GetSystemVariable("DBMOD");
//检查系统变量 DBMOD 的值,0 表示没有未保存修改
```

```
if( System. Convert. ToInt16( obj) ! = 0)
    {
if( System. Windows. Forms. MessageBox. Show( "Do you wish to save this drawing?" ,
"Save Drawing" ,
System. Windows. Forms. MessageBoxButtons. YesNo ,
System. Windows. Forms. MessageBoxIcon. Question )
                                = = System. Windows. Forms. DialogResult. Yes )
        {
            Document acDoc = Application. DocumentManager. MdiActiveDocument;
acDoc. Database. SaveAs( acDoc. Name , true , DwgVersion. Current ,
acDoc. Database. SecurityParameters) ;
        }
    }
}
```

1.6.3.3 没有文档打开时

AutoCAD 总是启动于新建一个文档或打开一个已存在的文档。也有可能，在当前运行过程中所有的文档都关闭了。

如果在 AutoCAD 用户界面下的所有文档都关闭了，会注意到应用程序窗口发生了一些变化。快速访问工具条和应用程序菜单只提供了有限的选项，这些有限的选项是有关创建和打开图形、显示图纸集管理器及恢复图形的。如果显示菜单条的话，也只出现简化了的文件、视图、窗口和帮助等菜单项。还会注意到这时候没有命令行栏。

工作在零文档状态时，可以进行下列操作：
（1）新建文档或打开已存在文档；
（2）自定义应用程序菜单和菜单条的零文档状态；
（3）关掉 AutoCAD。

要想在 AutoCAD 进入零文档状态时对它做出反应，应使用 DocumentDestroyed 事件。DocumentDestroyed 事件在关闭文档时被触发。当关闭最后一个文档时，文档计数为 1。可以使用 DocumentManager 的 Count 属性来确定 DocumentDestroyed 事件被触发时打开的文档的个数。

自定义应用程序菜单。

本示例代码使用 DocumentDestroyed 事件监控最后一个文档何时关闭及何时进入零文档状态。一旦进入零文档状态，就将 Opening 事件注册到应用程序菜单。单击应用程序菜单就触发 Opening 事件。Opening 事件中向应用程序菜单添加一个新菜单项，单击新菜单项将显示一个消息框。

注：下例需要在工程中引用程序集 AdWindows. dll。程序集 AdWindows. dll 包含用来自定义应用程序菜单的命名空间，可以在 AutoCAD 的安装目录或 ObjectARX SDK 中找到。还需要引用程序集 WindowsBase，可以在"添加引用"对话框的 .NET 选项卡上找到。

usingAutodesk. Windows;

```csharp
usingAutodesk.AutoCAD.Runtime;
usingAutodesk.AutoCAD.ApplicationServices;
//为自定义应用程序菜单项创建命令处理器
publicclassMyCommandHandler:System.Windows.Input.ICommand
{
    publicboolCanExecute(object parameter)
    {
        returntrue;
    }
    publiceventEventHandlerCanExecuteChanged;
    publicvoid Execute(object parameter)
    {
        Application.ShowAlertDialog("MyMenuItem has been clicked");
    }
}
publicclasschp02_3_3
{
    //Global var for ZeroDocState 全局变量
    ApplicationMenuItemacApMenuItem=null;
        [CommandMethod("AddZeroDocEvent")]
    publicvoidAddZeroDocEvent()
    {
        //获取 DocumentCollection 并注册 DocumentDestroyed 事件
        DocumentCollectionacDocMgr=Application.DocumentManager;
        acDocMgr.DocumentDestroyed+=
        newDocumentDestroyedEventHandler(docDestroyed);
    }
    publicvoiddocDestroyed(object obj,
    DocumentDestroyedEventArgsacDocDesEvtArgs)
    {
        //确定菜单项是否已存在
        //确定打开的文档数
        if(Application.DocumentManager.Count==1 &&acApMenuItem==null)
        {
            //添加事件处理器来守候应用程序菜单
            //记着添加引用 AdWindows.dll 啊~
            ComponentManager.ApplicationMenu.Opening+=
            newEventHandler<EventArgs>(ApplicationMenu_Opening);
        }
    }

    voidApplicationMenu_Opening(object sender,EventArgs e)
    {
        //检查菜单项,看看之前添加过吗
```

```
            if( acApMenuItem = = null )
                {
//获取应用程序菜单组件
ApplicationMenuacApMenu = ComponentManager. ApplicationMenu ;
//创建新菜单项
acApMenuItem = newApplicationMenuItem( ) ;
acApMenuItem. Text = "MyMenuItem" ;
acApMenuItem. CommandHandler = newMyCommandHandler( ) ;
//追加新菜单项
acApMenu. MenuContent. Items. Add( acApMenuItem ) ;
//移除事件处理器
ComponentManager. ApplicationMenu. Opening -=
newEventHandler<EventArgs>( ApplicationMenu_Opening ) ;
                }
        }
```

1.6.4 锁定和解锁文档

修改对象或访问 AutoCAD 的请求随时随地都会发生，为避免与其他请求冲突，有责任在修改前锁定文档。在某些情形下，未锁定文档会导致数据库更新过程出现锁冲突。当的应用程序进行下列操作时，需要锁定文档：

（1）从无模式对话框与 AutoCAD 交互时；
（2）访问已调入的文档而不是当前文档时；
（3）应用程序作为 COM 服务器时；
（4）用会话命令标志注册命令时。

例如，向非当前文档的模型空间或图纸空间添加实体时，就需要锁定相应的文档。使用要锁定的文档对象的 LockDocument( ) 方法来锁定文档。调用 LockDocument( ) 方法会返回一个 DocumentLock 对象。

一旦修改完已锁定文档，就要将文档解锁。解锁文档，调用 DocumentLock 对象的 Dispose( ) 方法。还可以使用 Using 语句，Using 语句运行结束，文档也就解锁了（DocumentLock 对象实现了 IDisposable 接口，因而可以使用 Using 语句。有关 Using 语句的内容请参考 C#语言中垃圾回收相关内容）。

注：运行没有使用会话命令标志的命令时，不需要在修改前锁定当前文档。

修改对象前锁定文档。本例新建一个文档然后绘制一个圆。文档创建后，新文档被锁定，然后添加一个圆到文档，添加完圆后文档解锁，相应文档窗口置为当前文档。

```
usingAutodesk. AutoCAD. ApplicationServices ;
usingAutodesk. AutoCAD. DatabaseServices ;
usingAutodesk. AutoCAD. Runtime ;
usingAutodesk. AutoCAD. Geometry ;
[ CommandMethod( "LockDoc" , CommandFlags. Session ) ]
```

1.6 AutoCAD 绘图环境控制

```
publicstaticvoidLockDoc()
{
//新建图形
DocumentCollectionacDocMgr = Application. DocumentManager;
    Document acNewDoc = acDocMgr. Add("acad. dwt");
    Database acDbNewDoc = acNewDoc. Database;
//锁定新文档
using(DocumentLockacLckDoc = acNewDoc. LockDocument())
    {
//启动新数据库事务
using(Transaction acTrans = acDbNewDoc. TransactionManager. StartTransaction())
        {
//以读模式打开块表
BlockTableacBlkTbl;
acBlkTbl = acTrans. GetObject(acDbNewDoc. BlockTableId,
OpenMode. ForRead)asBlockTable;
//以写模式打开块表记录模型空间
BlockTableRecordacBlkTblRec;
acBlkTblRec = acTrans. GetObject(acBlkTbl[BlockTableRecord. ModelSpace],
OpenMode. ForWrite)asBlockTableRecord;
//在(5,5)创建一个半径为3的圆
using(Circle acCirc = new Circle())
            {
acCirc. Center = new Point3d(5,5,0);
acCirc. Radius = 3;
//添加新对象到模型空间和事务
acBlkTblRec. AppendEntity(acCirc);
acTrans. AddNewlyCreatedDBObject(acCirc,true);
            }
//提交修改
acTrans. Commit();
        }
//解锁文档(using 语句到此结束)
    }
//将新文档置为当前
acDocMgr. MdiActiveDocument = acNewDoc;
}
```

1.6.5 设置 AutoCAD 选项

AutoCAD. NET API 没有提供通过 AutoCAD 选项对话框访问选项的类和方法(见图 1-15)。要访问这些选项,必须使用 ActiveX® Automation 库。使用从 Application 对象的 Preferences 属性返回的 COM 对象来访问这些选项。

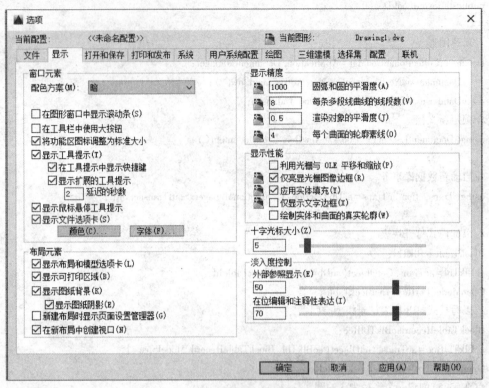

图1-15 AutoCAD2014的选项对话框

一旦获得Preferences对象，就可以访问附属于选项的九个对象，每个对象代表选项对话框的一个选项页。这些对象提供了访问选项对话框中存储在注册表里的全部选项的功能。通过使用这些对象的属性，可以自定义AutoCAD的许多设置。这些对象是：PreferencesDisplay、PreferencesDrafting、PreferencesFiles、PreferencesOpenSave、PreferencesOutput、PreferencesProfiles、PreferencesSelection、PreferencesSystem 和 PreferencesUser，这九个对象统称为Perferences对象。

（1）访问Perferences对象。

下面示例演示如何通过COM交互操作访问Perferences对象。

AcadPreferencesacPrefComObj=(AcadPreferences)Application.Preferences；

获得对Perferences对象的引用后，就可以使用Display属性、Drafting属性、Files属性、OpenSave属性、Output属性、Profile属性、Selection属性、System属性及User属性来访问指定的Perferences对象选项。

（2）设置十字光标为全屏幕。

```
usingAutodesk.AutoCAD.ApplicationServices；
usingAutodesk.AutoCAD.Runtime；
usingAutodesk.AutoCAD.Interop；
[CommandMethod("PrefsSetCursor")]
publicstaticvoidPrefsSetCursor()
```

```
}
//本示例设置绘图窗口的十字光标为全屏
//获得 Preferences 对象
AcadPreferencesacPrefComObj = ( AcadPreferences ) Application. Preferences ;
//使用 CursorSize 属性设置十字光标的大小
acPrefComObj. Display. CursorSize = 100 ;
}
//隐藏滚动条
[ CommandMethod( "PrefsSetDisplay" ) ]
publicstaticvoidPrefsSetDisplay( )
{
//本例使滚动条失效
//获得 Preferences 对象
AcadPreferencesacPrefComObj = ( AcadPreferences ) Application. Preferences ;
//不显示滚动条
acPrefComObj. Display. DisplayScrollBars = false ;
}
```

(3) 数据库选项。

除了应用程序级的选项设置外,还有基于图形的选项设置,这些选项设置存储在图形文件里,同样可以使用选项对话框来访问。要编程访问这些存储设置,使用 Database 对象的相应属性,或使用 Application 对象的 GetSystemVariable( ) 方法和 SetSystemVariable( ) 方法。

1.6.6 设置和返回系统变量

Application 对象提供了 SetSystemVariable( ) 方法和 GetSystemVariable( ) 方法来设置和提取 AutoCAD 系统变量的值。例如,要赋给系统变量 MAXSORT 一个整数值,使用下面的代码:

```
//获取系统变量的当前值
intnMaxSort = System. Convert. ToInt32( Application. GetSystemVariable( "MAXSORT" ) ) ;
//给系统变量设置新值
Application. SetSystemVariable( "MAXSORT" ,100 ) ;
```

1.6.7 精确绘图

使用 AutoCAD,可以进行精确的几何制图而无须进行烦琐的计算。通常无须知道坐标就能精确指定点。不用离开制图屏幕,就可以对图形执行计算并显示各种不同的状态信息。

1.6.7.1 调整捕捉和栅格对齐

栅格是可以度量距离的视觉化导线,捕捉模式用来限制光标移动。除了设置栅格间距和捕捉模式,还可以调整捕捉旋转角度和捕捉类型。

如果需要沿某一基线或角度绘图,可以旋转捕捉角度。捕捉角度旋转的中心点就是捕捉的基点。

注：修改了活动视口的捕捉和栅格设置后，应调用 Editor 对象的 UpdateTiledViewports-FromDatabase() 方法更新一下绘图区域的显示。

捕捉和栅格不会影响通过 .NET API 指定的点，但是，当使用 GetPoint() 方法或 GetEntity() 方法要求用户输入点时，用户在绘图区域指定的点会受到影响。关于使用和设置捕捉和栅格的更多内容，见《AutoCAD 用户指南》中的"调整栅格及栅格捕捉"一节。

修改栅格和捕捉设置。本例修改捕捉基点到（1，1），并修改捕捉旋转角为 30°。打开栅格并调整间距，使修改可见。

```
usingAutodesk. AutoCAD. ApplicationServices;
usingAutodesk. AutoCAD. DatabaseServices;
usingAutodesk. AutoCAD. Geometry;
usingAutodesk. AutoCAD. Runtime;
namespaceFunGridSnap
{
publicclassClass1
    {
//修改栅格和捕捉设置
        [CommandMethod("ChangeGridAndSnap")]
publicstaticvoidChangeGridAndSnap()
        {
//获取当前数据库
            Document acDoc = Application. DocumentManager. MdiActiveDocument;
            Database acCurDb = acDoc. Database;
//启动事务
using(Transaction acTrans = acCurDb. TransactionManager. StartTransaction())
            {
//打开当前视口
ViewportTableRecordacVportTblRec;
acVportTblRec = acTrans. GetObject(acDoc. Editor. ActiveViewportId,
OpenMode. ForWrite) asViewportTableRecord;
//打开栅格
acVportTblRec. GridEnabled = true;
//调整栅格间距为 1,1
acVportTblRec. GridIncrements = new Point2d(1,1);
//打开当前视口的捕捉模式
acVportTblRec. SnapEnabled = true;
//调整捕捉间距为 0.5,0.5
acVportTblRec. SnapIncrements = new Point2d(0.5,0.5);
//修改捕捉基点为 1,1
acVportTblRec. SnapBase = new Point2d(1,1);
```

```
            //修改捕捉旋转角为30度(0.524弧度)
            acVportTblRec.SnapAngle=0.524;
            //更新平铺视口的显示
            acDoc.Editor.UpdateTiledViewportsFromDatabase();
            //提交修改,关闭事务
            acTrans.Commit();
                }
            }
        }
    }
}
```

1.6.7.2 使用正交模式

绘制直线或移动对象时,可以使用正交模式将光标限制在水平方向或垂直方向。正交对齐依赖于当前捕捉角和用户坐标系。正交模式应用于需要指定第2个点的情形下,比如当使用 GetDistance() 方法或 GetAngle() 方法时。使用正交,不仅可以建立垂直对齐或水平对齐,还可以强制平行,或创建有规律的偏移。

通过让 AutoCAD 使用正交约束,可以更快捷地绘制图形。例如,通过在开始绘图前打开正交模式,可以创建一系列垂直直线。由于直线被限制在水平或垂直方向上,知道绘出来的线肯定是水平或垂直的,所以可以绘得更快。

图 1-16 分别演示了正交模式打开(Ortho mode on)与关闭(Ortho mode off)时绘图的情形:

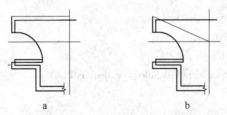

图 1-16 正交模式打开与关闭
a—正交模式打开;b—正交模式关闭

下面的代码行的作用是打开正交模式。与栅格设置及捕捉设置不一样,正交模式在 Database 对象中维护,而不是在活动视口维护。

```
Application.DocumentManager.MdiActiveDocument.Database.Orthomode=true;
```

1.6.7.3 计算点和值

通过使用 Editor 对象提供的方法,以及 Geometry 命名空间和 Runtime 命名空间提供的方法,可以快速解决数学问题,还可以在图形中快速定位点。这些方法有:

(1) 使用 GetDistanceTo() 方法和 DistanceTo() 方法获取两个 2D 点或 3D 点间的距离;

(2) 使用 GetVectorTo() 方法的返回值的 Angle 属性获取两个 2D 点对 x 轴的夹角;

(3) 使用 StringToAngle() 方法将字串型角度值转换为实数值(双精度);

(4) 使用 AngleToString() 方法将角度从实数值(双精度)转换为字串值。

(5) 使用 StringToDistance( ) 方法将距离从字串转换为实数值（双精度）；

(6) 使用 GetDistance( ) 方法求出用户输入的两点之间的距。

注：.NET API 没有提供根据距离和角度（极轴点）计算点的方法，以及在不同坐标系间转换坐标的方法。如果需要这些工具方法，要从 ActiveX Automation 库调用 PolarPoint( ) 和 TranslateCoordinates( ) 方法。

(1) 获取相对于 x 轴的角度。

本例计算两点间的矢量，以及矢量相对于 x 轴的角度。

```
usingAutodesk.AutoCAD.ApplicationServices;
usingAutodesk.AutoCAD.Runtime;
usingAutodesk.AutoCAD.Geometry;
[CommandMethod("AngleFromXAxis")]
publicstaticvoidAngleFromXAxis()
{
    Point2d pt1=new Point2d(2,5);
    Point2d pt2=new Point2d(5,2);
Application.ShowAlertDialog("Angle from XAxis:"+
        pt1.GetVectorTo(pt2).Angle.ToString());
}
```

(2) 计算极轴点。

本例已知基点、角度、距离，求点的坐标。

```
usingAutodesk.AutoCAD.ApplicationServices;
usingAutodesk.AutoCAD.Runtime;
usingAutodesk.AutoCAD.Geometry;
static Point2d PolarPoints(Point2d pPt,doubledAng,doubledDist)
{
returnnew Point2d(pPt.X+dDist*Math.Cos(dAng),
pPt.Y+dDist*Math.Sin(dAng));
}
static Point3d PolarPoints(Point3d pPt,doubledAng,doubledDist)
{
returnnew Point3d(pPt.X+dDist*Math.Cos(dAng),
pPt.Y+dDist*Math.Sin(dAng),
pPt.Z);
}
[CommandMethod("PolarPoints")]
publicstaticvoidPolarPoints()
{
    Point2d pt1=PolarPoints(new Point2d(5,2),0.785398,12);
Application.ShowAlertDialog("\nPolarPoint:"+
"\nX="+pt1.X+
"\nY="+pt1.Y);
```

```
        Point3d pt2 = PolarPoints( new Point3d( 5,2,0) ,0.785398,12) ;
    Application. ShowAlertDialog( " \nPolarPoint:" +
    " \nX = " +pt2. X+
    " \nY = " +pt2. Y+
    " \nZ = " +pt2. Z) ;
}
```

(3) 用 GetDistance 方法计算两点间距离。

本例使用 GetDistance ( ) 方法,先获得两个点,然后计算出两点间距离并显示出来。

```
usingAutodesk. AutoCAD. ApplicationServices;
usingAutodesk. AutoCAD. EditorInput;
usingAutodesk. AutoCAD. Runtime;
[ CommandMethod( "GetDistanceBetweenTwoPoints" ) ]
publicstaticvoidGetDistanceBetweenTwoPoints( )
{
    Document acDoc = Application. DocumentManager. MdiActiveDocument;
PromptDoubleResultpDblRes;
pDblRes = acDoc. Editor. GetDistance( " \nPick two points:" ) ;
Application. ShowAlertDialog( " \nDistance between points:" +pDblRes. Value. ToString( ) ) ;
}
```

1.6.7.4 计算面积

使用 Area 属性可以计算下面这些实体的面积:圆弧、圆、椭圆、优化多段线、多段线、面域、填充、平面闭合样条曲线及其他从基类 Curve 派生的实体。

如果需要计算多个对象的组合面积,可以求出每个对象的面积再汇总,或者,对一系列面域使用 Boolean( ) 方法获得代表所求面积的单一面域。对这个单一面域,再使用 Area 属性求出其面积。

计算所得的面积因所查询对象的类型不同而有所不同。有关每种类型对象面积的计算方法的解释,见《AutoCAD 用户指南》"获取 Area 属性及 Mass 属性信息"一节。

计算给定面积

如果需要计算的面积是基于用户指定的几个点构成的,应考虑创建一个内存对象,比如轻量多段线等,然后在放弃这个对象前查询其面积。下列步骤解释实现的过程:

(1) 使用 GetPoint( ) 方法循环获取用户输入的点;
(2) 用这些点创建轻量多段线。新建一个 Polyline 对象,指定顶点数及各点位置;
(3) 使用 Area 属性获取新建的多段线的面积;
(4) 使用多段线的 Dispose( ) 方法销毁多段线(释放内存)。

计算由用户输入点定义的面积。本例提示用户输入 5 个点,然后用这 5 个点创建一个多段线。多段线是闭合的,查询多段线面积并显示在消息框内。因为无需将多段线添加到块中,因此命令结束前要将其销毁以释放内存。

```
usingAutodesk.AutoCAD.ApplicationServices;
usingAutodesk.AutoCAD.DatabaseServices;
usingAutodesk.AutoCAD.Geometry;
usingAutodesk.AutoCAD.EditorInput;
usingAutodesk.AutoCAD.Runtime;
[CommandMethod("CalculateDefinedArea")]
publicstaticvoidCalculateDefinedArea()
{
    //提示用户输入5个点
    Document acDoc=Application.DocumentManager.MdiActiveDocument;
    PromptPointResultpPtRes;
    Point2dCollection colPt=new Point2dCollection();
    PromptPointOptionspPtOpts=newPromptPointOptions("");
    //提示输入第1个点
    pPtOpts.Message="\nSpecify first point:";
    pPtRes=acDoc.Editor.GetPoint(pPtOpts);
    colPt.Add(new Point2d(pPtRes.Value.X,pPtRes.Value.Y));
    //如果用户按ESC键或取消命令就退出
    if(pPtRes.Status==PromptStatus.Cancel)return;
    intnCounter=1;
    while(nCounter<=4)
    {
        //提示下一个点
        switch(nCounter)
        {
            case 1:
                pPtOpts.Message="\nSpecify second point:";
                break;
            case 2:
                pPtOpts.Message="\nSpecify third point:";
                break;
            case 3:
                pPtOpts.Message="\nSpecify fourth point:";
                break;
            case 4:
                pPtOpts.Message="\nSpecify fifth point:";
                break;
        }
        //用前一个点作基点
        pPtOpts.UseBasePoint=true;
        pPtOpts.BasePoint=pPtRes.Value;
        pPtRes=acDoc.Editor.GetPoint(pPtOpts);
        colPt.Add(new Point2d(pPtRes.Value.X,pPtRes.Value.Y));
```

```
if(pPtRes.Status==PromptStatus.Cancel)return;
//计数加1
nCounter=nCounter+1;
    }
//用5个点创建多段线
using(Polyline acPoly=new Polyline())
    {
acPoly.AddVertexAt(0,colPt[0],0,0,0);
acPoly.AddVertexAt(1,colPt[1],0,0,0);
acPoly.AddVertexAt(2,colPt[2],0,0,0);
acPoly.AddVertexAt(3,colPt[3],0,0,0);
acPoly.AddVertexAt(4,colPt[4],0,0,0);
//闭合多段线
acPoly.Closed=true;
//查询多段线面积
Application.ShowAlertDialog("Area of polyline:"+acPoly.Area.ToString());
//销毁多段线
    }
}
```

习题与思考题

1. 列举 AutoCAD 系列版本与对应的 VS.NET 版本。如何配置 ObjectArx.NET API 开发环境？
2. AutoCAD 2015 版本的 ObjectArx.NET API 提供了哪几个托管开发包？并阐述每个开发包的主要作用。
3. ObjectArx.NET API 提供了对象访问层次结构模型，请对其进行简要分析。
4. 如何获得 AutoCAD 数据对象 Database？它提供了哪些符号表，每个符号表的作用是什么？如何获得符号表？
5. 什么是图形对象和非图形对象？并分别举例说明。
6. 列举 AutoCAD 中的集合对象。如何从集合对象中访问子对象？举例说明。
7. 如果给出了图形对象句柄，怎么从数据库中读取该对象？
8. AutoCAD 提供了哪些存储属性数据的方式？每种存储方式的存储容量多大？
9. 使用 ObjectArx.NET API 如何改变 AutoCAD 应用程序窗口大小？如何控制文档窗口？
10. 使用 ObjectArx.NET API 如何打开文档？如何锁定文档？在哪些情况下需要锁定文档？
11. 系统变量有哪些作用？如何设置和访问系统变量？
12. AutoCAD 提供了哪些方式实现精确绘图？

2 用户交互与用户界面

2.1 用户交互输入

用户输入方法由 Editor 对象定义。用户输入方法在 AutoCAD 命令行或动态输入提示框里显示一个提示，请求各种不同类型的输入，AutoCAD 提供了主要输入对象如表 2-1 所示，返回值方法参数 "×××" 为用户定义的对应输入对象。这种用户输入在交互输入屏幕坐标、选择实体、输入短字符串及数值时特别有用。如果程序需要输入多个选项或值时，用 Windows 窗体比单个的提示更合适。

每个用户输入方法都会在命令行显示一个可选提示，并返回一个和所需类型相符的值。例如，GetString(×××) 方法返回一个 PromptResult 类型的值，该值允许用户确定 GetString(×××) 方法的状态并取回用户所输入的值。每个用户输入方法都有与之相应的返回值。

输入方法接受一个字符串用来显示提示信息，或接受一个指定对象类型用以控制来自用户的输入。这些对象类型用来控制诸如 NULL 输入（按了 Enter 键）、基点、输入了 0 或负数、乱七八糟的文本输入等情况。要强制提示本身显示在一行上，就在字符串前加上 "\n"。

表 2-1 主要用户输入对象及返回值类型

值输入对象	值返回对象	值返回方法	返回值
PromptStringOptions	PromptResult	GetString(×××)	字符串
PromptIntegerOptions	PromptIntegerResult	GetInteger(×××)	整数
PromptDoubleOptions	PromptDoubleResult	GetDouble(×××)	双精度
PromptAngleOptions	PromptDoubleResult	GetAngle(×××)	双精度
PromptPointOptions	PromptPointResult	GetPoint(×××)	Point3d
PromptEntityOptions	PromptEntityResult	GetEntity(×××)	ObjectId
PromptOpenFileOptions	PromptFileNameResult	GetFileNameForOpen(×××)	全路径文件名
PromptKeywordOptions	PromptResult	GetKeywords(×××)	字符串

2.1.1 GetString() 方法

GetString() 方法提示用户在 Command 提示光标处输入一个字符串。PromptStringOptions 对象用来控制用户的输入及提示信息的显示方式。PromptStringOptions 对象的 AllowSpaces 属性控制是否可以输入空格，如果设置为 false，按空格键就终止输入。

从 AutoCAD 命令行获取用户输入的字符串，下面例子显示"Enter Your Name"的提示，并要求用户按 Enter 键完成输入（允许输入空格）。最后在消息框内显示输入的字符串。

```
usingAutodesk.AutoCAD.ApplicationServices;
usingAutodesk.AutoCAD.EditorInput;
usingAutodesk.AutoCAD.Runtime;
[CommandMethod("GetStringFromUser")]
publicstaticvoidGetStringFromUser()
{
    Document acDoc=Application.DocumentManager.MdiActiveDocument;
    PromptStringOptionspStrOpts=newPromptStringOptions("\nEnter your name:");
    pStrOpts.AllowSpaces=true;
    PromptResultpStrRes=acDoc.Editor.GetString(pStrOpts);
    Application.ShowAlertDialog("The name entered was:"+pStrRes.StringResult);
}
```

2.1.2 GetPoint() 方法

GetPoint() 方法提示用户在 Command 提示时指定一个点。PromptPointOptions 对象用来控制用户的输入及提示信息的显示方式。PromptPointOptions 对象的 UseBasePoint 属性和 BasePoint 属性控制是否从基点绘制一条橡皮筋儿线。PromptPointOptions 对象的 Keywords 属性用来定义除了指定点外还可以在 Command 提示光标处输入的关键字。

获取用户选取的点，下例提示用户选取两个点，然后用这两个点作为起止点画一条线。

```
usingAutodesk.AutoCAD.ApplicationServices;
usingAutodesk.AutoCAD.DatabaseServices;
usingAutodesk.AutoCAD.EditorInput;
usingAutodesk.AutoCAD.Geometry;
usingAutodesk.AutoCAD.Runtime;
[CommandMethod("GetPointsFromUser")]
publicstaticvoidGetPointsFromUser()
{
//获取当前数据库,启动事务管理器
    Document acDoc=Application.DocumentManager.MdiActiveDocument;
    Database acCurDb=acDoc.Database;
PromptPointResultpPtRes;
PromptPointOptionspPtOpts=newPromptPointOptions("");
//提示起点
pPtOpts.Message="\nEnter the start point of the line:";
pPtRes=acDoc.Editor.GetPoint(pPtOpts);
    Point3d ptStart=pPtRes.Value;
```

```
//如果用户按 ESC 键或取消命令,就退出
if(pPtRes.Status==PromptStatus.Cancel)return;
//提示终点
pPtOpts.Message=" \nEnter the end point of the line:";
pPtOpts.UseBasePoint=true;
pPtOpts.BasePoint=ptStart;
pPtRes=acDoc.Editor.GetPoint(pPtOpts);
    Point3d ptEnd=pPtRes.Value;
if(pPtRes.Status==PromptStatus.Cancel)return;
//启动事务
using(Transaction acTrans=acCurDb.TransactionManager.StartTransaction())
    {
BlockTableacBlkTbl;
BlockTableRecordacBlkTblRec;
//以写模式打开模型空间
acBlkTbl=acTrans.GetObject(acCurDb.BlockTableId,
OpenMode.ForRead)asBlockTable;
acBlkTblRec=acTrans.GetObject(acBlkTbl[BlockTableRecord.ModelSpace],
OpenMode.ForWrite)asBlockTableRecord;
//创建直线
using(Line acLine=new Line(ptStart,ptEnd))
    {
//添加直线
acBlkTblRec.AppendEntity(acLine);
acTrans.AddNewlyCreatedDBObject(acLine,true);
    }
//缩放图形到全部显示
acDoc.SendStringToExecute("._zoom_all",true,false,false);
//提交修改,关闭事务
acTrans.Commit();
    }
}
```

2.1.3 GetKeywords() 方法

GetKeywords() 方法提示用户在 Command 提示光标处输入一个关键字。PromptKeywordOptions 对象用来控制用户的输入及提示信息的显示方式。PromptKeywordOptions 对象的 Keywords 属性用来定义可以在 Command 提示光标处键入的关键字。

从 AutoCAD 命令行获取用户输入的关键字,下例将 PromptKeywordOptions 对象的 AllowNone 属性设置为 false(不允许直接回车),这样使用户必须输入一个关键字。Keywords 属性用于添加允许的有效关键字。

```
usingAutodesk.AutoCAD.ApplicationServices;
```

```csharp
usingAutodesk.AutoCAD.EditorInput;
usingAutodesk.AutoCAD.Runtime;
[CommandMethod("GetKeywordFromUser")]
publicstaticvoidGetKeywordFromUser()
{
    Document acDoc=Application.DocumentManager.MdiActiveDocument;
    PromptKeywordOptionspKeyOpts=newPromptKeywordOptions("");
    pKeyOpts.Message="\nEnter an option";
    pKeyOpts.Keywords.Add("Line");
    pKeyOpts.Keywords.Add("Circle");
    pKeyOpts.Keywords.Add("Arc");
    pKeyOpts.AllowNone=false;
    PromptResultpKeyRes=acDoc.Editor.GetKeywords(pKeyOpts);
    Application.ShowAlertDialog("Entered keyword:"+pKeyRes.StringResult);
}
```

一个更加用户友好的关键字提示方式是，如果用户按了 Enter 键（没有输入），程序提供一个默认值。注意下例的这个小小改动。

```csharp
usingAutodesk.AutoCAD.ApplicationServices;
usingAutodesk.AutoCAD.EditorInput;
usingAutodesk.AutoCAD.Runtime;
[CommandMethod("GetKeywordFromUser2")]
publicstaticvoid GetKeywordFromUser2()
{
    Document acDoc=Application.DocumentManager.MdiActiveDocument;
    PromptKeywordOptionspKeyOpts=newPromptKeywordOptions("");
    pKeyOpts.Message="\nEnter an option";
    pKeyOpts.Keywords.Add("Line");
    pKeyOpts.Keywords.Add("Circle");
    pKeyOpts.Keywords.Add("Arc");
    pKeyOpts.Keywords.Default="Arc";
    pKeyOpts.AllowNone=true;
    PromptResultpKeyRes=acDoc.Editor.GetKeywords(pKeyOpts);
    Application.ShowAlertDialog("Entered keyword:"+pKeyRes.StringResult);
}
```

2.1.4 控制用户输入

当收集用户输入时，要确保能够限制用户输入的信息的类型，这样就可以得到想要的结果。使用各种不同的提示选项对象，不仅可以定义 Command 提示上显示的提示信息，而且可以限制用户提供的输入。有些输入方法，不仅可以返回方法所要求类型的值，还可以返回关键字。

例如，可以使用 GetPoint() 方法让用户指定一个点，或用一个关键字回应，就像

LINE、CIRCLE 及 PLINE 这样的命令那样。

获取一个整数或一个关键字，下例提示用户输入一个非零的正整数或一个关键字。

```
usingAutodesk. AutoCAD. ApplicationServices;
usingAutodesk. AutoCAD. EditorInput;
usingAutodesk. AutoCAD. Runtime;
[CommandMethod("GetIntegerOrKeywordFromUser")]
publicstaticvoidGetIntegerOrKeywordFromUser()
{
    Document acDoc = Application. DocumentManager. MdiActiveDocument;
PromptIntegerOptionspIntOpts = newPromptIntegerOptions("");
pIntOpts. Message = " \nEnter the size or";
//限制输入必须大于 0;
pIntOpts. AllowZero = false;
pIntOpts. AllowNegative = false;
//定义合法关键字并允许直接按 Enter 键;
pIntOpts. Keywords. Add("Big");
pIntOpts. Keywords. Add("Small");
pIntOpts. Keywords. Add("Regular");
pIntOpts. Keywords. Default = "Regular";
pIntOpts. AllowNone = true;
//获取用户键入的值
PromptIntegerResultpIntRes = acDoc. Editor. GetInteger(pIntOpts);
if(pIntRes. Status = = PromptStatus. Keyword)
    {
Application. ShowAlertDialog("Entered keyword:" +
pIntRes. StringResult);
    }
else
    {
Application. ShowAlertDialog("Entered value:" +
pIntRes. Value. ToString());
    }
}
```

2.2　使用选择集

选择集可以由单个对象组成，或者是一组复杂的对象组，比如某图层上的一组对象。选择集的典型创建过程，是在通过先选择后执行（PickFirst）方式启动命令前，或在命令行出现

选择对象：提示时，用户按要求选择图形中的对象。

选择集不是持久生存的对象，如果需要在多个命令间维持选择集，或为以后的使用保

留选择集，需要创建一个自定义字典并记录下选择集中的每个对象的 ObjectId。

2.2.1 获得先选择后执行（PickFirst）选择集

在启动命令之前选择对象就创建了 PickFirst 选择集。获得 PickFirst 选择集对象必须具备下列几个条件：

（1）系统变量 PICKFIRST 必须设置为 1；
（2）要使用 PickFirst 选择集的命令必须定义好 UsePickSet 命令标志；
（3）调用 SelectImplied() 方法获得 PickFirst 选择。

SetImpliedSelection() 方法用来清空当前 PickFirst 选择集。

获得 PickFirst 选择集，本例显示 PickFirst 选择集中对象的数量，然后请求用户选择其他的对象。在请求用户选择对象之前，使用 SetImpliedSelection() 方法清空了当前 PIckFirst 选择集。

```
usingAutodesk. AutoCAD. Runtime;
usingAutodesk. AutoCAD. ApplicationServices;
usingAutodesk. AutoCAD. DatabaseServices;
usingAutodesk. AutoCAD. EditorInput;
[CommandMethod("CheckForPickfirstSelection",CommandFlags.UsePickSet)]
publicstaticvoidCheckForPickfirstSelection()
{
//获取当前文档
    Editor acDocEd = Application. DocumentManager. MdiActiveDocument. Editor;
//获取 PickFirst 选择集
PromptSelectionResultacSSPrompt;
acSSPrompt = acDocEd. SelectImplied();
SelectionSetacSSet;
//如果提示状态 OK,说明启动命令前选择了对象；
if( acSSPrompt. Status = = PromptStatus. OK)
    {
    acSSet = acSSPrompt. Value;
    Application. ShowAlertDialog("Number of objects in Pickfirst selection:" +
    acSSet. Count. ToString());
    }
else
    {
    Application. ShowAlertDialog("Number of objects in Pickfirst selection:0");
    }
//清空选择集
ObjectId[ ]idarrayEmpty = newObjectId[0];
acDocEd. SetImpliedSelection( idarrayEmpty);
//请求从图形区域选择对象
acSSPrompt = acDocEd. GetSelection();
```

```
//如果提示状态 OK,表示已选择对象
if( acSSPrompt. Status = = PromptStatus. OK )
    {
acSSet = acSSPrompt. Value;
Application. ShowAlertDialog( "Number of objects selected:" +
acSSet. Count. ToString( ) );
    }
else
    {
Application. ShowAlertDialog( "Number of objects selected:0" );
    }
}
```

2.2.2 在绘图区域选择对象

可以通过与用户交互来选择对象，或者，通过.NET API 模拟各种不同的对象选择选项。如果程序执行多个选择集，要么需要跟踪返回的每个选择集，要么需要创建一个 ObjectIdCollection 对象来跟踪所有已选择的对象。AutoCAD 提供较为丰富的创建选集的函数，如表 2-2 所示。

表 2-2 主要选择操作函数

函数名	功 能 解 释
GetSelection	提示用户从屏幕拾取对象
SelectAll	选择当前空间内所有未锁定及未冻结的对象
SelectCrossingPolygon	选择由给定点定义的多边形内的所有对象以及与多边形相交的对象。多边形可以是任意形状，但不能与自己交叉或接触
SelectCrossingWindow	选择由两个点定义的窗口内的对象以及与窗口相交的对象
SelectFence	选择与选择围栏相交的所有对象。围栏选择与多边形选择类似，所不同的是围栏不是封闭的，围栏同样不能与自己相交
SelectLast	选择当前空间中最后创建的那个对象
SelectPrevious	选择前一个"选择对象:"提示符期间已选定的所有对象
SelectWindow	选择完全框入由两个点定义的矩形内的所有对象
SelectWindowPolygon	选择完全框入由点定义的多边形内的对象。多边形可以是任意形状，但不能与自己交叉或接触
SelectAtPoint	选择通过给定点的对象，并将其放入活动选择集
SelectByPolygon	选择围栏里面的对象，并将其添加到活动选择集

提示选择屏幕上的对象并遍历选择集，本示例代码提示用户选择对象，然后将选定的每个对象的颜色改为绿色（AutoCAD 颜色索引号 3）。

```
usingAutodesk. AutoCAD. Runtime;
usingAutodesk. AutoCAD. ApplicationServices;
```

2.2 使用选择集

```csharp
usingAutodesk.AutoCAD.DatabaseServices;
usingAutodesk.AutoCAD.EditorInput;
[CommandMethod("SelectObjectsOnscreen")]
publicstaticvoidSelectObjectsOnscreen()
{
//获取当前文档和数据库
    Document acDoc = Application.DocumentManager.MdiActiveDocument;
    Database acCurDb = acDoc.Database;
//启动事务
using(Transaction acTrans = acCurDb.TransactionManager.StartTransaction())
    {
//请求在图形区域选择对象
PromptSelectionResultacSSPrompt = acDoc.Editor.GetSelection();
//如果提示状态 OK,表示已选择对象
if(acSSPrompt.Status == PromptStatus.OK)
        {
SelectionSetacSSet = acSSPrompt.Value;
//遍历选择集内的对象
foreach(SelectedObjectacSSObjinacSSet)
            {
//确认返回的是合法的 SelectedObject 对象
if(acSSObj != null)
                {
//以写打开所选对象
                    Entity acEnt = acTrans.GetObject(acSSObj.ObjectId,
OpenMode.ForWrite) as Entity;
if(acEnt != null)
                    {
//将对象颜色修改为绿色
acEnt.ColorIndex = 3;
                    }
                }
            }
//保存新对象到数据库
acTrans.Commit();
        }
//关闭事务
    }
}
```

选择与窗口相交的对象,本示例代码演示选择窗口内的以及与窗口相交的对象。

```csharp
usingAutodesk.AutoCAD.Runtime;
usingAutodesk.AutoCAD.ApplicationServices;
```

```
usingAutodesk.AutoCAD.DatabaseServices;
usingAutodesk.AutoCAD.Geometry;
usingAutodesk.AutoCAD.EditorInput;
[CommandMethod("SelectObjectsByCrossingWindow")]
publicstaticvoidSelectObjectsByCrossingWindow()
{
    //获取当前文档编辑器
    Editor acDocEd = Application.DocumentManager.MdiActiveDocument.Editor;
    //从(2,2,0)到(10,8,0)创建一个交叉窗口
    PromptSelectionResultacSSPrompt;
    acSSPrompt = acDocEd.SelectCrossingWindow(new Point3d(2,2,0),
    new Point3d(10,8,0));
    //如果提示状态OK,表示已选择对象
    if(acSSPrompt.Status == PromptStatus.OK)
    {
        SelectionSetacSSet = acSSPrompt.Value;
        Application.ShowAlertDialog("Number of objects selected:" +
        acSSet.Count.ToString());
    }
    else
    {
        Application.ShowAlertDialog("Number of objects selected:0");
    }
}
```

2.2.3 添加或合并多个选择集

可以合并多个选择集,方法是先创建一个 ObjectIdCollection 集合对象,然后将多个选择集中的对象 ObjectId 都添加到集合中。除了向 ObjectIdCollection 对象添加对象 ObjectId,还可以从中删除对象 ObjectId。所有对象 ObjectId 都添加到 ObjectIdCollection 集合对象后,可以遍历该集合,并根据需要操作其中的每个对象。

将所选对象添加到选择集,本例两次提示用户选择对象,然后将两个选择集合并为一个选择集。

```
usingAutodesk.AutoCAD.Runtime;
usingAutodesk.AutoCAD.ApplicationServices;
usingAutodesk.AutoCAD.DatabaseServices;
usingAutodesk.AutoCAD.EditorInput;
[CommandMethod("MergeSelectionSets")]
publicstaticvoidMergeSelectionSets()
{
    //获取当前文档编辑器
    Editor acDocEd = Application.DocumentManager.MdiActiveDocument.Editor;
```

```
//请求在图形区域选择对象
PromptSelectionResult acSSPrompt;
acSSPrompt = acDocEd. GetSelection();
SelectionSet acSSet1;
ObjectIdCollection acObjIdColl = new ObjectIdCollection();
//如果提示状态 OK,表示以选择对象
if( acSSPrompt. Status = = PromptStatus. OK)
    {
//获取所选对象
        acSSet1 = acSSPrompt. Value;
//向 ObjectIdCollection 中追加所选对象
acObjIdColl = new ObjectIdCollection( acSSet1. GetObjectIds());
    }
//请求在图形区域选择对象
acSSPrompt = acDocEd. GetSelection();
SelectionSet acSSet2;
//如果提示状态 OK,表示以选择对象
if( acSSPrompt. Status = = PromptStatus. OK)
    {
        acSSet2 = acSSPrompt. Value;
//检查 ObjectIdCollection 集合大小,如果为 0 就对其初始化
if( acObjIdColl. Count = = 0)
    {
acObjIdColl = new ObjectIdCollection( acSSet2. GetObjectIds());
    }
else
    {
//遍历第二个选择集
foreach( ObjectId acObjId in acSSet2. GetObjectIds())
        {
//将第二个选择集中的每个对象 id 添加到集合内
acObjIdColl. Add( acObjId);
        }
    }
}
Application. ShowAlertDialog( "Number of objects selected:" +
acObjIdColl. Count. ToString());
}
```

2.2.4 定义选择集过滤器规则

可以通过使用选择过滤器来限制哪些对象被选中并添加到选择集。选择过滤器列表通过属性或类型过滤所选对象,例如,可能想只选择蓝色的对象或某一图层上的对象。还可

以使用选择条件组合,例如,可以创建一个选择过滤器将选择对象限定于 Pattern 图层上的蓝色的圆。可以为(2.2.2 小节在图形区域选择对象)一节中的各种不同选择方法指定选择过滤器参数。

注:使用过滤只能识别显式赋给对象的值,而不能识别继承自图层的那些值。比如,如果对象的线型属性设置为随图层(ByLayer)而该图层线型为 Hidden,那么要选择线型为 Hidden 的对象将不会选择那些线型属性为随图层(ByLayer)的对象。

2.2.4.1 使用选择过滤器定义选择集规则

选择过滤器由一对 TypedValue 参数构成。TypedValue 的第一个参数表明过滤器的类型(例如对象),第二个参数为要过滤的值(例如圆)。过滤器类型是一个 DXF 组码,用来指定使用哪种过滤器。一些常用过滤器类型如表 2-3 所示。

表 2-3 常见过滤器 DXF 组码

DXF 组码	过滤器类型
0(或 DxfCode.Start)	对象类型(字符串格式),例如 "Line"、"Circle"、"Arc" 等
2(或 DxfCode.BlockName)	块名(字符串格式),插入引用的块名
8(或 DxfCode.LayerName)	图层名(字符串格式),例如 "Layer 0"
60(或 DxfCode.Visibility)	对象可见性(整型),0=可见,1=不可见
62(或 DxfCode.Color)	颜色号(整型),0~256 数字索引值。0 代表随块 BYBLOCK,256 代表随层 BYLAYER,负值表示图层关闭了
67	模型空间/图纸空间指示符(整型),0 或忽略=模型空间;1=图纸空间

DXF 组码的完整列表,见《DXF 参考手册》中组码值类型一节。

为选择集指定单个选择条件,下面程序提示用户选择对象放到选择集内,然后过滤掉圆以外的其他所有对象。

```
usingAutodesk.AutoCAD.Runtime;
usingAutodesk.AutoCAD.ApplicationServices;
usingAutodesk.AutoCAD.DatabaseServices;
usingAutodesk.AutoCAD.EditorInput;
[CommandMethod("FilterSelectionSet")]
publicstaticvoidFilterSelectionSet()
{
//获取当前文档编辑器
    Editor acDocEd=Application.DocumentManager.MdiActiveDocument.Editor;
//创建一个 TypedValue 数组来定义过滤器条件
TypedValue[ ]acTypValAr=newTypedValue[1];
acTypValAr.SetValue(newTypedValue((int)DxfCode.Start,"CIRCLE"),0);
//将过滤器条件赋值给 SelectionFilter 对象
SelectionFilteracSelFtr=newSelectionFilter(acTypValAr);
//请求用户在图形区域选择对象
PromptSelectionResultacSSPrompt;
acSSPrompt=acDocEd.GetSelection(acSelFtr);
```

```
//提示状态 OK,表示用户已选完
if( acSSPrompt. Status = = PromptStatus. OK )
    {
SelectionSetacSSet = acSSPrompt. Value;
Application. ShowAlertDialog( "Number of objects selected:" +
acSSet. Count. ToString( ) );
    }
else
    {
Application. ShowAlertDialog( "Number of objects selected:0" );
    }
}
```

2.2.4.2 指定多个过滤条件

选择过滤器可以包含过滤多个属性或对象的条件。可以通过声明一个包含足够大的数组来定义全部过滤条件,数组的每个元素代表一个过滤条件。

选择满足两个条件的对象,下面示例指定两个条件过滤所选的对象:对象为圆并且在 0 层上。

```
usingAutodesk. AutoCAD. Runtime;
usingAutodesk. AutoCAD. ApplicationServices;
usingAutodesk. AutoCAD. DatabaseServices;
usingAutodesk. AutoCAD. EditorInput;
[ CommandMethod( "FilterBlueCircleOnLayer0" ) ]
publicstaticvoid FilterBlueCircleOnLayer0( )
{
//获取当前文档编辑器
    Editor acDocEd = Application. DocumentManager. MdiActiveDocument. Editor;
//创建 TypedValue 数组定义过滤条件
TypedValue[ ]acTypValAr = newTypedValue[ 3 ];
acTypValAr. SetValue( newTypedValue( ( int )DxfCode. Color,5 ),0 );
acTypValAr. SetValue( newTypedValue( ( int )DxfCode. Start,"CIRCLE" ),1 );
acTypValAr. SetValue( newTypedValue( ( int )DxfCode. LayerName,"0" ),2 );
//将过滤条件赋值给 SelectionFilter 对象
SelectionFilteracSelFtr = newSelectionFilter( acTypValAr );
//请求在图形区域选择对象
PromptSelectionResultacSSPrompt;
acSSPrompt = acDocEd. GetSelection( acSelFtr );
//如果提示状态 OK,表示对象已选
if( acSSPrompt. Status = = PromptStatus. OK )
    {
SelectionSetacSSet = acSSPrompt. Value;
Application. ShowAlertDialog( "Number of objects selected:" +
```

```
acSSet.Count.ToString());
    }
else
    {
Application.ShowAlertDialog("Number of objects selected:0");
    }
}
```

2.2.4.3 复杂的过滤条件

当指定多个选择条件时,AutoCAD 假设所选对象必须满足每个条件。还可以用另外一种方式定义过滤条件。对于数值项,可以使用关系运算(比如,圆的半径必须大于等于 5.0)。对于所有项,可以使用逻辑运算(比如单行文字或多行文字)。

使用 DXF 组码-4 或常量 DxfCode.Operator 表示选择过滤器中的关系运算符类型。运算符本身用字符串表示。可用的关系运算符如表 2-4 所示。

表 2-4 关系运算符

运算符	描述	运算符	描述
"*"	任何情况(总为 True)	"<="	小于等于
"="	等于	">"	大于
"!="	不等于	">="	大于等于
"/="	不等于	"&"	位与(仅限整数组)
"<>"	不等于	"&="	位屏蔽等于(仅限整数组)
"<"	小于		

选择过滤器中的逻辑操作符同样用-4 组码或常量 DxfCode.Operator 表示,逻辑操作符为字符串,且必须成对出现。操作符开始于小于号(<),结束于大于号(>)。下表列出了用于选择集过滤器的逻辑操作符(见表 2-5)。

表 2-5 用于选择集过滤器的逻辑操作符

起始操作符	包括	结束操作符
"<AND"	一个以上操作数	"AND>"
"<OR"	一个以上操作数	"OR>"
"<XOR"	两个操作数	"XOR>"
"<NOT"	一个操作数	"NOT>"

选择半径大于等于 5.0 的圆,下面例子选择半径大于等于 5.0 的圆。

```
usingAutodesk.AutoCAD.Runtime;
usingAutodesk.AutoCAD.ApplicationServices;
usingAutodesk.AutoCAD.DatabaseServices;
usingAutodesk.AutoCAD.EditorInput;
[CommandMethod("FilterRelational")]
publicstaticvoidFilterRelational()
```

```
{
    //获取当前文档编辑器
        Editor acDocEd = Application. DocumentManager. MdiActiveDocument. Editor;
    //创建 TypedValue 来定义过滤条件
    TypedValue[ ] acTypValAr = newTypedValue[3];
    acTypValAr. SetValue( newTypedValue( ( int) DxfCode. Start," CIRCLE" ),0);
    acTypValAr. SetValue( newTypedValue( ( int) DxfCode. Operator,">="),1);
    acTypValAr. SetValue( newTypedValue(40,5),2);
    //将过滤条件复制给 SelectionFilter 对象
    SelectionFilter acSelFtr = newSelectionFilter( acTypValAr);
    //请求在图形区域选择对象
    PromptSelectionResult acSSPrompt;
    acSSPrompt = acDocEd. GetSelection( acSelFtr);
    //提示栏 OK,表示对象已选
    if( acSSPrompt. Status = = PromptStatus. OK)
    {
    SelectionSet acSSet = acSSPrompt. Value;
    Application. ShowAlertDialog(" Number of objects selected:" +
    acSSet. Count. ToString( ));
    }
    else
    {
    Application. ShowAlertDialog(" Number of objects selected:0");
    }
}
```

选择单行文字或者多行文字,下面例子演示可以选择 Text(单行文字)或者 MText(多行文字)。

```
usingAutodesk. AutoCAD. Runtime;
usingAutodesk. AutoCAD. ApplicationServices;
usingAutodesk. AutoCAD. DatabaseServices;
usingAutodesk. AutoCAD. EditorInput;
[CommandMethod(" FilterForText")]
publicstaticvoidFilterForText( )
{
    //获取当前文档编辑器
        Editor acDocEd = Application. DocumentManager. MdiActiveDocument. Editor;
        //创建 TypedValue 数组,定义过滤条件
    TypedValue[ ] acTypValAr = newTypedValue[4];
    acTypValAr. SetValue( newTypedValue( ( int) DxfCode. Operator,"<or"),0);
    acTypValAr. SetValue( newTypedValue( ( int) DxfCode. Start," TEXT"),1);
    acTypValAr. SetValue( newTypedValue( ( int) DxfCode. Start," MTEXT"),2);
    acTypValAr. SetValue( newTypedValue( ( int) DxfCode. Operator,"or>"),3);
```

```
        //将过滤条件赋给 SelectionFilter 对象
SelectionFilteracSelFtr=newSelectionFilter(acTypValAr);
        //请求在图形区域选择对象
PromptSelectionResultacSSPrompt;
acSSPrompt=acDocEd.GetSelection(acSelFtr);
        //如果提示状态 OK,说明已选对象
if(acSSPrompt.Status==PromptStatus.OK)
    {
SelectionSetacSSet=acSSPrompt.Value;
Application.ShowAlertDialog("Number of objects selected:"+
acSSet.Count.ToString());
    }
else
    {
Application.ShowAlertDialog("Number of objects selected:0");
    }
}
```

2.2.4.4 在过滤条件里使用通配符

选择过滤器中的符号名字和字符串可以包含通配符。表 2-6 为 AutoCAD 能够识别的通配字符，及其在字符串上下文的作用。

表 2-6 通配字符

字符	定 义
#（井号）	匹配任意单个数字
@（at）	匹配任意单个字母
.（句号）	匹配任意单个非字母字符
*（星号）	匹配任意字符序列，包括空串，可用在搜索样本的任何位置：开始、中间或末尾
?（问号）	匹配任意单个字符
~（否定号）	如果是样本串的第一个字符，表示匹配样本串以外的任意字符（串）
[...]	匹配方括号内的任一字符
[~...]	匹配方括号内字符以外的任一字符
-（连字号）	用在括号内表示单个字符的范围
,（逗号）	分隔两个样本串
`（转义引号）	忽略特殊字符（逐个读取接下来的字符）

使用转义引号（`）表示一个字符不是通配符，应逐个字符使用。例如，要表示选择集里只包含名为"*U2"的匿名块，应使用值"`*U2"（见图 2-1）。

2.2 使用选择集

图 2-1 转义引号在键盘上的位置

选择包含指定文字的 MText，下面的示例代码定义一个选择过滤器，选择包含文字串"The"的 MText 对象。

```
usingAutodesk. AutoCAD. Runtime;
usingAutodesk. AutoCAD. ApplicationServices;
usingAutodesk. AutoCAD. DatabaseServices;
usingAutodesk. AutoCAD. EditorInput;
[CommandMethod("FilterMtextWildcard")]
publicstaticvoidFilterMtextWildcard()
{
    //获取当前文档编辑器
    Editor acDocEd = Application. DocumentManager. MdiActiveDocument. Editor;
    //创建 TypedValue 数组,定义过滤条件
TypedValue[] acTypValAr = newTypedValue[2];
acTypValAr. SetValue(newTypedValue((int)DxfCode. Start,"MTEXT"),0);
acTypValAr. SetValue(newTypedValue((int)DxfCode. Text,"*The*"),1);
    //将过滤条件赋给 SelectionFilter 对象
SelectionFilteracSelFtr = newSelectionFilter(acTypValAr);
    //请求在图形区域选择对象
PromptSelectionResultacSSPrompt;
acSSPrompt = acDocEd. GetSelection(acSelFtr);
    //如果提示状态 OK,说明已选对象
if(acSSPrompt. Status = = PromptStatus. OK)
    {
SelectionSetacSSSet = acSSPrompt. Value;
Application. ShowAlertDialog("Number of objects selected:" +
acSSSet. Count. ToString());
    }
else
    {
Application. ShowAlertDialog("Number of objects selected:0");
    }
}
```

2.2.4.5 过滤扩展数据

外部应用程序可以向 AutoCAD 对象提供诸如文本串、数值、3D 点、距离、图层名等

数据。这些数据称之为扩展数据，或叫 XData。可以过滤含有指定外部程序扩展数据的实体。

选择含有扩展数据的圆，下面的示例代码过滤包含由"MY_APP"程序添加了扩展数据的圆。

```
usingAutodesk.AutoCAD.Runtime;
usingAutodesk.AutoCAD.ApplicationServices;
usingAutodesk.AutoCAD.DatabaseServices;
usingAutodesk.AutoCAD.EditorInput;
[CommandMethod("FilterXdata")]
publicstaticvoidFilterXdata()
{
    //获取当前文档编辑器
    Editor acDocEd = Application.DocumentManager.MdiActiveDocument.Editor;
    //创建 TypedValue 数组,定义过滤条件
TypedValue[]acTypValAr=newTypedValue[2];
acTypValAr.SetValue(newTypedValue((int)DxfCode.Start,"Circle"),0);
acTypValAr.SetValue(newTypedValue((int)DxfCode.ExtendedDataRegAppName,"MY_APP"),1);
    //将过滤条件赋给 SelectionFilter 对象
SelectionFilteracSelFtr=newSelectionFilter(acTypValAr);
    //请求在图形区域选择对象
PromptSelectionResultacSSPrompt;
acSSPrompt=acDocEd.GetSelection(acSelFtr);
    //如果提示状态 OK,说明已选对象
if(acSSPrompt.Status==PromptStatus.OK)
    {
SelectionSetacSSet=acSSPrompt.Value;
Application.ShowAlertDialog("Number of objects selected:"+
acSSet.Count.ToString());
    }
else
    {
Application.ShowAlertDialog("Number of objects selected:0");
    }
}
```

2.2.5 从选择集删除对象

创建选择集后，接下来就可以使用所选对象的 ObjectId。选择集不允许向其中添加从中添加对象 ObjectId，也不允许从中删除对象 ObjectId，不过可以用 ObjectIdCollection 对象将多个选择集合并为一个集合对象使用。可以从 ObjectIdCollection 对象中添加或删除对象 ObjectId。从 ObjectIdCollection 对象中删除一个对象 ObjectId，使用 Remove() 方法或 RemoveAt() 方法。

2.3 AutoCAD 内部命令调用

2.3.1 访问 AutoCAD 命令行

可以使用 SendStringToExecute( ) 方法直接向 AutoCAD 命令行发送命令。SendStringToExecute( ) 方法将一个字符串发送给命令行。该字符串必须包含按照所执行的命令的一系列提示所期望的顺序排列的参数。

字符串中的空格，或代表回车符的 ASCII 码，等同于按键盘上的 Enter 键。和 AutoLISP 环境不同，调用不带参数的 SendStringToExecute( ) 方法是无效的。

使用 SendStringToExecute( ) 方法执行命令是异步的，直到 .NET 命令结束，所调用的 AutoCAD 命令才被执行。如果需要立即执行命令（同步），应该：

（1）使用 COM Automation 库提供的 SendCommand( ) 方法。放心，.NET COM 互操作程序集可以访问 COM Automation 库；

（2）对于 AutoCAD 本地命令，以及由 ObjectARX 或 .NET API 定义的命令，调用（P/Invoke）非托管的 acedCommand( ) 方法或 acedCmd( ) 方法；

（3）对于由 AutoLISP 定义的命令，调用（P/Invoke）非托管的 acedInvoke( ) 方。

发送一个命令到 AutoCAD 命令行，下面的例子用圆心（2，2，0）和半径为 4 创建一个圆，然后将图形缩放到全部图形都可见。注意字符串结尾有一个空格，最后按 Enter 键开始执行命令。

```
usingAutodesk.AutoCAD.ApplicationServices;
usingAutodesk.AutoCAD.Runtime;
[CommandMethod("SendACommandToAutoCAD")]
publicstaticvoidSendACommandToAutoCAD( )
{
    Document acDoc = Application.DocumentManager.MdiActiveDocument;
    //画圆并缩放到图形界限
    acDoc.SendStringToExecute(". _circle 2,2,0 4",true,false,false);
    acDoc.SendStringToExecute("._zoom_all",true,false,false);
}
```

2.3.2 调用 AutoCAD 命令

可以使用 Editor 类的 Command 和 CommandAsync 方法来调用已经存在的 AutoCAD 内部命令和用户定义的命令。这两个方法接受参数的数目是可变的，参数的类型是 Object。它们的差别是：Command 是同步方法，而 CommandAsync 是异步方法。但它们的行为是一样的：调用的命令运行完后，它们后面的语句才能被执行。

2.3.2.1 使用 Command 方法调用 AutoCAD 命令

本例使用 Editor 类的 Command 成员方法来调用 AutoCAD 的 Line 命令，绘制一条 45°的线段和一个直角三角形。

```csharp
[CommandMethod("DrawByCommand")]
public static void DrawByCommand()
{
var editor=Application.DocumentManager.MdiActiveDocument.Editor;
Point3d p1=new Point3d(0,0,0);
Point3d p2=new Point3d(100,100,0);
Point3d p3=new Point3d(100,0,0);
Point3d p4=new Point3d(0,100,0);
//绘制一条45°的线段
editor.Command("Line",p1,p2,"");
//绘制一个直角三角形,上行调用的Line命令运行完后,才执行下行程序。即同步
editor.Command("Line",p1,p3,p4,"c");
editor.WriteMessage("命令执行结束!");
}
```

2.3.2.2 使用 CommandAsync 方法调用 AutoCAD 命令

本例使用 Editor 类的 CommandAsync 成员方法来调用 AutoCAD 的 Line 命令,绘制一条 45°的线段和一个直角三角形。

```csharp
[CommandMethod("DrawByCommandAsync")]
public static async void DrawByCommandAsync()
{
var editor=Application.DocumentManager.MdiActiveDocument.Editor;
Point3d p1=new Point3d(0,0,0);
Point3d p2=new Point3d(100,100,0);
Point3d p3=new Point3d(100,0,0);
Point3d p4=new Point3d(0,100,0);
//绘制一条45°的线段
await editor.CommandAsync("Line",p1,p2,"");
//绘制一个直角三角形
//上行调用的Line命令还在运行,甚至还没启动,本命令就暂时中止执行。
//当Line命令运行结束后,本命令恢复执行。即异步
await editor.CommandAsync("Line",p1,p3,p4,"c");
editor.WriteMessage("命令执行结束!");
}
```

2.3.2.3 使用 P/Invoke 调用 AutoCAD 内部命令

使用 P/Invoke 方式可实现非托管的 acedCommand() 方法或 acedCmd() 方法,这两函数功能相同,主要在于输入参数方式不同,前者参数个数根据所调用命令不同而不同,后者参数输入主要通过 ResultBuffer 指针传递参数。

注意:acedCmd、acedCommand 这两个接口在 AutoCAD2013 之前是在 acad.exe 中的,而从 AutoCAD2013 开始放到了 accore.dll 中。

使用 acedCommand() 调用圆绘制命令,实现代码如下:

[DllImport("accore.dll",CharSet=CharSet.Auto,EntryPoint="acedCommand")]
privatestaticexternintacedCommand(int type1,string command,int type2,string center,int type3,string radius,int end);
[CommandMethod("DrawCircle")]
publicvoidDrawCircle()
{
　　//在圆心(20,20,0)处绘制半径为3的圆
acedCommand(5005,"circle",5005,"20,20,0",5005,"3",5000);
}

使用 acedCmd() 调用圆绘制命令，实现代码如下：

[DllImport("accore.dll",EntryPoint="acedCmd",CallingConvention=CallingConvention.Cdecl)]
privatestaticexternintacedCmd(IntPtrbuf);
[CommandMethod("DrawCircle2")]//定义命令名
publicstaticvoid DrawCircle2()
{
//Put your command code here//构建链表
TypedValue[] vals={
newTypedValue(5005,"circle"),
newTypedValue(5005,"20,20,0"),
newTypedValue(5005,"3"),
newTypedValue(5005,"")
};
ResultBuffer bf=newResultBuffer(vals);
intrc=acedCmd(bf.UnmanagedObject);//调用
}

2.4　用户菜单定义

2.4.1　上下文菜单定义

上下文菜单即鼠标右键单击 AutoCAD 绘图区域或其他部位将弹出对应弹出式菜单，使用上下文菜单可以更快捷地使用命令，从而提高工作效率。创建上下文菜单时需要对 IExtensionApplication 接口实现集成，并对该接口的 Initialize() 和 Terminate() 两个方法进行实现，前者负责 AutoCAD 进程加载时初始化菜单，后者负责进程退出时终止菜单。

上下文菜单实现代码如下：

usingAutodesk.AutoCAD.Runtime;
usingAutodesk.AutoCAD.Windows;
using System;
namespace Chap2
{

```
classContextMenuClass：IExtensionApplication
    {
//定义上下文菜单全局变量
ContextMenuExtensionpContextMenuExtension；
PaletteSetpPaletteSet；
publicContextMenuClass( )
        {

        }
voidaddContextMenu( )
        {
try
            {
pContextMenuExtension＝newContextMenuExtension( )；
pContextMenuExtension. Title＝"UserMenu"；
Autodesk. AutoCAD. Windows. MenuItempMenuItem；
pMenuItem＝newAutodesk. AutoCAD. Windows. MenuItem("绘制陡坎")；
//注册菜单事件
pMenuItem. Click+＝newEventHandler(CallBackClick)；
pContextMenuExtension. MenuItems. Add(pMenuItem)；
//将移除用户定义菜单加载到缺省上下文菜单栏中
Autodesk. AutoCAD. ApplicationServices. Application.
AddDefaultContextMenuExtension(pContextMenuExtension)；
            }
catch(System. Exception ex)
            {

            }
        }
voidremoveContextMenu( )
        {
try
            {
if(pContextMenuExtension！＝null)
                {
//从缺省上下文菜单栏中移除用户定义菜单
Autodesk. AutoCAD. ApplicationServices. Application.
RemoveDefaultContextMenuExtension(pContextMenuExtension)；
pContextMenuExtension＝null；
                }
            }
catch(System. Exception ex)
            {
```

```
            }
        }
        voidCallBackClick(object sender,EventArgs e)
        {
            //在此添加菜单执行代码
        }
        publicvoid Initialize()
        {
            addContextMenu();
        }
        publicvoid Terminate()
        {
            removeContextMenu();
        }
    }
```

2.4.2 下拉菜单定义

用户定义下拉菜单加载后将驻留于 AutoCAD 对应工作空间菜单条上，与现有菜单具有对等地位。若要在现有菜单条上添加用户定义下拉菜单，则需要通过系统变量"MENUNAME"读取不带扩展名的主菜单文件，当用户通过 CustomizationSection 对象获取系统菜单时需要加上扩展名 CUIx。早期版本中使用的传统项菜单（MNS）文件、传统项菜单样板（MNU）文件和自定义（CUI）文件现已替换为一种新的文件类型，即基于 XML 的 CUIx 文件。

AutoCAD 每个下拉菜单都有一个别名"POPxxx"，"xxx"代表菜单序号，系统自带菜单序号从 1 开始，最大序号为"12"，即菜单名为"帮助"，用户自定义菜单的别名序号同样需要遵守这样的规则，但序号必须不能与现有序号相同。下拉菜单的 PopMenu 对象进行定义，并由 PopMenuItem 对象定义具体菜单。

在 AutoCAD 中，每个菜单项执行具体命令都是通过调用宏，即每个菜单项都与一个宏建立关联。宏由宏组进行管理，并与 AutoCAD 系统命令或用户自定义命令关联。宏组由 MacroGroup 对象进行定义，宏由 MenuMacro 对象进行定义。

用户自定义下拉菜单实例代码如下：

```
singAutodesk.AutoCAD.ApplicationServices;
usingAutodesk.AutoCAD.Customization;
usingAutodesk.AutoCAD.DatabaseServices;
usingAutodesk.AutoCAD.EditorInput;
usingAutodesk.AutoCAD.Runtime;
publicclassPopMenuClass
{
    Databasem_db=HostApplicationServices.WorkingDatabase;
    //得到主菜单
```

```
CustomizationSection pMainCS = null;
string mainCuiFile;
public PopMenuClass()
        {
        //得到主菜单
        mainCuiFile = (string) Application. GetSystemVariable("MENUNAME");
        mainCuiFile += ". cuix";
        pMainCS = new CustomizationSection(mainCuiFile);
        }
public void saveCui()
        {//保存菜单所有变化
if( pMainCS. IsModified)
pMainCS. Save();
//先卸载主菜单,后再加载主菜单,以至于所在修改立即可以发现效果
string flName = pMainCS. CUIFileBaseName;
Application. SetSystemVariable("FILEDIA",0);
Application. DocumentManager. MdiActiveDocument
            . SendStringToExecute("cuiunload "+flName+" ",false,false,false);
Application. DocumentManager. MdiActiveDocument
. SendStringToExecute("cuiload "+flName+"filedia 1",false,false,false);
        }
public void addMenu()
        {
if( pMainCS. MenuGroup. PopMenus. IsNameFree("数据库(&B)"))
            {
MenuGroup pMenuGroup = pMainCS. MenuGroup;
System. Collections. Specialized. StringCollection pmAliases =
new System. Collections. Specialized. StringCollection();
pmAliases. Add("POP100");
PopMenu pm = new PopMenu("数据库(&B)",pmAliases,"数据库(&B)",pMenuGroup);
//添加菜单条目
addItemsToFGDBPM(pm);
            addMenu2Workspaces(pm);
            }
        }
//加载用户定义菜单到所有工作空间
private void addMenu2Workspaces(PopMenu pm)
        {
foreach( Workspace wk in pMainCS. Workspaces)
            {
WorkspacePopMenu wkpm = new WorkspacePopMenu(wk,pm);
wkpm. Display = 1;
            }
```

2.4 用户菜单定义

```
    }
private void addItemsToFGDBPM(PopMenu pm)
    {    //定义宏命令组
MacroGroup oMacroGroup = pMainCS.MenuGroup.FindMacroGroup("myMenuGroup01");
if(oMacroGroup == null)
        {
oMacroGroup = new MacroGroup("myMenuGroup01", pMainCS.MenuGroup);
        }
            //定义菜单条目要执行的宏命令
MenuMacro oMenuMacro1 = new MenuMacro(oMacroGroup,
"MenuMacro40", "CADToFGDB", "MenuMacro40", MacroType.Any);
MenuMacro oMenuMacro2 = new MenuMacro(oMacroGroup,
"MenuMacro41", "OpenGDB", "MenuMacro41", MacroType.Any);
MenuMacro oMenuMacro3 = new MenuMacro(oMacroGroup,
"MenuMacro42", "UpdateGDB", "MenuMacro42", MacroType.Any);
            //定义菜单项并加入对应下来菜单组中,同时与具体宏建立关联
PopMenuItem pmi = new PopMenuItem(pm, -1);
pmi.MacroID = oMenuMacro1.ElementID;
pmi.Name = "存入 FGDB";
pmi = new PopMenuItem(pm, -1);
pmi.MacroID = oMenuMacro2.ElementID;
pmi.Name = "读取 FGDB";
pmi = new PopMenuItem(pm, -1);
pmi.MacroID = oMenuMacro3.ElementID;
pmi.Name = "更新 FGDB";
    }
        [CommandMethod("CADToFGDB")]//此命令标识不能删除,否则菜单不能执行任何操作
public void CADToFGDB()
    {    }
        [CommandMethod("OpenGDB")]
public void OpenGDB()
    {    }
        [CommandMethod("UpdateGDB")]
public void UpdateGDB()
    {    }
        [CommandMethod("LoadMenu")]
public void LoadMenu()
        {
addMenu();
saveCui();
        }
    }
```

上述代码编译后，在 AutoCAD 中使用 Netload 命令加载对应 DLL，然后在命令行中输入"LoadMenu"命令，即可加载上述所定义的用户下拉菜单。

2.5 用户工具条定义

在 AutoCAD 中实现用户自定义工具条创建与下拉菜单实现原理和过程是完全一致的，也需要先通过 CustomizationSection 对象获得系统主菜单，然后通过 Toolbar 对象定义用户工具条并加载到主菜单组，再通过 ToolbarButton 对象定义具体的工具按钮，并将对应于图标与之建立关联。工具按钮执行具体操作通过宏调用具体命令执行，宏由宏组进行管理。

用户自定义工具条创建实例代码如下：

```
usingAutodesk. AutoCAD. ApplicationServices;
usingAutodesk. AutoCAD. Customization;
usingAutodesk. AutoCAD. DatabaseServices;
usingAutodesk. AutoCAD. EditorInput;
usingAutodesk. AutoCAD. Runtime;
publicclassToolbarClass
    {
//得到主菜单
CustomizationSectionpMainCS = null;
publicToolbarClass( )
        {
//得到主菜单
stringmainCuiFile = ( string) Application. GetSystemVariable( "MENUNAME" );
mainCuiFile+ = ". cuix";
pMainCS = newCustomizationSection( mainCuiFile );
        }
//创建工具条
        [ CommandMethod( "LoadRoad" ) ]
publicvoidaddToolbar( )
        {
ToolbarnewTb = newToolbar( "公路边桩绘制工具" ,pMainCS. MenuGroup);
newTb. ToolbarOrient = ToolbarOrient. floating;
newTb. ToolbarVisible = ToolbarVisible. show;
newTb. Description = "公路边桩绘制工具";
MacroGroupoMacroGroup = newMacroGroup( "myMenuGroup400" ,pMainCS. MenuGroup);
MenuMacro oMenuMacro1 = newMenuMacro( oMacroGroup,
"MenuMacro01" ,"SetFirst" ,"MenuMacro01" ,MacroType. Any);
            oMenuMacro1. macro. SmallImage = @ "C:\RoadSet\beginset. BMP";
            oMenuMacro1. macro. LargeImage = @ "C:\RoadSet\beginset. BMP";
```

2.5 用户工具条定义

```
ToolbarButtontbBtn = newToolbarButton( newTb, -1);
tbBtn = newToolbarButton( newTb, -1);
tbBtn. Name = "起始里程设置";
tbBtn. MacroID = oMenuMacro1. ElementID;
            oMenuMacro1 = newMenuMacro( oMacroGroup,
"MenuMacro02", "SetAnyPointLC", "MenuMacro02", MacroType. Any);
tbBtn = newToolbarButton( newTb, -1);
            oMenuMacro1. macro. SmallImage = @"C:\RoadSet\Anyset. BMP";
            oMenuMacro1. macro. LargeImage = @"C:\RoadSet\Anyset. BMP";
tbBtn. Name = "任意点设置边桩";
tbBtn. MacroID = oMenuMacro1. ElementID;
            oMenuMacro1 = newMenuMacro ( oMacroGroup," MenuMacro03 "," SetKnowedPointLC ","
MenuMacro03", MacroType. Any);
tbBtn = newToolbarButton( newTb, -1);
            oMenuMacro1. macro. SmallImage = @"C:\RoadSet\Knowset. BMP";
            oMenuMacro1. macro. LargeImage = @"C:\RoadSet\Knowset. BMP";
tbBtn. Name = "已知里程设置边桩";
tbBtn. MacroID = oMenuMacro1. ElementID;//ModifyBZ
foreach( WorkspacewkinpMainCS. Workspaces)
            {
WorkspaceToolbarwkTb = newWorkspaceToolbar( wk, newTb);
wk. WorkspaceToolbars. Add( wkTb);
wkTb. Display = 1;
            }
saveCui( );
        }
publicvoidsaveCui( )
            {
if( pMainCS. IsModified)
pMainCS. Save( );
            }
        [ CommandMethod( "SetFirst" ) ]
publicvoidSetFirst( )
            {
            }
//任意点里程设置
        [ CommandMethod( "SetAnyPointLC" ) ]
publicvoidSetAnyPointLC( )
            {
            }
//根据输入的里程及边宽设置边桩
        [ CommandMethod( "SetKnowedPointLC" ) ]
```

```
publicvoidSetKnowedPointLC( )
        {
        }
        }
}
```

上述代码编译后，在 AutoCAD 中使用 Netload 命令加载对应 DLL，然后在命令行中输入"LoadRoad"命令，即可加载此工具条。

2.6 用户自定义用户窗体

在 AutoCAD 中无缝嵌入用户自定义窗体可以实现数据输入、数据修改等各种操作，.NET 中可以使用 WinForm 或 WPF 创建用户自定义窗体界面。通过用户自定义窗体界面可以操作 AutoCAD 文档对象，但是需要预先对文档对象进行锁定，用完后需要及时释放。

2.6.1 定义窗体

在.NET 中定义一个 WinForm 窗体，如图 2-2 所示，将窗体命名为"PointForm"，并在窗体中添加一个 TextBox 文本对象和一个 Button 按钮对象，前者用于显示坐标，后者用于驱动命令从当前 AutoCAD 文档中获取点。

图 2-2 WinForm 窗体

给窗体添加代码如下：

```
usingAutodesk.AutoCAD.ApplicationServices;
usingAutodesk.AutoCAD.EditorInput;
usingAutodesk.AutoCAD.Geometry;
using System;
usingSystem.Windows.Forms;
    namespace Chap2
    {
publicpartialclassPointForm:Form
    {
publicPointForm( )
        {
InitializeComponent( );
```

2.6 用户自定义用户窗体

```
privatevoidSelPointBtn_Click(object sender,EventArgs e)
    {
Editor ed=Application.DocumentManager.MdiActiveDocument.Editor;
using(EditorUserInteractionedUsrInt=ed.StartUserInteraction(this))
    {
Point3dpt=GetPoint("\n 选择点:");
this.textBox1.Text="("+pt.X.ToString()+","+pt.Y.ToString()+","+pt.Z.ToString()+")";
edUsrInt.End();//End the UserInteraction.
this.Focus();
    }
    }
///<summary>
///提示用户拾取点
///</summary>
///<param name="word">提示</param>
///<returns>返回 Point3d</returns>
publicPoint3dGetPoint(string word)
    {
Document doc=Autodesk.AutoCAD.ApplicationServices.Application.DocumentManager.MdiActiveDocument;
Editor ed=doc.Editor;
PromptPointResultpt=ed.GetPoint(word);
if(pt.Status==PromptStatus.OK)
    {
return(Point3d)pt.Value;
    }
else
    {
returnnewPoint3d();
    }
    }
  }
```

2.6.2 加载窗体

在 AutoCAD 加载窗体可以有两种方式：有模态对话框—ModalDialog；无模态对话框—ModelessDialog。

2.6.2.1 显示有模态对话框

当有模态对话框加载后，独占 AutoCAD 进程，焦点不可切换，AutoCAD 进程不能进行任何其他操作，程序焦点始终保持在模态对话框上，如果需要切换到 AutoCAD 环境进行交互时，则需要使用 EditorUserInteraction 对象进行切换焦点到 AutoCAD 的命令行。

有模态对话框加载实例代码如下：

```
usingAutodesk. AutoCAD. ApplicationServices;
usingAutodesk. AutoCAD. EditorInput;
usingAutodesk. AutoCAD. Runtime;
[assembly:CommandClass(typeof(Chap2. FormLoadClass))]
namespace Chap2
{
    publicclassFormLoadClass
    {
        EditorpEd = Application. DocumentManager. MdiActiveDocument. Editor;
        [CommandMethod("LoadModalDialog")]
        publicvoidLoadModalDialog()
        {
            using(PointFormpPointForm = newPointForm())
            {
                pPointForm. ShowInTaskbar = false;
                Application. ShowModalDialog(pPointForm);
                if(pPointForm. DialogResult = = System. Windows. Forms. DialogResult. OK)
                {
                    pEd. WriteMessage("\n" +pPointForm. textBox1. Text);
                }
            }
        }
    }
}
```

加载程序集，运行"LoadModalDialog"命令，自定义用户窗体将会嵌入到 AutoCAD 进程中，此时程序焦点落在用户自定义对话框上，如图 2-3 所示。

图 2-3　加载有模态对话框

单击"拾取点"按钮后,对话框将自动隐藏,程序焦点切换到 AutoCAD 主界面,如图 2-4 所示。

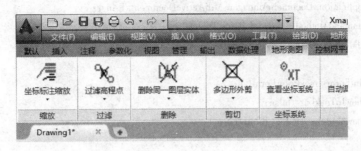

图 2-4 程序焦点换至 AutoCAD 主界面

根据提示拾取点后,程序自动切换回模态对话框并显示点坐标信息,如图 2-5 所示。

图 2-5 程序切回模态对话框

2.6.2.2 显示无模态对话框

无模态对话框为活动焦点的对话框,程序焦点可以自由地从 AutoCAD 主界面切换到用户窗体,方便用户与 AutoCAD 环境的即时交互操作。

无模态对话框加载实例代码如下:

```
usingAutodesk.AutoCAD.ApplicationServices;
usingAutodesk.AutoCAD.EditorInput;
usingAutodesk.AutoCAD.Runtime;
[assembly:CommandClass(typeof(Chap2.FormLoadClass))]
namespace Chap2
{
```

```
publicclassFormLoadClass
    {
EditorpEd = Application. DocumentManager. MdiActiveDocument. Editor;
        [CommandMethod("LoadModalessDialog")]
publicvoidLoadModalessDialog()
        {
PointFormpPointForm = newPointForm();
pPointForm. ShowInTaskbar = false;
Application. ShowModelessDialog(pPointForm);
        }
    }
}
```

运行"LoadModalessDialog"命令,窗体会嵌入到 AutoCAD 环境,此时程序的焦点可以在用户窗体与 AutoCAD 主界面间自由切换,如图 2-6 所示。

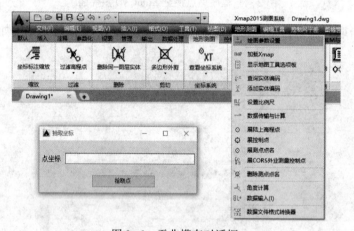

图 2-6 无非模态对话框

2.7 用户自定义面板

使用 Autodesk. AutoCAD. Windows 命名空间下的 PaletteSet 对象可以开发与 AutoCAD 用户界面风格完全一致的操作面板,PaletteSet 属性设置顺序会影响到 PaletteSet 的显示效果。用户自定义面板实现步骤如下:

(1) 在 .NET 中添加用户控件,并命名为"AttributeControl",添加如图 2-7 所示的控件,通过该用户控件可以实现房屋要素属性的输入,并保存在 XData 属性中。

(2) 将面板嵌入到 PaletteSet 对象中。

实现代码如下:

usingAutodesk. AutoCAD. Runtime;

usingAutodesk. AutoCAD. Windows;

[assembly: CommandClass(typeof(Chap2. PaletteSetClass))]

```
namespace Chap2
{
classPaletteSetClass
    {
        [CommandMethod("AddPalette")];
publicvoidAddPalette()
        {
AttributeControlpControl = newAttributeControl();
PaletteSetps = newPaletteSet("PaletteSet");
ps.Visible = true;
//保留面板关闭按钮
ps.Style = PaletteSetStyles.ShowCloseButton;
ps.Dock = DockSides.Left;
ps.MinimumSize = newSystem.Drawing.Size(250,300);
ps.Size = newSystem.Drawing.Size(250,300);
ps.Add("PaletteSet",pControl);
ps.Visible = true;
        }
    }
}
```

加载程序集，运行"AddPalette"命令，自定义控件将被加载到AutoCAD的面板中，如图2-8所示。

图2-7 创建用户控件

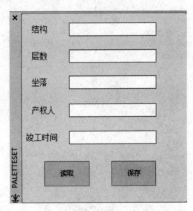

图2-8 加载用户控件

习题与思考题

1. AutoCAD提供了哪些输入值类型，如何输入实体对象？
2. 关键字作用是什么，如何实现用户关键字的输入？
3. 获得PickFirst选择集对象必须具备哪几个条件？
4. ObjectArx.NET API提供了哪些主要选择操作函数？

5. 如何添加和并多个选择集？
6. 如何指定多个条件进行过滤，如何在过滤条件中使用通配符？
7. 有一幅居民地地形图，现在要计算拆迁补偿，请使用扩展数据选择房屋层数小于 3 层、建设年代为 2000 年以前的所有房屋。
8. 调用 AutoCAD 内部命令的途径有哪些？并给出实例代码。
9. 上下文菜单和下拉菜单有什么区别？分别阐述这两种菜单创建的基本过程。
10. 如何创建用户工具条，如何加载和卸载用户工具条？
11. 有模态窗体和无模态窗体主要区别是什么，分别在哪些情况下使用？
12. 如何创建用户自定义面板？

3 AutoCAD 中地形图符号制作

3.1 地形图符号概述

3.1.1 地形图符号的意义

在地形图上通过不同颜色表示地面上的居民地、建筑物、道路网、水系、土质、植被、境界、地貌等各种社会要素和自然要素的点、线和各种图形称为地形图符号。

地形图符号不仅要表示出地面物体的位置、形状和大小,而且要反映出各种物体的数量和质量特征及其相互关系。因而可以在地形图上精确地判定方位、距离、面积和高低等数据,以满足用图者的需要。

地形图符号的作用是在于系统地表达地形图的内容,是表示现代化地形图的主要形式。对于不同比例尺的地形图的符号有所不同,为统一符号,使成图规格一致,我国测绘管理部门对各种比例尺的地形图符号作了统一规定,即编制了各种比例尺的地形图图式,简称图式,以供测绘部门和其他部门使用。2017 年 10 月国家颁布了 1∶500、1∶1000 和 1∶2000 国家基本比例尺地图图式标准 GB/T 20257.1—2017,该标准取代 GB/T 20257.1—2007。

3.1.2 制定地形图符号的基本原则

地形图符号都是一些线划图形,构成它的两个基本要素是图形和色彩。制定地形图符号应考虑下面的基本原则:

(1) 图案化。图案化,就是使图形具有象形(或会意性)、简洁和醒目的特点。为使符号图形具有象形性,一般采用物体的侧视、正视或俯视图形以达到象形的效果。而对较小的目标或不可见的要素可采用会意性(或记号性)符号。

为了增加符号的立体感,使图形醒目,利用黑白对比或光影,如陡石山符号应用光影法则绘出能产生立体感。另外有些符号(如纪念碑等)利用黑白两部分构成明显反差,也使符号更为醒目。

(2) 精确性。各种地形图符号应能精确表示地面要素的位置。凡能按比例描绘的,在图上应有与实地相应比例的轮廓界线;不依比例的符号,其符号图形应有确定的点或线代表物体在图上的位置,以便量算。

(3) 逻辑性。设计的各类符号,其形式与内容应有内在的有机联系。例如图形的大小、线状粗细反映物体的大小和主次。在一般情况下,若用实线、虚线表示同一类要素,则用虚线图形表示的那个要素为不可见的或表示建筑中的或辅助的。

(4) 对比性。地形图符号应能明显区分要素的种类、性质、和不同等级,为此各类符号的大小、形状和色彩应有明显的差异。但互相联系配合的符号，在尺寸上应取得协调。

（5）统一性。对于同一类要素在不同比例尺地形图上，其分类、分级、构图和色彩应保持必要的相似符号图形。随比例尺缩小图形可略有简化，尺寸也作相应缩小，但应注意外形上的一致。

（6）色彩的象征性。地形图符号所采用的颜色尽可能近似概念中的自然景色，使符号具有一定的象征性，以增强地图的表现力。如水系用蓝色，地貌用棕色等。

（7）制图中印刷技术条件。设计符号要考虑到实施的可能。即使图形精细、美观，但很难绘制或不能复制，也是徒劳的。

3.1.3 地形图符号的分类

习惯上常把地形图符号总体分为地物符号和地貌符号两大类。地物是指具有真实位置和明显轮廓的人工和自然物体，表示居民地、道路、建筑物、河流、植被等物体符号，称为地物符号。地貌是指地表面的起伏形态，表示地貌的等高线，以及表示陡石山、冲沟、滑坡、陡崖等符号属于地貌符号。

（1）按地图要素分类。此种分类是一种比较系统适用的分类方法，地形图图式就是采用这种分类方法。具体为：1）测量控制点；2）居民地；3）独立地物；4）管线及垣栅；5）境界；6）道路；7）水系；8）地貌；9）土质植被；10）注记；11）图廓整饰。

（2）按符号与实地物体的比例关系分类。

1）依比例符号——面积或带状符号。对于实地上占有面积较大的物体，按地形图比例尺缩小后，仍能保持与实地形状相似的平面轮廓图形，此类符号称之为依比例符号，又可称为真形符号或轮廓符号。符号形状、位置与实地一致，如房屋、湖泊等。

2）不依比例符号——独立符号：地面上重要或目标显著的独立地物，其面积很小，按图比例尺缩小后，不能保持物体的平面轮廓形状，此类符号称之为不依比例符号。不依比例符号所表示的物体在实地上占有很小的面积，按比例尺缩小到图上后只是一个点，因此须用一定形式与一定尺寸的符号表示。如纪念碑、塔、控制点、独立树等等。此种符号仅仅表示其物体的位置和意义，而不能来测定其物体的面积大小。

3）半依比例符号——线状符号。实地上的线状和狭长物体，按地形图比例尺缩小后，长度能依比例表示，而宽度却不能依比例表示，此类符号称之为半依比例符号。半依比例符号一般多是线状符号，如铁路、境界、电力线、围墙等等。长度是按图比例尺缩小的，可以量测而宽度是夸大表示的，因而不可在图上量测宽度。

3.2 点符号及其制作

点状符号是不依比例尺表示的小面积地物或点状地物符号，点状符号的图形固定，不随它在地形图上的位置变化而改变。符号有一个定位点，符号图形比较规则，可由简单的几何图形组成。在地形图上有一部分点状符号，它的定位点和点状地物中心的实际位置一致，这些点状符号的位置由测量方法确定，如测量控制点、路灯、地下管道检修井等。还有一部分点状符号在地形图上的位置并不具有实际位置的意义，而只是一种说明符号，如面状符号轮廓线内的配置点符号，这些点状符号的位置按绘图规则配置在轮廓线内。也有些点状符号当它在面状符号轮廓线内时，即为配置点符号，但独立表示时，它的定位点即为地物中心的实际位置，如纪念碑、宝塔等，如图3-1a~d所示。点状符号的方向大部分垂直于南图廓绘制，也有些点状符号的方向按真方向表示，如地面窑洞、斜井井口、平硐洞口、泉、山洞等，如图3-1e~h所示。

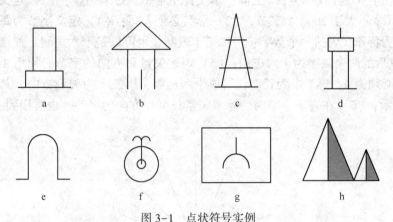

图3-1 点状符号实例

a—纪念碑；b—钟楼；c—宝塔；d—水塔；e—山洞；f—泉；g—窑；h—假石山

在AutoCAD中，点符号的制作方式有：(1) 利用AutoCAD"型"，即制作一个*.shp文件；(2) 利用AutoCAD块功能实现。

3.2.1 传统地形图符号制作的缺陷

据了解，当前许多AutoCAD的地形图成图软件对点元素的表示通常是采用图块的方式来处理的，线状符号则由多个图形实体拼凑成图式要求的形状；虽然用图块制作点元素符号以及拼凑成形的"线"实体，简单易行，但存在着以下弊端：

(1) 不同厂家的地形图成图软件，由于分别使用不同的图元类型来制作、命名，使得同一符号存在不同的存储方式，数据缺乏规范性。

(2) 当图块一旦被exploe命令打散，其结果不仅是会增加图形文件的容量，而且点元素的原有属性将不再保存，容易丢失点元素的属性数据。

(3) 为了保证图块不被打散，启用限制（卸载）exploe命令的机制，但稍不注意，这些限制运行的命令会跟随自动运行程序，很容易给规划设计的用户造成绘图操作上的限制。

(4) 图块实际上是图形文件中的1个图块表记录，随图形文件一起保存，用图块作为点元素符号会增大图形文件的数据量，而且降低数据文件的调用速度。

(5) 地形图中许多线型为多元素的复合体。如果只是为了满足图纸印刷的效果，运用多个图形实体拼凑成图式要求的形状，实际上是形似神异的线状要素。给编辑修改、数据量算的工作带来不便。

3.2.2 形的制作

3.2.2.1 形的一般格式

形是一种用直线段、圆弧和圆来定义的特殊图元。一个型文件扩展为".shp"可以容纳 128 个形的定义。一个形定义的具体格式如下：

*型编码,定义字节数,形名
字节 1,字节 2,…,0

其中：(1) 形编码在 1~128 之间，本文件中唯一，带前缀 *；(2) 定义字节数，包含最后一个 0，不大于 2000 个字节；(3) 形名必须大写；(4) 定义字节为每一个矢量长度和方向或为特殊代码的一个数字，可以是十进制，也可以是十六进制。如第一个字符为 0，则跟随其后的两个数字为十六进制；(5) 表达矢量和方向的字节必须用 3 个字符来表示，第一个必须为 0，第二个为长度，写成十六进制，第三个为矢量方向，其中方向定义如图 3-2 所示；(6) 在表示字节时，除了矢量长度和方向的字节，也常用到一些特殊码，如表 3-1 所示。

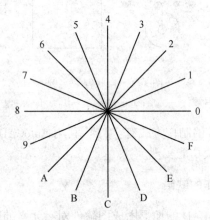

图 3-2　形符号矢量方向

表 3-1　特殊码

特殊码	含　义
0	形定义结束
1 与 2	落笔与抬笔。其中，1—落笔开始画，2—抬笔空走
3 与 4	大小控制，其中，3—用下一字节除矢量长度，4—用下一字节乘矢量长度
5 与 6	堆栈推进（push）与弹出（pop），其中堆栈深度不能超过 4
8 与 9	X，Y 位移（-128~127 之间）。如：8,(-9,4) 即 X 往左 9 个单位，Y 往右 4 个单位
10 或 00A	圆定义（或 octant arc）

【例 3-1】　画出导线点，在文本编辑器中编辑如图 3-3 所示，值得注意的是形定义结束后要留一空行，执行结果如图 3-4 所示。

*141,19,DXD;;导线点
002,01c,018,001,024,020,02c,028,002,010,014,003,10,018,001,00A,(1,-040),0

其中,"141"为导线点的编码,"19"为在第二行的字节数,"DXD"是形名。

```
DXD2.shp - 记事本                                    —  □  ×
文件(F) 编辑(E) 格式(O) 查看(V) 帮助(H)
*141,19,DXD ; ;导线点
002,01c,018,001,024,020,02c,028,002,010,014,003,10,018,001,00A,(1,-040),0

*00064,11,CIRC1
3,2,2,018,1,10,(1,-040),4,2,0
```

图 3-3　使用文本编辑器编辑

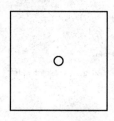

图 3-4　基于形的导线点符号化结果

3.2.2.2　独立符号形的实现

假设要在屏幕上绘制出 DXD 的图式符号,其实现步骤如下:

(1) 定义生成文件型文件 DXD.SHP,保存在"...\AUTOCAD\SUPPORT"目录下;

(2) 利用 COMMAND:COMPILE 生成 DXD.SHX;

(3) 利用 COMMAND:LOAD;

(4) 然后进行 COMMAND:SHAPE;

(5) Shape name(or?):DXD,输入形名;

(6) Starting Point:210156,340112。在屏幕上捕获一个点或坐标输入作为符号的定位点;

(7) Height<1.000>:1。按比例的要求来定本符号的大小,默认值为 11000,也可以通过移动鼠标按键来改变图形的大小;

(8) Rotation angle<0>:10。指定本符号的方向,默认值为 0,如输入"10"表示 DXD 符号要位于角度为 100 的斜度。

3.2.3　使用 Express Tools 的 MakeShape 工具制作形

AutoCAD 自 2004 版本开始,提供了一个非常实用的工具:扩展工具包(Express Tools)。它提供了一些非常实用的功能,例如:MakeShape 和 MakeLineType 分别为形和线型的创建工具,使用这些工具可以帮助用户大大提高绘图效率。如果当前的 AutoCAD 应用程序中没有安装 Express Tools 扩展包,则可以通过如下过程进行添加。

(1) 进入【控制面板】(见图 3-5),单击【卸载程序】(见图 3-6)。

(2) 在程序和功能面板中,找到 AutoCAD 程序,单击"卸载/更改"按钮。

图 3-5 控制面板

图 3-6 程序卸载与更改控制界面

(3) 在图 3-7 中单击 "添加或删除功能" 按钮,从图 3-8 中选择 "Express Tools" 项,并单击 "更新" 按钮。

(4) 在 AutoCAD 中加载 "Express Tools" 扩展工具,如图 3-9 所示,选择 "acettest.fas" 和 "acetutil.fas" 进行加载,加载成功后如图 3-10 所示。

使用 "Make Shape" 工具创建形的基本过程如下:

(1) 首先在 AutoCAD 中按照地形图制图规范绘制完成独立点状地物符号。

(2) 使用 "MakeShape" 工具,按照命令行提示:1) 输入形名称;2) 输入精度,默认值为 128;3) 选择形的基准点,如图 3-11 所示,路灯形的基准点为底部圆的圆心;4) 选择所要创建形的图形对象。

3.2 点符号及其制作

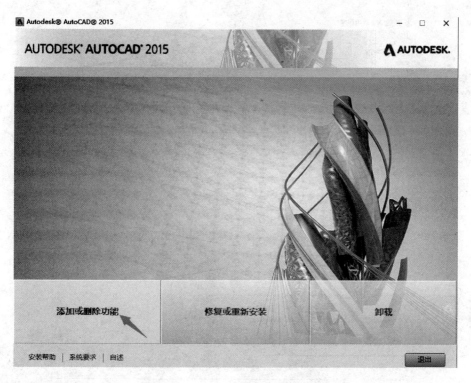

图 3-7　AutoCAD 添加或删除功能

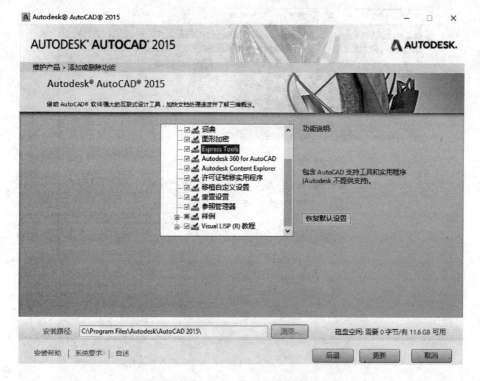

图 3-8　AutoCAD 扩展功能

3　AutoCAD 中地形图符号制作

图 3-9　加载 "Express Tools" 扩展工具

图 3-10　Express Tools 工具

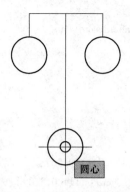

图 3-11　形的基准点选取

3.2.4　基于块的点状符号制作

基于块的点状符号与型的方式有很大不同，块需要存储在 AutoCAD 图形数据库中，需要与图形数据存储在同一个文件中。块分为普通块和带属性的块，如水塔、纪念碑使用普通块，而控制点需要使用带属性的块，用于标注控制点点名、高程信息。块的制作途径可以直接在 AutoCAD 中制作与可以通过程序代码生成。这里以喷泉符号和水准点符号程序代码实现为例进行说明，如图 3-12 所示。

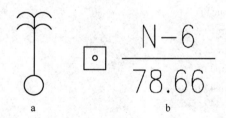

图 3-12　基于块的点状符号
a—喷泉；b—水准控制点

喷泉符号程序代码如下：

```
[CommandMethod("CreateBlock")]
publicvoidCreateBlock()
{
//获得当前活动dwg图形文档数据库
DatabaseacCurDb=Application.DocumentManager.MdiActiveDocument.Database;
//启动一个事务
using(TransactionacTrans=acCurDb.TransactionManager.StartTransaction())
{
//以写方式打开块表
BlockTableacBlkTbl=acTrans.GetObject(acCurDb.BlockTableId,
OpenMode.ForWrite)asBlockTable;
```

```
//创建新的块表记录用于存储喷泉图形
BlockTableRecord acBlkTblRec = new BlockTableRecord();
string blkname = "喷泉";
acBlkTblRec.Name = blkname;
//给定块的原点
acBlkTblRec.Origin = new Point3d(0,0,0);
Point3d pCenter = new Point3d(0,0,0);
//创建圆
Circle pCir = new Circle(pCenter, new Vector3d(0,0,1), 0.50);     //创建竖直直线
Line pLine = new Line(new Point3d(0,0.5,0), new Point3d(0,3,0));
DBPoint pDBPt = new DBPoint(pCenter);
double x = 0.5 * Math.Cos((180-158)/180 * Math.PI);
double y = 2.4-0.5 * Math.Sin((180-158)/180 * Math.PI);
//创建左右两侧圆弧
Arc pArc1 = new Arc(new Point3d(0.4575,2.7143,0),0.5,1.17,4);
Arc pArc2 = new Arc(new Point3d(0.4575,3.3143,0),0.5,1.17,4);
Arc pArc3 = new Arc(new Point3d(-0.4575,2.7143,0),0.5,22+90,158+90);
Arc pArc4 = new Arc(new Point3d(-0.4575,3.3143,0),0.5,22+90,158+90);
//将图形实体添加到块表记录
acBlkTblRec.AppendEntity(pCir);
acBlkTblRec.AppendEntity(pLine);
acBlkTblRec.AppendEntity(pArc1);
acBlkTblRec.AppendEntity(pArc2);
acBlkTblRec.AppendEntity(pArc3);
acBlkTblRec.AppendEntity(pArc4);
//将块记录添加到块表
acBlkTbl.Add(acBlkTblRec);
acTrans.AddNewlyCreatedDBObject(acBlkTblRec,true);
//提交创建并销毁事务
acTrans.Commit();
        }
    }
```

水准点符号程序代码如下:

```
    [CommandMethod("CreateAttrHeight")]
public void CreateAttrHeight()
    {
//获得当前活动 dwg 图形文档数据库
Database acCurDb = Application.DocumentManager.MdiActiveDocument.Database;
//启动一个事务
using(Transaction acTrans = acCurDb.TransactionManager.StartTransaction())
        {
//以写方式打开块表
```

```
BlockTableacBlkTbl = acTrans.GetObject(acCurDb.BlockTableId,
OpenMode.ForWrite)asBlockTable;
//创建新的块表记录
BlockTableRecordacBlkTblRec = newBlockTableRecord();
stringblkname = "水准点";
acBlkTblRec.Name = blkname;
acBlkTblRec.Origin = newPoint3d(0,0,0);
Point3dpCenter = newPoint3d(0,0,0);
//创建中心点
DBPointpDBPt = newDBPoint(pCenter);
acCurDb.Pdmode = 32;
acCurDb.Pdsize = 0.1;
//创建矩形
PolylinepRect = newPolyline(5);
pRect.AddVertexAt(0,newPoint2d(-1,-1),0,0,0);
pRect.AddVertexAt(1,newPoint2d(1,-1),0,0,0);
pRect.AddVertexAt(2,newPoint2d(1,1),0,0,0);
pRect.AddVertexAt(3,newPoint2d(-1,1),0,0,0);
pRect.AddVertexAt(4,newPoint2d(-1,-1),0,0,0);
            //创建点名与高程值之间的分割横线
PolylinepPl = newPolyline(2);
pPl.AddVertexAt(0,newPoint2d(0.9,0),0,0,0);
pPl.AddVertexAt(1,newPoint2d(2.9,0),0,0,0);
//定义属性
Point3dpPosition = newPoint3d(1,0.2,0);
AttributeDefinitionpName = newAttributeDefinition(
pPosition,"N-6","水准点名","输入水准点名",acCurDb.Textstyle);
pAtrDef.Height = 1;
Point3d pPosition2 = newPoint3d(1,-1.2,0);
AttributeDefinitionpHVaue = newAttributeDefinition(
            pPostrion2,"0.00","高程值","输入高程值",acCurDb.Textstyle);
pHVaue.Height = 1;
//给定块的原点
acBlkTblRec.Origin = newPoint3d(0,0,0);
//将图形实体添加到块表记录
acBlkTblRec.AppendEntity(pDBPt);
acBlkTblRec.AppendEntity(pRect);
acBlkTblRec.AppendEntity(pPl);
acBlkTblRec.AppendEntity(pName);
acBlkTblRec.AppendEntity(pHVaue);
//将块记录添加到块表
acBlkTbl.Add(acBlkTblRec);
acTrans.AddNewlyCreatedDBObject(acBlkTblRec,true);
```

//提交修改并销毁事务
acTrans.Commit();
        }
    }

3.3 线符号及其制作

AutoCAD 线型就是一系列用空格分隔的点和划组成的线条的显示方式，并可包含嵌入的形和文字对象。AutoCAD 支持简单线型和复杂线型两种。AutoCAD 支持单线型和多线性型文件，扩展名分别为 .lin 和 .mln，在 AutoCAD 有两个线型文件库，其中 acad.lin 文件为标准 AutoCAD 线型库文件，而 acadiso.lin 为标准 AutoCAD ISO 线型库文件。

地形图线状符号是表示线状分布的地物（境界、等高线也是线状符号），一般线状符号其长度是依比例尺表示的，而宽度是不依比例尺表示的，但当其宽度能依比例尺表示时，则依比例尺表示，如围墙、铁路等线状符号。线状符号都有一条有形或无形的定位线，其形状分为直线、折线、弧线和曲线。有形线的线型分为实线、虚线、点线、点划线等。一些简单的线状符号，如小路、地类界、境界、等高线等，直接用有形的定位线表示。有些线状符号除定位线外，还有在特征点（测量的点）上或中间周期性的配置有其他符号，称为复合线型符号，如管线、围墙、陡坎、行树等。

3.3.1 简单线型符号制作

线型文件是一种纯 ASCII 码格式的文本文件，一个线型文件可以定义多种线型。每一种线型的定义在线型文件中占两行。空行和后面（注释）的内容都被忽略。每一种线型的定义格式如下：

*线型名[,线型描述]
Alignment,dash-1,dash-2,dash-3,…

对线型的描述不能超过 47 个字符。它是可选项，可省略。Alignment 字段为线型对齐方式。目前 AutoCAD 只支持在字段开头输入"A"来指定的这一种对齐方式。使用 A 型对齐，AutoCAD 将保证直线的端点处为短划线。这种对齐方式，首短划线的值应大于 0（即下笔段或点），第二个短划线的值应小于 0（提笔段），并从第一个短划线说明开始，至少要有 2 个短划线结构说明。线型说明中的短划线序列，将从第一个到最后一个相继画出来，然后再从第一个说明的短划线开始重复这个序列。

Dash-n 字段指定组成线型的线段的长度。若长度为正，则表示是下笔段，即为要画出的线段；若长度为负，则表示为一提笔段（间隔）；长度为零则画出一个点。在 .LIN 文件中，每个线型定义应限制在 80 个字符以内，R14 版本最多可允许 280 个字符。即使在最多 80 个字符的行中，用户亦可为每个线型确定 12 个线段、12 个点及 12 个间隔。对于一般的线型定义，这已足够用了。

简单线型符号主要包括公路、小路、房屋实边线等，这些线型比较简单，也无需形，其格式为上面提到的线型文件的格式：

如：乡村路

  *路,------------
  A,4,-1
  *地铁,地铁
  A,0,0.1,-1,0.1,-1,0.1,-8,0

3.3.2 复合线型符号制作

  复合线型包括陡坎、栅栏、篱笆、铁路等形状的线型，以及多平行线定义线型当中要用到的线型。复合线型是 AutoCAD 从 R13 版本起新增的功能，它使线型的定义不再局限于线段、点和间隔，还可再定制的线型中嵌入文本字符串或形文件（.SHX）中的形。复合线型定义的语法格式与简单线型基本相同，不同之处在于复合线型在定义行中增加了用方括号括起的特殊参数，用以告诉 AutoCAD 如何嵌入文本或形。复合线型定义的具体格式如下：

  *线型名[,线型描述]
  Alignment,dash-1,dash-2,…,[嵌入的文本字符或形定义],dash-n,…

  其中，嵌入文本字符串和形的定义语法为：

  ["string",style,R=n,S=n,X=n,Y=n]以及[shapename,shape_file,R=n,S=n,X=n,Y=n]

  string 是双引号中的由一个或多个字符组成的文本字符串，shapename 是 shape_file 文件中的形名。shape_file 文件中必须有形，则 AutoCAD 允许用户使用此线型。Style 是文本式样的名字，shape_file 为 AutoCAD 的 .SHX 形文件。如果当前图形中没有 Style，AutoCAD 则不允许使用此线型。如果 shape_file 文件没有位于库搜索路径中，AutoCAD 会提示并要求用户选择另外一个 .SHX 文件。在 shape_file 文件中可以包括路径。其余五个字段 R=，A=，S=，X= 和 Y= 为可选择的转换分类。每个转化分类后面的 n 表示所需数字。

  R=n 表示文本或形相对于当前方向的转角。缺省时为 0，表示 AutoCAD 文本或形的方向与所给线段方向一致。A=n 表示文本或形相对于世界坐标系的 X 轴的绝对的转角。R 和 A 以度为单位。如果希望以弧度或梯度作为单位，那么数字后面必须加 R 或 G。

  S=n 确定文本或形的比例系数。如果使用固定高度的文本式样，AutoCAD 会将此高度乘以 n。对于形而言，S=缩放系数会使形从其缺省缩放系数 1.0 按此值放大或缩小。在任何情况下，AutoCAD 通过 S=缩放系数与 LTSCALE 的乘积来确定高度或缩放系数。因此，应该将 S=确定成正常 LTSCALE（例如 0.5）下以 1:1 为输出比例时所对应的值。这样当在比例不同的图中使用复合线型且将 LTSCALE 设成与各图比例相对应的值时，这些文本或形在输出的图纸上以相对应的尺寸出现。

  X=n 和 Y=n 为可选项，它们确定相对于线型分类中的当前点的偏移量。正的 X 偏移量会使文本或形朝着当前线段的第二个端点的方向移动，正的 Y 偏移量将使文本或形沿着正 X 方向的 90°方向（逆时针）移动。这两个偏移量将使文本或形的定位更精确。

复合线型定义实例如下：

*栅栏栏杆,栅栏栏杆
A,5,[KAI,Xmap.shx],4.5,-0.5,[CIRC1,Xmap.shx],-0.5
*篱笆,篱笆
A,8,-1,[PLUS,Xmap.shx],-1,8,-1,[PLUS,Xmap.shx],-1
*铁丝网,铁丝网
A,8,-1,[XPLUS,Xmap.shx,s=0.5],-1,8,-1,[XPLUS,Xmap.shx,s=0.5],-1

上述复合线中形的定义如下：

*00066,2,KAI
014,0

*00064,11,CIRC1
3,2,2,018,1,10,(1,-040),4,2,0

*00069,14,PLUS
3,2,2,018,1,020,2,018,01C,1,024,4,2,0

*00070,10,XPLUS
2,016,1,02E,2,016,01A,1,022,0

使用上述复合线型实例对相应地形要素符号化，如图 3-13 所示。

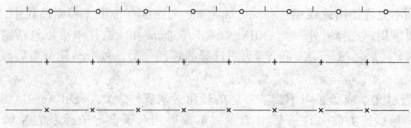

图 3-13　使用复合线型符号化实例

3.3.3　使用 MakeLineType 工具制作线型

这里以"行树"制作过程为例进行说明。具体过程如下：

（1）制作如图 3-14 所示的国家最新地形图图式标准《GB/T 20257.1—2017》所定义的独立树。独立树的树冠由两个圆弧闭合而成，树干为一条 3mm 的多段线，树底部为一条 1mm 的多段线。

（2）按照 3.2.3 小节的操作将所制作的独立树生成形符号。

（3）使用所生成的树形符号在同一水平位置间隔绘制三棵独立树，如图 3-15 所示。

（4）使用"MakeLineType"工具创建行树线型，按照提示逐步完成即可，使用该线型所绘制的行树效果如图 3-16 所示。

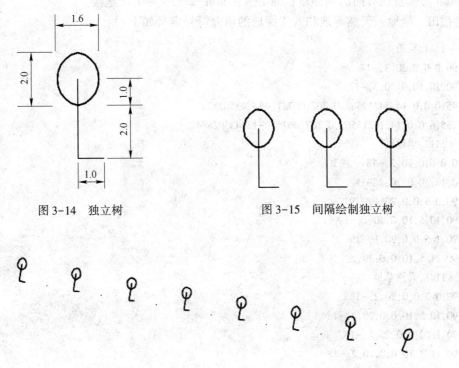

图 3-14 独立树　　　　图 3-15 间隔绘制独立树

图 3-16 行树绘制效果

3.4 面符号及其制作

　　面状符号是由定位线构成其轮廓和在轮廓内填绘晕线或一系列某种密度的点状符号来表示。面状符号的轮廓线依比例尺表示，填绘符号分为线填充和点填充符号。线填充符号是按规定间隔绘制的晕线，如 1:2000 地形图的房屋根据需要可填绘实线晕线，沼泽地填绘实线和虚线晕线。点填充符号分为规则填充和不规则填充，规则填充的点状符号按"井"、"品"字形排列，不规则填充的点状符号，其位置、方向有一定的随机性，如石块地、灌木林等。除一般面状符号外，有两种特殊的面状符号。一种是依比例尺表示的独立地物，如 1:500 地形图的塔形建筑物、依比例尺的独立石等。另一种是在轮廓线内填绘符号有特殊要求，如台阶、斜坡、陡石山等。

　　AutoCAD 允许用户自己定义填充模式，用户可以用文本编辑器将模式定义写入 ACAD.PAT 或者其他扩展名为 .PAT 的文件。

　　填充模式由若干线划构成，它们在同一坐标系中，按各自的倾角和位移重复配置，填满全部填充区域。阴影图案的定义格式为如下：

　　*Pattern_name[,description]
　　Angle,X-origin,Y-origin,X-offset,Y-offset,dash-1,dash-2,...

　　其中，Angle 为线段的方向角；X-origin, Y-origin 是控制线段的原点；X-offset, Y-offset 用来控制线段的重复绘出时与原点的偏移量，其中 X-offset 为沿着线方向的偏移量，

Y-offset 为垂直线方向的偏移量；dash-1，dash-2，... 为抬落笔码。

稻田、旱地、天然草地和人工绿地的填充符号定义如下：

﹡1111,稻田
90,0,0,0,20,3,-17
90,10,10,0,20,3,-17
45,0,0,0,14.14213562,0.707106781,-13.43502884
135,0,0,0,14.14213562,0.707106781,-13.43502884

﹡1112,旱地
0,0,0,0,20,2,-18
0,10,10,0,20,2,-18
90,0.5,0,0,20,1,-19
90,10.5,10,0,20,1,-19
90,1.5,0,0,20,1,-19
90,11.5,10.0,0,20,1,-19

﹡1141,天然草地
90,0.2,0,0,20,2,-18
90,10.5,10.0,0,20,2,-18
90,1.00,0,0,20,2,-18
90,11.3,10.0,0,20,2,-18

﹡1145,人工绿地
90,0,0,0,10,1.6,-8.4
90,5,5,0,10,1.6,-8.4
90,0.8,0,0,10,1.6,-8.4
90,5.8,5,0,10,1.6,-8.4

在 AutoCAD 中使用 HATCH 命令使用上述填充符号对不同类型地块进行填充，如对稻田和旱地多边形填效果如图 3-17 所示。

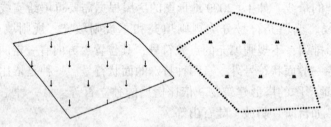

图 3-17　稻田和旱地的符号化效果

习题与思考题

1. 地形图符号制作的基本原则有哪些？
2. 地形图符号如何分类？
3. 阐述形符号制作的基本原理。形符号如何编译？

习题与思考题

4. 如何使用 MakeShape 制作形符号？
5. 使用块制作地形图点状符号需注意哪些问题？分别举例实现不带属性和带属性块的点状符号的制作和调用代码。
6. 阐述简单线型符号制作的基本原理。
7. 举例说明复合线型的地形符号如何制作？请使用 MakeLineType 制作篱笆符号。
8. 阐述面状地形符号制作的基本原理，并给出具体实例。

4 地形要素创建与编辑

4.1 地形图碎部点

4.1.1 碎部点获取及野外操作编码

碎部点是内业正确绘制地形要素的一个重要依据。碎部点选择非常关键，通常应选在地物轮廓线的方向变化处，如房拐角点、道路转折点和交叉点、河岸线转弯点以及独立地物的中心点等。在内业过程中，连接这些特征点，便得到与实地相似的地物形状。由于地物形状极不规则，主要地物凸凹部分主要依据测图比例尺来决定取舍。对于地貌来说，碎部点应选在最能反映地貌特征的山脊线、山谷线等地性线上，如山顶、鞍部、山脊、山谷、山坡、山脚等坡度变化及方向变化处。根据这些特征点的高程勾绘等高线，即可使得实际地貌在地形图上表示出来。

碎部测量技术手段主要有经纬仪、全站仪和 RTK。目前主要以全站仪和 RTK 为主，碎部点直接可以存储在电子手簿中，极大提高了外业数据采集效率，同时，为了保证碎部点间的正确连接，通常还需要给定碎部点所代表的地形要素类型编码以及碎部点间的连接关系。在这里，以南方 CASS9.0 为例对野外数据采集操作码格式设置进行描述。

CASS9.0 的野外操作码由描述实体属性的野外地物码和一些描述连接关系的野外连接码组成。CASS9.0 专门有一个野外操作码定义文件 jcode.def，该文件是用来描述野外操作码与 CASS9.0 内部编码的对应关系，用户可编辑此文件使之符合自己的要求，文件格式为：

  野外操作码, CASS9.0 编码
  ……
   END

野外操作码的定义有以下规则：

（1）野外操作码有 1-3 位，第一位是英文字母，大小写等价，后面是范围为 0-99 的数字，无意义的 0 可以省略，例如，A 和 A00 等价、F1 和 F01 等价。

（2）野外操作码后面可跟参数，如野外操作码不到 3 位，与参数间应有连接符"-"，如有 3 位，后面可紧跟参数，参数有下面几种：控制点的点名；房屋的层数；陡坎的坎高等。

（3）野外操作码第一个字母不能是"P"，该字母只代表平行信息。

（4）Y0、Y1、Y2 三个野外操作码固定表示圆，以便和旧版本兼容。

（5）可旋转独立地物要测两个点以便确定旋转角。

（6）野外操作码如以"U"、"Q"、"B"开头，将被认为是拟合的，所以如果某地物有的拟合，有的不拟合，就需要两种野外操作码。

（7）房屋类和填充类地物将自动被认为是闭合的。

（8）房屋类和符号定义文件第 14 类别地物如只测三个点，内业中系统会自动给出第四个点。

（9）对于查不到 CASS 编码的地物以及没有测够点数的地物，如只测一个点，自动绘图时不做处理，如测两点以上按线性地物处理。

CASS9.0 野外碎部点操作码如表 4-1~表 4-3 所示。

表 4-1　线面状地物符号代码表

地物类型	野外操作码
坎类（曲）	K（U）+数（0-陡坎，1-加固陡坎，2-斜坡，3-加固斜坡，4-垄，5-陡崖，6-干沟）
线类（曲）	X（Q）+数（0-实线，1-内部道路，2-小路，3-大车路，4-建筑公路，5-地类界，6-乡、镇界，7-县、县级市界，8-地区、地级市界，9-省界线）
垣栅类	W+数（0，1-宽为0.5米的围墙，2-栅栏，3-铁丝网，4-篱笆，5-活树篱笆，6-不依比例围墙，不拟合，7-不依比例围墙，拟合）
铁路类	T+数（0-标准铁路（大比例尺），1-标（小），2-窄轨铁路（大），3-窄（小），4-轻轨铁路（大），5-轻（小），6-缆车道（大），7-缆车道（小），8-架空索道，9-过河电缆）
电力线类	D+数（0-电线塔，1-高压线，2-低压线，3-通讯线）
房屋类	F+数（0-坚固房，1-普通房，2-一般房屋，3-建筑中房，4-破坏房，5-棚房，6-简单房）
管线类	G+数（0-架空（大），1-架空（小），2-地面上的，3-地下的，4-有管堤的）
植被土质	拟合边界：B-数（0-旱地，1-水稻，2-菜地，3-天然草地，4-有林地，5-行树，6-狭长灌木林，7-盐碱地，8-沙地，9-花圃）
	不拟合边界：H-数（0-旱地，1-水稻，2-菜地，3-天然草地，4-有林地，5-行树，6-狭长灌木林，7-盐碱地，8-沙地，9-花圃）
圆形物	Y+数（0 半径，1-直径两端点，2-圆周三点）
平行体	P+(X(0-9)，Q(0-9)，K(0-6)，U(0-6)…)
控制点	C+数（0-图根点，1-埋石图根点，2-导线点，3-小三角点，4-三角点，5-土堆上的三角点，6-土堆上的小三角点，7-天文点，8-水准点，9-界址点）

表 4-1 野外操作码应用实例，例如：K0—直折线型的陡坎，U0—曲线型的陡坎，W1—土围墙，T0—标准铁路（大比例尺），Y012.5—以该点为圆心半径为 12.5m 的圆。

表 4-2　点状地物符号代码表

地物类型	野外操作码
水系设施	A0-水文站；A01-停泊场；A02-航行灯塔；A03-航行灯桩；A04-航行灯船；A05-左航行浮标；A06-右航行浮标；A07-系船浮筒；A08-急流；A09-过江管线标；A10-信号标；A11-露出的沉船；A12-淹没的沉船；A13-泉；A14-水井
土质	A15-石堆

续表 4-2

地物类型	野外操作码
居民地	A16-学校；A17-肥气池；A18-卫生所；A19-地上窑洞；A20-电视发射塔；A21-地下窑洞；A22-窑；A23-蒙古包
管线设施	A24-上水检修井；A25-下水雨水检修井；A26-圆形污水箅子；A27-下水暗井；A28-煤气天然气检修井；A29-热力检修井；A30-电信入孔；A31-电信手孔；A32-电力检修井；A33-工业、石油检修井；A34-液体气体储存设备；A35-不明用途检修井；A36-消火栓；A37-阀门；A38-水龙头；A39-长形污水箅子
电力设施	A40-变电室；A41-无线电杆、塔；A42-电杆
军事设施	A43-旧碉堡；A44-雷达站
道路设施	A45-里程碑；A46-坡度表；A47-路标；A48-汽车站；A49-臂板信号机
独立树	A50-阔叶独立树；A51-针叶独立树；A52-果树独立树；A53-椰子独立树
工矿设施	A54-烟囱；A55-露天设备；A56-地磅；A57-起重机；A58-探井；A59-钻孔；A60-石油、天然气井；A61-盐井；A62-废弃的小矿井；A63-废弃的平硐洞口；A64-废弃的竖井井口；A65-开采的小矿井；A66-开采的平硐洞口；A67-开采的竖井井口
宗教设施	A87-纪念像碑；A88-碑、柱、墩；A89-塑像；A90-庙宇；A91-土地庙；A92-教堂；A93-清真寺；A94-敖包、经堆；A95-宝塔、经塔；A96-假石山；A97-塔形建筑物；A98-独立坟；A99-坟地
公共设施	A68-加油站；A69-气象站；A70-路灯；A71-照射灯；A72-喷水池；A73-垃圾台；A74-旗杆；A75-亭；A76-岗亭、岗楼；A77-钟楼、鼓楼、城楼；A78-水塔；A79-水塔烟囱；A80-环保监测点；A81-粮仓；A82-风车；A83-水磨房、水车；A84-避雷针；A85-抽水机站；A86-地下建筑物天窗

表 4-3 描述连接关系的符号的含义

符号	含 义
+	本点与上一点相连，连线依测点顺序进行
-	本点与下一点相连，连线依测点顺序相反方向进行
n+	本点与上 n 点相连，连线依测点顺序进行
n-	本点与下 n 点相连，连线依测点顺序相反方向进行
p	本点与上一点所在地物平行
np	本点与上 n 点所在地物平行
+A$	断点标识符，本点与上点连
-A$	断点标识符，本点与下点连

"+""-"符号的意义："+""-"表示连线方向，如下所示：

操作码的具体构成规则如下：

（1）对于地物的第一点，操作码=地物代码。如图 4-1 中的 1、5 两点（点号表示测点顺序，括号中为该测点的编码，下同）。

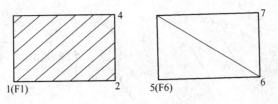

图 4-1　地物起点的操作码

（2）连续观测某一地物时，操作码为"+"或"-"。其中"+"号表示连线依测点顺序进行；"-"号表示连线依测点顺序相反的方向进行，如图4-2所示。在CASS中，连线顺序将决定类似于坎类的齿牙线的画向，齿牙线及其他类似标记总是画向连线方向的左边，因而改变连线方向就可改变其画向。

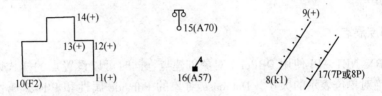

图 4-2　连续观测点的操作码

（3）交叉观测不同地物时，操作码为"n+"或"n-"。其中"+""-"号的意义同上，n表示该点应与以上n个点前面的点相连（n＝当前点号-连接点号-1，即跳点数），还可用"+A＄"或"-A＄"标识断点，A＄是任意助记字符，当一对A＄断点出现后，可重复使用A＄字符，如图4-3所示。

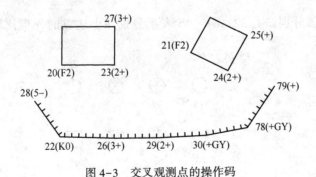

图 4-3　交叉观测点的操作码

（4）观测平行体时，操作码为"p"或"np"。其中，"p"的含义为通过该点所画的符号应与上点所在地物的符号平行且同类，"np"的含义为通过该点所画的符号应与以上跳过n个点后的点所在的符号画平行体，对于带齿牙线的坎类符号，将会自动识别是堤还是沟。若上点或跳过n个点后的点所在的符号不为坎类或线类，系统将会自动搜索已测过的坎类或线类符号的点。因而，用于绘平行体的点，可在平行体的一"边"未测完时测对面点，亦可在测完后接着测对面的点，还可在加测其他地物点之后，测平行体的对面点，如图4-4所示。

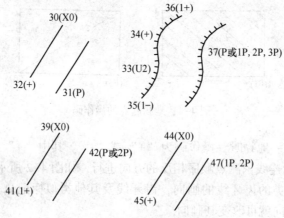

图 4-4 平行体观测点的操作码

4.1.2 碎部点展点

ObjectARX.NET API 使用 DBPoint 对象创建点，同时可以设置点的样式以及相对屏幕的大小或以绝对单位表示的大小。Database 对象的 Pdmode 属性和 Pdsize 属性用来控制点的外观样式。Pdmode 取值为 0、2、3 和 4 指定点画的外观，取值为 1 表示什么都不显示，如图 4-5 所示。

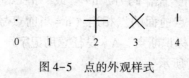

图 4-5 点的外观样式

上述 Pdmode 值分别加上 32、64、96 表示分别在上述点的外形周围加画上不同的形状，如图 4-6 所示。

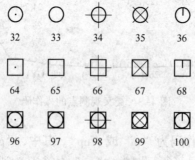

图 4-6 点的形状

Pdsize 控制点形状的大小（Pdmode 取值为 0 和 1 时除外）。Pdsize 为 0 时生成的点是图形区域高度的 5%。Pdsize 正值表示点形状的绝对大小，Pdsize 为负值解释为相对视口大小的百分比。图形重新生成时，会重新计算所有点的大小。

修改 Pdmode 和 Pdsize 的值后，现有点的形状会在下次重新生成图形时改变。

4.1 地形图碎部点

这里,以图 4-3 为例拾取带操作码的碎部点,数据如下所示:

20,F2,260.731,142.950,110.12
21,F2,374.661,152.542,109.87
22,K0,258.549,81.035,110.78
23,2+,307.875,142.078,110.45
24,2+,406.962,136.846,110.55
25,2+,423.986,166.931,110.35
26,3+,296.525,80.163,111.26
27,3+,307.875,175.215,110.35
28,5-,235.850,113.301,109.25
29,2+,355.018,80.163,111.35
30,+GY,387.756,81.907,111.65
78,+GY,423.113,87.139,111.97
79,+,447.121,122.893,112.35

上述数据中,第 1 位是碎部点号,第 2 位是扩展码,第 3~5 位为 x、y、z 坐标。碎部展点程序实现过程如下:

```
public void CreateDBPoint()
{
using(Transaction trans = db.TransactionManager.StartTransaction())
{
//获得块表
BlockTable bt = (BlockTable)trans.GetObject(db.BlockTableId,OpenMode.ForRead);
//获得特定块表记录
BlockTableRecord btr = (BlockTableRecord)trans.GetObject(
bt[BlockTableRecord.ModelSpace],OpenMode.ForWrite);
string fname = "D:\\碎部点.dat";
FileStream fs = new FileStream(fname,FileMode.Open,FileAccess.Read,FileShare.None);
StreamReader pStreamReader = new StreamReader(fs,Encoding.UTF8);
string nextLine;
while((nextLine = pStreamReader.ReadLine())! = null)
{
string[] pTxtArr = nextLine.Split(',');
double x = Convert.ToDouble(pTxtArr[2]);
double y = Convert.ToDouble(pTxtArr[3]);
double z = Convert.ToDouble(pTxtArr[4]);
Point3d pPt3d = new Point3d(x,y,z);
//创建点对象
DBPoint pDBPt = new DBPoint(pPt3d);
//存储点号和扩展码,以实现自动制图
TypedValue[] vals = new TypedValue[]{
//注册应用程序
new TypedValue(Convert.ToInt16(DxfCode.ExtendedDataRegAppName),appName),
```

```
newTypedValue(Convert.ToInt16(DxfCode.ExtendedDataAsciiString),pTxtArr[0]),
newTypedValue(Convert.ToInt16(DxfCode.ExtendedDataAsciiString),pTxtArr[1])
            };
ResultBufferpResBuff=newResultBuffer(vals);
//设置扩展数据
pDBPt.XData=pResBuff;
//在图形数据库中设置所有点对象的样式
db.Pdmode=34;
db.Pdsize=1.5;
//创建点注记
DBTextpAnno=newDBText();
pAnno.TextString=pTxtArr[0]+"("+pTxtArr[1]+")";
pAnno.Height=3;
pAnno.Position=newPoint3d(x+1,y-1,z);
//把图形对象的记录加入块表记录,并返回对象标识
btr.AppendEntity(pDBPt);
btr.AppendEntity(pAnno);
//将实体添加到事务处理中
trans.AddNewlyCreatedDBObject(pDBPt,true);
trans.AddNewlyCreatedDBObject(pAnno,true);
        }
trans.Commit();
pStreamReader.Close();
    }
}
```

碎部点展点效果如图 4-7 所示。

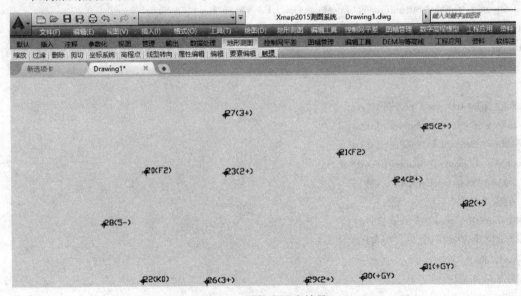

图 4-7 碎部点展点效果

4.2 独立地物的绘制

独立地物如电线杆、路灯、独立树、纪念碑、界桩等，其位置信息用一个点坐标进行描述，外形调用对应点状符号进行符号化，在第三章讨论了基于型的点状符号的制作和基于块的点状符号的制作，下面就分别对两种点状符号的应用分别进行讨论。

4.2.1 基于形的独立地物的绘制

在 Autodesk.AutoCAD.DatabaseServices 命名空间中提供了名为 Shape 的对象可以用于绘制独立地物要素，该对象调用形文件.shp 编译后的字体文件.shx 中形名实现独立地物要素的绘制。这里使用 SendStringToExecute() 方法调用第三章独立树的形进行绘制，实现过程如下：

（1）首先 AutoCAD 命令窗口中使用 Load 命令加载独立树字体文件 Tree.shx。
（2）基于形的独立地物要素绘制实现代码如下：

```
        ///<param name = "pLoc">独立树位置</param>
///<param name = "pScale">缩放比例</param>
///<param name = "pRotate">旋转角度</param>
publicstaticvoidDrawShape( string PShape,Point3dpLoc,
            doublepScale,doublepRotate)
        {
DocumentacDoc = Application.DocumentManager.MdiActiveDocument;
EditorpEd = Application.DocumentManager.MdiActiveDocument.Editor;
stringpLocTxt = pLoc.X.ToString() +"," +
pLoc.Y.ToString() +"," +pLoc.Z.ToString();
stringpScaleTxt = pScale.ToString();
stringpRotateTxt = pRotate.ToString();
stringpCommandTxt = "._shape" +PShape+" " +pLocTxt+" "
            +pScaleTxt+" " +pRotateTxt+" ";acDoc.SendStringToExecute( pCommandTxt,true,false,false);
        }
    //绘制独立树命令
        [CommandMethod("DLDW")]
publicstaticvoid DLDW()
        {
Point3dpLoc = newPoint3d(125,256,0);
DrawShape("tree",pLoc,1,0);
        }
```

4.2.2 基于块的独立地物的绘制

在 AutoCAD 中提供了两种块：不带属性块和带属性块。在数字地形图点状要素中，控制点和水准点通常是带有点名和高程属性信息，这些信息需要和点状符号一起绘制，通常使用带属性块进行绘制；而电杆、路灯等点状要素一般不需要标注属性信息，通常使用不带属性块进行绘制。

4.2.2.1 不带属性的独立地物绘制

这里以水塔绘制为例进行说明，水塔尺寸如图 4-8 所示，步骤如下：

（1）创建水塔块表记录并存储按照规范绘制的水塔块。

```
[CommandMethod("WaterTower")]
public void CreateWaterTower()
{
    Database pDb = Autodesk.AutoCAD.ApplicationServices.Application
        .DocumentManager.MdiActiveDocument.Database;
    Editor pEd = Autodesk.AutoCAD.ApplicationServices.Application
        .DocumentManager.MdiActiveDocument.Editor;
    using(Transaction pTrans = pDb.TransactionManager.StartTransaction())
    {
        BlockTable pBTable = pTrans.GetObject(pDb.BlockTableId, OpenMode.ForWrite) as BlockTable;
        BlockTableRecord pBlockTableRecord = new BlockTableRecord();
        pBlockTableRecord.Name = "水塔";//创建水塔块表记录
        //设置块的原点
        pBlockTableRecord.Origin = new Point3d(0,0,0);
        Line pBTLine = new Line(new Point3d(-0.6,0,0), new Point3d(0.6,0,0));
        Line pLLine = new Line(new Point3d(-0.35,0,0), new Point3d(-0.35,2.0,0));
        Line pRLine = new Line(new Point3d(0.35,0,0), new Point3d(0.35,2.0,0));
        Polyline pRect = new Polyline();
        pRect.AddVertexAt(0, new Point2d(-1.0,3.0),0,0,0);
        pRect.AddVertexAt(0, new Point2d(1.0,3.0),0,0,0);
        pRect.AddVertexAt(0, new Point2d(1.0,2.0),0,0,0);
        pRect.AddVertexAt(0, new Point2d(-1.0,2.0),0,0,0);
        pRect.AddVertexAt(0, new Point2d(-1.0,3.0),0,0,0);
        Line pTLine = new Line(new Point3d(0,3.0,0), new Point3d(0,3.3,0));
        pBlockTableRecord.AppendEntity(pBTLine);
        pBlockTableRecord.AppendEntity(pLLine);
        pBlockTableRecord.AppendEntity(pRLine);
        pBlockTableRecord.AppendEntity(pRect);
        pBlockTableRecord.AppendEntity(pTLine);
        pTrans.AddNewlyCreatedDBObject(pBTLine, true);
        pTrans.AddNewlyCreatedDBObject(pLLine, true);
        pTrans.AddNewlyCreatedDBObject(pRLine, true);
        pTrans.AddNewlyCreatedDBObject(pRect, true);
        pTrans.AddNewlyCreatedDBObject(pTLine, true);
        pTrans.Commit();
    }
}
```

4.2 独立地物的绘制

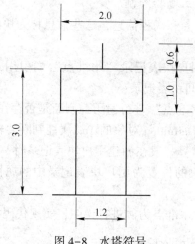

图4-8 水塔符号

（2）使用块参照对象 BlockReference 对水塔块表记录的引用，从而实现水塔点的符号化。值得注意的是块参照对象在数据库中的存在完全依赖于用户块表记录，如果用户块表记录被删除了，则块参照对象也不能存在于数据库中，块参照对象只存储了位置坐标、缩放比例、旋转角度等信息，真实图形数据仍然存储在用户块表记录中。

```
[CommandMethod("InsertBlock")]
publicvoidInsertBlock()
    {
DatabaseacCurDb=pDoc.Database;
//启动一个事务 Start a transaction
using(TransactionacTrans=acCurDb.TransactionManager.StartTransaction())
    {
//以只读方式打开块表
BlockTableacBlkTbl=acTrans.GetObject(
acCurDb.BlockTableId,OpenMode.ForWrite)asBlockTable;
//以写方式打开模型空间块表记录
BlockTableRecordacBlkTblRec=acTrans.GetObject(
acBlkTbl[BlockTableRecord.ModelSpace],OpenMode.ForWrite)asBlockTableRecord;
BlockTableRecordpBlockTableRecord=acTrans.GetObject(
acBlkTbl["水塔"],OpenMode.ForRead)asBlockTableRecord;
BlockReferencebref=newBlockReference(
newPoint3d(10,10,0),pBlockTableRecord.ObjectId);
BlockReference bref2=newBlockReference(
newPoint3d(347.567,578.356,0.000),pBlockTableRecord.ObjectId);
acBlkTblRec.AppendEntity(bref2);
acTrans.AddNewlyCreatedDBObject(bref2,true);
acTrans.Commit();
    }
    }
```

4.2.2.2 带有属性的独立地物绘制

通常控制点的绘制带有点名和高程信息,这些信息称为块的属性信息。带属性块绘制的基本过程如下:

(1) 创建块参照实现对用户块表记录"水准点"的引用,设置块参照插入位置坐标(10,10,0),并存入模型空间块表记录;

(2) 对用户块表记录"水准点"进行遍历,判断是否存在 AttributeDefinition 对象,若存在,则进一步通过 AttributeDefinition 对象的 Tag 属性判断要输入的属性内容。

(3) 属性对象插入位置计算一般在创建用户块表记录时,给定的初始位置为坐标原点 P(0,0,0),则新建属性对象的位置为用户块表记录中的属性对象位置加上块参照位置与 P 点坐标差。

这里以 3.2 小节带属性的水准点为例进行说明,实现代码如下:

```
[CommandMethod("InsertAtrrBlock")]
public void InsertAtrrBlock()
{
Database acCurDb = pDoc.Database;
Editor pEd = pDoc.Editor;
//启动一个事务
using(Transaction acTrans = acCurDb.TransactionManager.StartTransaction())
{
//以只读方式打开块表
BlockTable acBlkTbl = acTrans.GetObject(acCurDb.BlockTableId,
OpenMode.ForRead) as BlockTable;
//以写方式打开模型空间块表记录
BlockTableRecord acBlkTblRec = acTrans.GetObject(acBlkTbl[BlockTableRecord.ModelSpace],
OpenMode.ForWrite) as BlockTableRecord;
//获取三角点块,并创建块引用
BlockTableRecord pBlockTableRecord = acTrans.GetObject(
acBlkTbl["水准点"], OpenMode.ForRead) as BlockTableRecord;
//创建快参照实现对块的引用
BlockReference bref = new BlockReference(
new Point3d(10,10,0), pBlockTableRecord.ObjectId);
acBlkTblRec.AppendEntity(bref);
acTrans.AddNewlyCreatedDBObject(bref, true);
//遍历水准点块表记录中的对象,并判断其是否为属性对象
foreach(ObjectId id in pBlockTableRecord)
{
Entity ent = (Entity)acTrans.GetObject(id, OpenMode.ForRead, false);
if(ent is AttributeDefinition)
{
//创建一个新的属性对象
AttributeReference attRef = new AttributeReference();
```

```
AttributeDefinitionattDef=(AttributeDefinition)ent;
attRef.SetPropertiesFrom(attDef);
attRef.Height=attDef.Height;
attRef.Rotation=attDef.Rotation;
attRef.Tag=attDef.Tag;
if(attDef.Tag=="水准点名")
                {
                PromptStringOptionspPromptStringOptions=
                                newPromptStringOptions("输入水准点名:\r");
PromptResultpPromptResult=pEd.GetString(pPromptStringOptions);
if(pPromptResult.Status==PromptStatus.OK)
                {
attRef.Position=newPoint3d(11,10.2,0);
attRef.TextString=pPromptResult.StringResult;
                }
                }
elseif(attDef.Tag=="高程值")
                {
PromptDoubleOptionspPromptDoubleOptions=
newPromptDoubleOptions("输入高程值:\r");
PromptDoubleResultpPromptDoubleResult=pEd.GetDouble(pPromptDoubleOptions);
if(pPromptDoubleResult.Status==PromptStatus.OK)
                {
attRef.Position=newPoint3d(11,8.8,0);
attRef.TextString=Convert.ToString(pPromptDoubleResult.Value);
                }
                }
if(!bref.IsWriteEnabled)
                {
bref.UpgradeOpen();
                }
//判断块参照是否可写,如不可写,则切换为可写状态
//添加新创建的属性参照
bref.AttributeCollection.AppendAttribute(attRef);
//通知事务处理添加新创建的属性参照
acTrans.AddNewlyCreatedDBObject(attRef,true);
                }
            }
acTrans.Commit();
        }
    }
```

4.3 线状地形要素绘制

4.3.1 AutoCAD 中的线对象

线是 AutoCAD 中最基本的对象,所属命名空间为 Autodesk.AutoCAD.DatabaseServices,在 AutoCAD 中显示的所有几何对象、文本对象都属于改命名空间,在创建 AutoCAD 图形对象时都需要引用该命名空间。在 AutoCAD 中,用户可以创建各种不同的线,主要包括:单一的直线、带圆弧或不带圆弧的复合线段。通常是通过指定坐标点来绘制线。创建的线从当前数据库继承当前的图层、线型及颜色等设置。

创建一条线,就是创建下列对象的一个新实例:
(1) Line:创建一条直线;
(2) MLine:创建多线;
(3) Polyline:创建二维轻量级多段线;
(4) Polyline2D:创建二维多段线;
(5) Polyline3D:创建三维多段线。

Polyline2D 对象是 Release14 之前版本 AutoCAD 中的传统多段线对象,称为重量多段线;Polyline 对象代表 AutoCAD Release14 版新引入的、优化了的多段线,称为轻量多段线,是目前地形图绘制普遍采用的多段线类型;Polyline3D 主要用于三维模型、道路设计、地形等高线等地形要素绘制。

Polyline 构造函数:Polyline.Polyline() 和 Polyline.Polyline(int_vertices),默认情况下使用前者,动态分配存储内存;如果预先知道所绘线要素,拥有顶点个数则可以使用后者。后者定义的多段线在顶点没有添加完全就完成了绘制任务或顶点删除的情况下,可能存在没有被使用的内存,这时需要使用 Polyline.MinimizeMemory() 方法来清除未使用的内存。

Polyline 的主要属性如表 4-4 所示。

表 4-4 Polyline 的主要属性

主要属性	描 述
Closed	获得多段线是否封闭的,如果是,则存在从终点到起点绘制的一个片段
ConstantWidth	获得多段线的常宽
Elevation	获得多段线所在的平面到 WCS 坐标系起始平面的距离
HasBulges	判断多段线是否存在凸度因子,即是否包含弧段
HasWidth	判断多段线是否对任一片段设置了宽度
IsOnlyLines	判断多段线是否仅仅由直线段组成
Length	获得多段线的长度
Normal	获得多段线所在平面的法向量
NumberOfVertices	获得多段线顶点个数

4.3 线状地形要素绘制

续表 4-4

主要属性	描述
Plinegen	系统变量控制二维多段线顶点周围线型图案的显示和顶点的平滑度,设定为 true 可在整条多段线的顶点周围生成连续图案的新多段线;设定为 false 可在各顶点处以点划线开始并以点划线结束绘制多段线。该变量不适用于带变宽线段的多段线
Thickness	获得多段线的厚度(拉伸深度或高度)

Polyline 的主要方法如表 4-5 所示。

表 4-5 Polyline 的主要方法

方法	描述
AddVertexAt(int index, Point2d pt, double bulge, double startWidth, double endWidth)	该方法向多段线增加一个顶点。如果 index 为 0,新添加顶点将成为多段线的第一个顶点,如果 index 为多段线当前顶点个数,则新添加顶点将成为多段线的最后一个顶点。否则新添加的顶点被添加到当前顶点前
ConvertFrom(Entity entity, bool transferId)	将数据库中 SimplePoly 或 FitCurvePoly 类型 Polyline2d 实体转换为 Polyline 对象,该对象还没有存入数据库。如果 transferId 为 true,转换后的 Polyline 对象将存入数据库中,并为其分配 ObjectId 和 handle,以及 Polyline2d 实体的扩展字典和反应器,被转换实体将被删除,并设为 NULL;否则,Polyline 对象将不存入数据库,Polyline2d 实体仍然保存在数据库中,并需要将其关闭
ConvertTo(bool transferId)	该方法将 Polyline 对象转换成 Polyline2d 对象,如果 transferId 为 true,转换后的目标对象将保存在数据库中,并为其分配 ObjectId 和 handle 及源对象的扩展字典和反应器,源对象将被删除;如果 transferId 为 false,源对象仍然保存在数据库中,目标对象不保存
GetArcSegment2dAt(int index)	该方法返回给定顶点处的二维弧段
GetArcSegmentAt(int index)	该方法返回给定顶点处的三维弧段
GetBulgeAt(int index)	该方法返回给定顶点处的凸度。它的值是对应段弧所包含角度的 1/4 角度的正切。如果弧从起点到终点是顺时针走向则凸度为负数,0 表示直线,1 表示半圆
GetEndWidthAt(int index)	返回给定顶点处片段的结束宽度
GetStartWidthAt(int index)	返回给定顶点处片段的起始宽度
GetLineSegment2dAt(int index)	返回给定顶点处二维直线段
GetLineSegmentAt(int index)	返回给定顶点处三维直线段
GetPoint2dAt(int index)	返回给定顶点处二维点 Point2D
GetPoint3dAt(int value)	返回给定顶点处三维点 Point3D
GetSegmentType(int index)	返回给定顶点处的片段类型
MaximizeMemory()	该方法解压多段线在内存中压缩,使得可以快速访问当前多段线进行修改
MinimizeMemory()	改方法优化多段线的内存使用。该处理过程耗时,应当在所有修改完成后执行
OnSegmentAt(int index, Point2d pt2d, double value)	该方法检测 Point2D 点是否落在多段线的某一片段上。Value 值返回所在片段的参数化形式

续表 4-5

方法	描述
RemoveVertexAt(int index)	移除某顶点
Reset(bool reuse, int vertices)	该方法重新设置多段线顶点数据。如果 reuse 为 true，从起点开始索引小于 vertices 的顶点将被保留，超出部分将被删除；如果 reuse 为 false，所有存在顶点的信息将被删除
SetBulgeAt(int index, double bulge)	该方法设置以当前顶点为起始顶点的片段的凸度

Polyline3d 主要用于绘制带有高程值的三维地形要素，它的构造函数为：

(1) public Polyline3d()；

(2) public Polyline3d(
   Autodesk. AutoCAD. DatabaseServices. Poly3dType type,
   Point3dCollection vertices,
   [MarshalAs(UnmanagedType. U1)] bool closed
)；

Poly3dType 枚举类型包括：SimplePoly（简单多段线）、QuadSplinePoly（二次样条多段线）和 CubicSplinePoly（三次样条多段线）。

Polyline3d 主要提供了三个属性：Closed、Length 和 PolyType，主要方法如表 4-6 所示。

表 4-6 Polyline3d 对象主要方法

方法名	描述
AppendVertex(PolylineVertex3d vertexToAppend)	此函数将顶点指向的 PolyLineVertex3d 对象追加到多段线的顶点列表中，并将多段线建立为顶点的所有者。此外，如果多段线驻留在数据库中，则顶点将添加到同一数据库中。如果多段线不是数据库驻留的，则将其添加到数据库时，顶点同样也被添加到数据库。 如果多段线是数据库驻留的，那么在 AppendVertex 方法调用返回后，调用应用程序必须显式关闭附加顶点。如果多段线不是数据库驻留的，则无需关闭顶点，因为它尚未添加到数据库中
InsertVertexAt(ObjectId indexVertexId, PolylineVertex3d newVertex)	此函数将 newVertex 指向的 PolyLineVertex3d 对象插入折线的顶点列表中，并正好位于 indexVertexId 指向的 PolyLineVertex3d 对象之后，并将多段线建立为顶点的所有者。另外，如果多段线是数据库驻留的，那么当它被添加到数据库中时，顶点也将被添加。 若要在多段线的开头插入顶点，请为 indexVertexId 参数传递一个空值。如果多段线是数据库驻留的，则在 insertVertext 调用返回后，调用应用程序必须显式关闭插入的顶点
ConvertToPolyType(Poly3dType newVal)	使用 splinefit 方法将多段线转换为类型参数值指定的类型。DXF 组码 75 设置为 6

续表4-6

方法名	描 述
SplineFit( ); SplineFit(Poly3dType value, int segments)	此函数删除任何现有的样条曲线或曲线拟合顶点，将所有剩余的顶点转换为样条曲线控制顶点，并生成一组新的样条曲线拟合顶点。生成的多段线或网格是通过新顶点集进行样条曲线拟合的。此操作执行与 pedit 命令 "spline fit" 选项相同的修改
Straighten( )	此函数从多段线或网格中删除所有样条线和曲线拟合顶点，并将所有剩余顶点设置为简单顶点。此操作执行与 pedit 命令 "decurve" 选项相同的修改

4.3.2 使用 Polyline 对象绘制二维地形线要素

在地形图制图软件中，带状地形要素一般用二维双线或单线表示。线地形要素主要包括双线道路、单线道路、双线河渠、单线河渠、地貌特征线、境界线、管线、垣栅等。每一种线地形要素按其功能和用途还可以进一步细分，如道路按其性质分为：铁路、公路和其他道路（大车路、小路等）；按境界分为：国界；省、自治区、直辖市界；自治州、盟、地区市界；县、自治县、旗、县级市界；乡镇和国营农、林、牧场界；村界等。线地形要素绘制需要考虑是否依比例、方向性和相关规则。例如：围墙宽在 1:500、1:1000 地形图上依比例尺表示，若图上宽度小于 0.5mm 时，以 0.5mm 绘出，而在 1:2000 地形图上用不依比例尺符号表示，黑块符号一般朝里绘。再如：境界线绘制要遵守如下规则：

（1）境界不与其他符号重合，境界符号应连续不断地全部绘出，符号中心线应与实地位置一致。

（2）不同等级的境界线重时，只绘高级境界符号。

（3）境界以道路、河流的中心线为界，则在中心线位置上断续描绘境界符号（即每隔 3~5cm 绘出一段，每段 3~4 节）。若道路、河流内部不能容纳境界符号的，可将境界符号交错地绘在两侧。

（4）以河流或线状地物一侧为界的，境界符号在相应的一侧不间断地绘出。

（5）境界与线状地物相交时，在相交处间断境界符号，但与河流、运河相交，则不间断相交绘出。

（6）境界沿河流、岛屿、山脉通过时，应详细绘出，清楚地显示它们的隶属关系。

（7）各种注记不得压盖境界符号。境界符号的明显转弯点与交界处的交点应落在实部，用符号的实线段或点子相接，不能空白。

这里以未加固坎绘制为例说明线地形要素绘制基本过程：

（1）展绘地形线要素野外测点；

（2）打开块表和模型空间块表记录；

（3）使用 Polyline 对象创建未加固坎；

（4）连接相关点构成地形未加固坎；

（5）判断坎的朝向，打开线型符号表，找到对应朝向的未加固坎线型符号记录，并给地形线要素的线型属性赋值；

（6）存储地形线要素到模型空间块表记录，并通过事务进行提交。

未加固坎绘制实现代码如下：

```csharp
[CommandMethod("CreatePolyline")]
public void CreatePolyline()
{
    Database db = HostApplicationServices.WorkingDatabase;
    using(Transaction trans = db.TransactionManager.StartTransaction())
    {
        //打开块表
        BlockTable bt = (BlockTable)trans.GetObject(db.BlockTableId, OpenMode.ForRead);
        //打开模型空间块表记录
        BlockTableRecord btr = (BlockTableRecord)trans.GetObject(
            bt[BlockTableRecord.ModelSpace], OpenMode.ForWrite);
        //定义由4个顶点组成的土坎
        Polyline pPl = new Polyline(4);
        double pBulge = -Math.Tan(((45.0/180.0) * Math.PI/4);
        pPl.AddVertexAt(0, newPoint2d(12135.976, 4209.861), 0, 0, 0);
        //带有45度圆弧
        pPl.AddVertexAt(1, newPoint2d(12217.604, 4273.430), pBulge, 0, 0);
        pPl.AddVertexAt(2, newPoint2d(12329.440, 4324.157), 0, 0, 0);
        pPl.AddVertexAt(3, newPoint2d(12504.907, 4324.157), 0, 0, 0);
        ObjectId pLineTypeId = LoadLineType("土坎",
            @"D:\Xmap2015\System\XmapLineType.lin", db);
        pPl.LinetypeId = pLineTypeId;
        pPl.Thickness = 3;
        //pPl.GetDistanceAtParameter
        //把图形对象的记录加入块表记录
        ObjectId pObjectId = btr.AppendEntity(pPl);
        //将直线添加到事务处理中
        trans.AddNewlyCreatedDBObject(pPl, true);
        trans.Commit();
    }
}
```

加载土坎线型函数代码：

```csharp
///<summary>
///添加 lineTypeFile 中的 lineTypeName 线型文件
///</summary>
///<param name="lineTypeName">线型名称</param>
///<param name="lineTypeFile">线型文件名称，若输入为 null，默认线型文件" acadiso.lin"</param>
///<returns>ObjectId</returns>
public ObjectId LoadLineType(String lineTypeName, String lineTypeFile, Database pDatabase)
{
```

```
ObjectIdidRet = ObjectId.Null;
using(Transaction trans = pDatabase.TransactionManager.StartTransaction())
            {
LinetypeTableltt = (LinetypeTable)trans.GetObject(pDatabase.LinetypeTableId, OpenMode.ForWrite);
if(ltt.Has(lineTypeName))
            {
idRet = ltt[lineTypeName];
            }
else
            {
try
            {
pDatabase.LoadLineTypeFile(lineTypeName, lineTypeFile);
idRet = ltt[lineTypeName];
            }
catch(System.Exception ex)
            {
pEd.WriteMessage(ex.Message);
            }
finally
            {
trans.Commit();
            }
            }
returnidRet;
            }
```

4.3.3 使用 Polyline3d 对象绘制三维地形线要素

  Polyline3d 对象通常用于绘制等高线、构建三角网、道路中线设计等需要存储高程值的线要素。Polyline3d 对象创建代码如下：

```
            publicvoid createPl3d()
            {
Databasedb = HostApplicationServices.WorkingDatabase;
using(Transaction trans = db.TransactionManager.StartTransaction())
            {
//获得块表
            BlockTablebt = (BlockTable)trans.GetObject(db.BlockTableId, OpenMode.ForRead);
//获得特定块表记录
BlockTableRecordbtr = (BlockTableRecord)trans.GetObject(
bt[BlockTableRecord.ModelSpace], OpenMode.ForWrite);
//创建三维点集合
```

```
Point3dCollection pPt3dCol=newPoint3dCollection();
            pPt3dCol. Add(newPoint3d(390451.849,3023208.946,153.420));
            pPt3dCol. Add(newPoint3d(390464.880,3023215.694,151.916));
            pPt3dCol. Add(newPoint3d(390494.891,3023230.368,148.173));
            pPt3dCol. Add(newPoint3d(390536.198,3023254.025,147.504));
      //创建三维多段线
Polyline3d pPl3d=newPolyline3d(Poly3dType.SimplePoly,pPt3dCol,false);
btr. AppendEntity(pPl3d);
trans. AddNewlyCreatedDBObject(pPl3d,true);
trans. Commit();
      }
   }
```

4.3.4 线要素顶点读取与编辑

（1）通过顶点索引逐一读取线要素顶点坐标。

AutoCAD 线要素对象的顶点索引值从 0 开始，读取 Polyline 对象每个顶点并修改第二个顶点坐标实现代码如下：

```
      publicvoidgetPlVertex()
         {
Databasedb=HostApplicationServices. WorkingDatabase;
using(Transaction trans=db. TransactionManager. StartTransaction())
         {
            //通过制定的 ObjectId 读取 Polyline 对象
PolylinepPl=trans. GetObject(pObjectId,OpenMode. ForWrite)
asPolyline;
int n=pPl. NumberOfVertices;
for(inti=0;i<n;i++)
         {
Point3d pPt3d=pPl. GetPoint3dAt(i);
//修改第二个顶点坐标
if(i==1)
            {
pPl. SetPointAt(1,newPoint2d(pPt3d. X+10.0,pPt3d. X+10.0));
            }
         }
trans. Commit();
         }
      }
```

Polyline3d 对象不能通过索引值获得每个顶点坐标。

（2）使用 GetStretchPoints 读取线要素所有顶点坐标。

读取 Polyline3d 对象所有顶点代码如下：

4.3 线状地形要素绘制

```
publicvoid getPl3dAllVertexs()
{
Databasedb = HostApplicationServices. WorkingDatabase;
using(Transaction trans = db. TransactionManager. StartTransaction())
{
Polyline3d pPl3d = trans. GetObject(pObjectId, OpenMode. ForWrite) asPolyline3d;
Point3dCollection pPoint3ds = newPoint3dCollection();
            pPl3d. GetStretchPoints(pPoint3ds);
trans. Commit();
}
}
```

Polyline 对象同样可以使用该方法读取所有顶点。GetStretchPoints 方法所获取的顶点如图 4-9 所示，从图中可以看出无论是简单多段线还是拟合多段线，该方法获取的顶点为多段线的控制点，即为多段线创建时初始输入顶点。

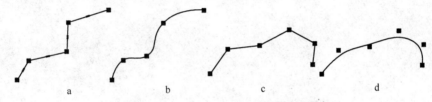

图 4-9 GetStretchPoints 方法所获取的顶点
a—Polyline；b—拟合 Polyline；c—Polyline3d；d—拟合 Polyline3d

4.3.5 判断线要素是否相交

AutoCAD 提供的空间关系判断函数非常有限，IntersectWith 是其提供的唯一方法，如果需要更多方法需要进行编程扩展。IntersectWith 方法用途比较多，例如，如图 4-10 所示需要新修一条宽 30m 的道路，红线为道路设计中心，蓝色多边形为设计道路面，可能涉及房屋拆迁和农田征用补偿，则可用该方法将道路多边形与各图层求交，找出道路经过的房屋和农田。实现代码如下：

```
publicvoidmyIntersect()
{
Editor ed = Application. DocumentManager. MdiActiveDocument. Editor;
//选择道路面域对象
PromptEntityOptionspEntityOptions = newPromptEntityOptions("请选择目标实体:");
PromptEntityResultpEntityResult = ed. GetEntity(pEntityOptions);
if(pEntityResult. Status! = PromptStatus. OK)return;
ObjectIdpEntId = pEntityResult. ObjectId;
Databasedb = HostApplicationServices. WorkingDatabase;
using(Transaction trans = db. TransactionManager. StartTransaction())
{
EntitypEnt = trans. GetObject(pEntId, OpenMode. ForRead) asEntity;
```

```
BlockTablepBT = trans. GetObject( db. BlockTableId , OpenMode. ForRead ) asBlockTable;
BlockTableRecordpBTR = trans. GetObject( pBT[ BlockTableRecord. ModelSpace ],
            OpenMode. ForWrite ) asBlockTableRecord;
foreach( ObjectIdpIdinpBTR )
        {
Point3dCollectionpPts = newPoint3dCollection( );
EntitypSourceEnt = trans. GetObject( pId, OpenMode. ForWrite ) asEntity;
//找出与道路面域相交的房屋和农用地
if( pSourceEnt. Layer = = "JMD" || pSourceEnt. Layer = = "ZBTZ" )
        {
pEnt. IntersectWith( pSourceEnt ,0, newPlane( ) , pPts ,0,0);
if( pPts. Count>0)
        {
//如果相交颜色设置为红色
pSourceEnt. ColorIndex = 1;
        }
        }
        }
trans. Commit( );
        }
```

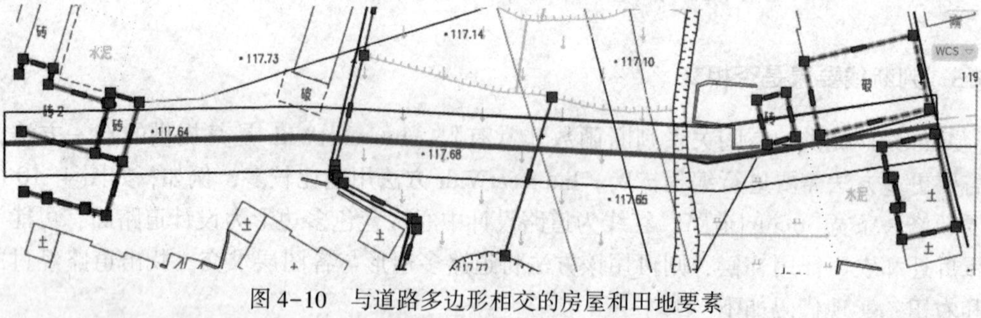

图 4-10　与道路多边形相交的房屋和田地要素

注意：IntersectWith 方法只能计算相交的对象，如果需要查找的要素被包含在多边形内，则该方法不适用，需要自行扩展，或者使用 Editor 对象的 SelectWindowPolygon 方法。

4.4　面状地形要素绘制

4.4.1　居民地房屋要素绘制

居民地是从事社会生产和生活需要而形成的集聚定居地。按政治、经济、文化和交通等情况，可分为城市、集镇和农村。城市和集镇一般是当地的政治、经济、文化和交通中心，人口多、密度大，建筑面积大，建筑物的平面结构多成规则的街区；农村一般建筑面积比较小，宅旁多为园田地，房屋沿河谷或公路分布，多成不规则散列分布，房屋建筑的密度与质量均不如城市和集镇。居民地在军事、政治、经济上都具有重要的意义。因此，在地形图上要正确地表示出居民地的位置和特点。

居民地按其建筑形式（见图4-11），可分为：

（1）一般居民地。主要是由房屋建筑所组成的居住区，房屋符号为正形符号，依平面轮廓图形的大小表示实地房屋的形状和大小。

（2）特殊居民地。又包含：窑洞、蒙古包、牧区帐篷。

居民地按建筑材料分为：坚固房屋、普通房屋、简单房屋。房屋按其结构和使用情况分为：特种房屋、破坏房屋、棚房、厕所、温室、牲圈等。

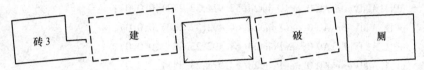

图4-11 不同类型及用途的房屋样例

居民地是大比例尺地形图上主要的地物要素，其房屋应按实地轮廓逐个测绘。测绘居民地要求准确反映实地各个房屋的外围轮廓以及建筑结构特征。房屋轮廓一般以墙基角为准。1∶500、1∶1000地形图上除绘出房屋轮廓线外，一般还要加建筑材料和房屋层数注记，如砖3，表示建筑材料是以砖为主，"3"是表示房屋层数。1∶2000地形图上房屋符号小，一般不区分材料和层数，符号内填绘一组或两组晕线。也可根据需要加注建筑材料或层数，不绘晕线。属于楼房的台阶、室外楼梯、门廊、建筑物通道、地下室等，能按比例测绘的，用其相应符号表示。

房屋一般由单个封闭多边形组成，这样的房屋可直接使用封闭的多段线表示，并在房屋内部注明结构、层数或用途；但在实际中，也存在如四合院这样的结构，如图4-12所示，对于这样的结构需要使用面域对象表示。

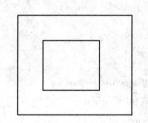

图4-12 四合院式的房屋建筑

四合院式房屋绘制实现代码如下：

```
public void CreateRegion( )
    {
Document acDoc = Application. DocumentManager. MdiActiveDocument;
Database acCurDb = acDoc. Database;
//启动一个事务
using( Transaction acTrans = acCurDb. TransactionManager. StartTransaction( ) )
        {
//以只读方式打开块表
```

```
BlockTable acBlkTbl;
acBlkTbl = acTrans.GetObject(acCurDb.BlockTableId,
OpenMode.ForRead) as BlockTable;
//以写方式打开模型空间块表记录
BlockTableRecord acBlkTblRec;
acBlkTblRec = acTrans.GetObject(acBlkTbl[BlockTableRecord.ModelSpace],
OpenMode.ForWrite) as BlockTableRecord;
//创建两个封闭的多边形 pPl1 和 pPl2
Polyline pPl1 = new Polyline();
            pPl1.AddVertexAt(0, new Point2d(53.974, 32.220), 0, 0, 0);
            pPl1.AddVertexAt(0, new Point2d(64.492, 32.220), 0, 0, 0);
            pPl1.AddVertexAt(0, new Point2d(64.492, 23.384), 0, 0, 0);
            pPl1.AddVertexAt(0, new Point2d(53.974, 23.384), 0, 0, 0);
            pPl1.AddVertexAt(0, new Point2d(53.974, 32.220), 0, 0, 0);
            pPl1.Closed = true;
            pPl1.SetDatabaseDefaults();
Polyline pPl2 = new Polyline();
            pPl2.AddVertexAt(0, new Point2d(56.205, 29.991), 0, 0, 0);
            pPl2.AddVertexAt(0, new Point2d(61.424, 29.991), 0, 0, 0);
            pPl2.AddVertexAt(0, new Point2d(61.424, 25.533), 0, 0, 0);
            pPl2.AddVertexAt(0, new Point2d(56.205, 25.533), 0, 0, 0);
            pPl2.AddVertexAt(0, new Point2d(56.205, 29.991), 0, 0, 0);
            pPl2.Closed = true;
            pPl2.SetDatabaseDefaults();
//添加封闭多段线到对象数组中
DBObjectCollection pDBObjColl = new DBObjectCollection();
pDBObjColl.Add(pPl1);
pDBObjColl.Add(pPl2);
//根据每一个闭合环计算面域
DBObjectCollection myRegionColl = new DBObjectCollection();
myRegionColl = Region.CreateFromCurves(pDBObjColl);
Region pRegion1 = myRegionColl[0] as Region;
Region pRegion2 = myRegionColl[1] as Region;
//从面域2减去面域1
if(pRegion1.Area > pRegion2.Area)
            {
//从大的一个中减去小的面域
            pRegion1.BooleanOperation(BooleanOperationType.BoolSubtract, pRegion2);
                pRegion2.Dispose();
//添加终的面域到数据库中
acBlkTblRec.AppendEntity(pRegion1);
acTrans.AddNewlyCreatedDBObject(pRegion1, true);
            }
```

```
else
                {
//从大的一个中减去小的面域
                    pRegion2.BooleanOperation(BooleanOperationType.BoolSubtract,pRegion1);
                        pRegion1.Dispose();
//添加遇终的面域到数据库中
acBlkTblRec.AppendEntity(pRegion2);
acTrans.AddNewlyCreatedDBObject(pRegion2,true);
//不追加对象到数据库中直接从内存中销毁
                    pPl1.Dispose();
                    pPl2.Dispose();
//保存新对象到数据库中
acTrans.Commit();
            }
        }
```

4.4.2 植被与土质要素绘制

4.4.2.1 植被

植被是指覆盖在地表上的各种植物的总称。植物是重要的自然资源之一，对于改造自然、发展工农业生产具有很重要的意义。在地形图上不仅要反映其分布范围，而且要反映其质量特征和数量特征。

植被可分为天然的和人工栽培的两种。前者如自然生长的树林、竹林、灌木林、草地等；后者如人工栽培的苗圃、花圃、经济林、水田、旱地等。图上应反映出植被分布、类别特征、面积大小。大面积分布的植被在能表达清楚的情况下，可采用注记说明。

植被符号种类较多，描绘方法各不相同，按填绘符号的形可分为整列式、散列式和混合式三种形式：

（1）整列式。人工栽培的植物，其填绘符号用整列式配置，如图4-13所示。整列式就是填绘的符号间均有一定行列间隔（符号尺寸及行列间隔在图式中均有规定）。描绘时，先按行列间隔用铅笔打辅助格网（与图廓边平行），然后在格网交点或线上整齐出绘出符号。

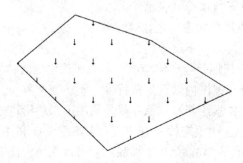

图4-13 整列式稻田样式

(2) 散列式。一般自然生长、不规则分布的植物，或为了与整列式区分，就须采用散列式的填绘符号。此种符号呈不规则分布，但尽可能反映实地分布的疏密，即实地分布密处，符号应绘得多些。

(3) 混合式。同一面积轮廓内若有两种或两种以上植物（或者兼有植被、土质及其他要素）时，应按实地情况分别用相应符号混合填绘。配置原则是：

1) 分清主次，主要的应多绘，次要的少绘。
2) 整列式符号与其他填绘符号混合时，若以整列式符号为主，则仍保持整列式配置。否则仍为散列式配置。
3) 无论整列式或散列式符号，混合后其密度均应比单一表示时减少。
4) 原为散列式符号，混合仍为散列式。

各种符号均须保持完整，不得相交、相接。

4.4.2.2 土质

土质是覆盖在地壳表层的土壤性质，它们有：石块地、沙地、沙砾地、盐碱地、小草丘地和龟裂地等。这种地物符号属于面积符号，它们范围界线用地类界线表示，其以河流、道路、堤坎等为界的，可省略地类界符号。在土质范围内，按图式中规定的符号表示，如图4-14所示。

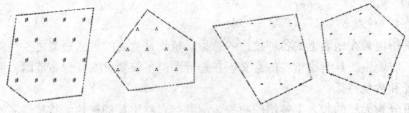

图4-14 各类土质样式

(1) 石块地。石块地是岩石受风化作用，破坏而形成的碎石块堆积地段图上按实地范围散列配置符号；符号是由两个三角块组成。

(2) 沙地。沙地地貌是在干燥气候地区形成的风积地貌。这种地区特点是：气候干燥、降雨量少、蒸发量大、动植物稀少，地表为大量流沙所覆盖。沙地地貌应用等高线加绘沙地符号表示。

(3) 沙砾地、戈壁滩。沙砾地是沙和砾石混合分布的地段。戈壁滩则是表面几乎全部为砾石或碎石及粗沙所覆盖的地区，地表坚硬，只有少量的稀疏耐碱草类及灌木。沙砾地、戈壁滩匀用小点配合三角块符号表示。

(4) 盐碱地。盐碱地是地面为白色盐碱，草木极少，土壤不能种植作物的贫瘠地段。在其分布范围内散列配置符号，不绘地类界。

(5) 小草丘地。小草丘地是指在沼泽地、草原和荒漠地区，长有草类或灌木的小丘成群分布地区。图上按其分布范围内散列配置符号，不绘地类界。

对于植被与土质绘制要素绘制基本原理就是调用第二章所讲地形图面状符号对其边界范围进行填充，在AutoCAD中填充符号有三类：ANSI、ISO和用户定义类型，如图4-15所示，acad.pat面符号文件在AutoCAD中加载后，可以在填充图案选项版中显示所定义填充符号的样式，即可根据实际需求选择对应的填充符号，实现面状要素符号化。

4.4 面状地形要素绘制

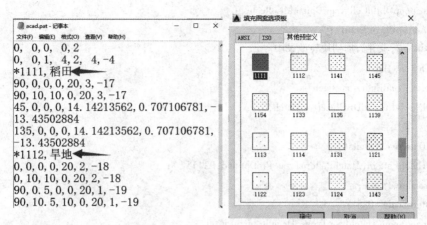

图4-15 面符号文件及其图例

植被与土质面要素绘制实现代码如下：

```
public static void DrawPlant()
{
//获得当前文档和数据库
Document acDoc = Application.DocumentManager.MdiActiveDocument;
Database acCurDb = acDoc.Database;
//启动事务
using(Transaction acTrans = acCurDb.TransactionManager.StartTransaction())
{
//以只读方式打开块表
BlockTable acBlkTbl;
acBlkTbl = acTrans.GetObject(acCurDb.BlockTableId,
    OpenMode.ForRead) as BlockTable;
//以写方式打开模型空间块表记录
BlockTableRecord acBlkTblRec;
acBlkTblRec = acTrans.GetObject(acBlkTbl[BlockTableRecord.ModelSpace],
    OpenMode.ForWrite) as BlockTableRecord;
//创建植被要素封闭边界
Polyline pPl = new Polyline();
pPl.AddVertexAt(0, new Point2d(27.973, 34.236), 0, 0, 0);
pPl.AddVertexAt(0, new Point2d(48.911, 53.189), 0, 0, 0);
pPl.AddVertexAt(0, new Point2d(90.428, 37.812), 0, 0, 0);
pPl.AddVertexAt(0, new Point2d(73.786, 10.276), 0, 0, 0);
pPl.AddVertexAt(0, new Point2d(44.125, 15.543), 0, 0, 0);
pPl.Closed = true;
//添加植被要素到块表记录和事务中
acBlkTblRec.AppendEntity(pPl);
acTrans.AddNewlyCreatedDBObject(pPl, true);
//添加植被要素到一个ObjectID数组中,用于填充
```

```
ObjectIdCollection pObjIdColl = new ObjectIdCollection();
pObjIdColl.Add(pPl.ObjectId);
//创建图案填充对象并添加到块表记录中
Hatch acHatch = new Hatch();
acBlkTblRec.AppendEntity(acHatch);
acTrans.AddNewlyCreatedDBObject(acHatch,true);
//设置填充对象属性
acHatch.SetDatabaseDefaults();
acHatch.SetHatchPattern(HatchPatternType.PreDefined,"1111");
acHatch.Associative = true;
acHatch.PatternScale = 0.5;
acHatch.AppendLoop(HatchLoopTypes.Default,pObjIdColl);
acHatch.EvaluateHatch(true);
//保存新对象到数据库中
acTrans.Commit();
            }
        }
```

4.5 地形要素属性数据输入与编辑

地形要素通常带有一定的属性信息，如房屋的结构、层数、建设年代、所有权人等，道路的路面材料、道路等级、车道数、竣工日期等，这些信息在图形绘制完成后，需要手动输入。由于要素属性信息量不会太大，一般使用要素的扩展属性对象 XData 进行存储，它存储容量最大为 16KB 字节，完全可以满足需求。本节以房屋属性数据输入为例进行阐述。

4.5.1 添加用户控件

添加用户控件并名为"AttributeControl"，在该控件中添加 DataGridView 数据控件和一个保存按钮，向数据控件添加"属性名"和"属性值"两个列（见图4-16）。

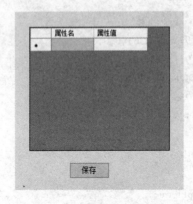

图 4-16 数据输入界面

4.5 地形要素属性数据输入与编辑

通过 PaletteSet 对象进行加载用户控件 AttributeControl，代码如下：

```
publicvoidAddPalette()
{   //ps 为 PaletteSet 全局对象
if(ps==null)
{
ps=newPaletteSet("要素属性数据输入");
}
if(ps.Visible==false&&ps.Count==0)
{
pAttrControl=newAttributeControl();
ps.Visible=true;
//保留面板关闭按钮
ps.Style=PaletteSetStyles.ShowCloseButton;
ps.Dock=DockSides.Left;
ps.MinimumSize=newSystem.Drawing.Size(300,400);
ps.Size=newSystem.Drawing.Size(300,400);
ps.Add("PaletteSet",pAttrControl);
}
elseif(ps.Count==1&&ps.Visible==false)
{//确保面板不会多次创建，只允许创建一次
ps.Visible=true;
}
}
```

4.5.2 注册应用程序名

在属性数据输入前，需要预先注册用户应用程序名。在 AutoCAD 中属性数据通过应用程序名来进行管理，类似 C#类属于哪个命名空间，这样可以确保属性数据可追踪溯源性，可知属性是由何程序输入，如 Cass、XMap。用户应用程序注册如下：

```
[CommandMethod("setXDataApp")]
publicvoidsetXDataApp()
{//AppName 为全局变量，值为"GISMap"
Database dbase=Application.DocumentManager.MdiActiveDocument.Database;
using(Transactiontran=dbase.TransactionManager.StartTransaction())
{
RegAppTable tab=(RegAppTable)tran.GetObject(
                dbase.RegAppTableId,OpenMode.ForWrite);
boolisExist=tab.Has(AppName);
        tab=(RegAppTable)tran.GetObject(dbase.RegAppTableId,OpenMode.ForWrite);
if(!isExist)
        {
RegAppTableRecord tr=newRegAppTableRecord();
```

```
tr. Name = AppName;
tab. Add(tr);
tran. AddNewlyCreatedDBObject(tr,true);
            }
tran. Commit();
        }
    }
```

4.5.3 绘制要素

绘制房屋要素,并给赋予地理信息要素分类编码值为:310301,实现代码如下:

```
[CommandMethod("Building")]
public void drawBuilding()
    {
DocumentacDoc = Autodesk. AutoCAD. ApplicationServices. Application.
DocumentManager. MdiActiveDocument;
DatabaseacCurDb = acDoc. Database;
//启动一个事务 Start a transaction
using(TransactionacTrans = acCurDb. TransactionManager. StartTransaction())
        {
//以只读方式打开块表
BlockTableacBlkTbl = acTrans. GetObject(acCurDb. BlockTableId,OpenMode. ForRead) asBlockTable;
//以写方式打开模型空间块表记录
            BlockTableRecordacBlkTblRec = acTrans. GetObject(
acBlkTbl[BlockTableRecord. ModelSpace],OpenMode. ForWrite) asBlockTableRecord;
//创建两个封闭的多边形 pPl1 和 pPl2
Polyline pPl1 = newPolyline();
            pPl1. AddVertexAt(0,newPoint2d(53.974,32.220),0,0,0);
            pPl1. AddVertexAt(0,newPoint2d(64.492,32.220),0,0,0);
            pPl1. AddVertexAt(0,newPoint2d(64.492,23.384),0,0,0);
            pPl1. AddVertexAt(0,newPoint2d(53.974,23.384),0,0,0);
            pPl1. AddVertexAt(0,newPoint2d(53.974,32.220),0,0,0);
            pPl1. Closed = true;
TypedValue[] pValues = newTypedValue[2];
//存储应用程序名和要素编码 310301-单幢房、普通房屋—建筑成房屋
pValues[0] = newTypedValue(Convert. ToInt16(
                    DxfCode. ExtendedDataRegAppName),AppName);
pValues[1] = newTypedValue(Convert. ToInt16(
                    DxfCode. ExtendedDataAsciiString),"310301");
            pPl1. XData = newResultBuffer(pValues);
acBlkTblRec. AppendEntity(pPl1);
```

acTrans. AddNewlyCreatedDBObject(pPl1 ,true) ;
acTrans. Commit( ) ;
        }
    }

4.5.4 属性数据输入

要素几何图形绘制完后，则可以选择该要素对其进行属性数据输入。这里，当选择要素对其判断是否属于"GISMap"应用程序，以及要素编码是否为"310301"，满足此两条件则弹出属性输入面板，同时，如果要素所有属性都已输入，则显示全部属性，以便对其进行修改（见图 4-17）。

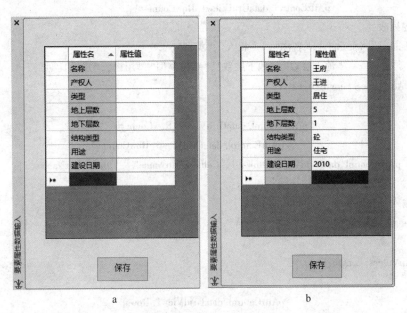

图 4-17　属性输入界面
a—未输入属性；b—已输入属性

实现代码如下：

　　［CommandMethod("getFeature")］
publicvoidgetFeature( )
　　{
DocumentpDoc = Application. DocumentManager. MdiActiveDocument ;
DatabasepCurDb = pDoc. Database ;
EditorpEd = Application. DocumentManager. MdiActiveDocument. Editor ;
PromptEntityOptionspEntOptions = newPromptEntityOptions("选择要素:") ;
PromptEntityResultpEntResult = pEd. GetEntity(pEntOptions) ;
if(pEntResult. Status = = PromptStatus. Cancel) return ;
pEntId = pEntResult. ObjectId ;
using(TransactionpTrans = pCurDb. TransactionManager. StartTransaction( ))

```
            {
EntitypEnt = pTrans. GetObject( pEntId,OpenMode. ForWrite) asEntity;
if( pEnt. XData! = null)
            {
TypedValue[ ]pValues = pEnt. XData. AsArray( );
stringpAppName = pValues[ 0]. Value. ToString( );
stringpFeaCode = pValues[ 1]. Value. ToString( );
if( pAppName = = "GISMap"&&pFeaCode = = "310301")
            {
//显示房屋要素属性输入面板
AddPalette( );
                    pAttrControl. dataGridView1. RowCount = 1;
//添加属性名列表
string[ ]AttrNames = newstring[ ]{"名称","产权人","类型",
                "地上层数","地下层数","结构类型","用途","建设日期"};
for( inti = 0;i<AttrNames. Length;i++)
            {
                    pAttrControl. dataGridView1. RowCount =
                    pAttrControl. dataGridView1. RowCount+1;
        pAttrControl. dataGridView1. Rows[ i]. Cells["AttrName"]. Value = AttrNames[ i];
            }
//如果已经输入了其他属性,则显示所有属性
if( pValues. Length>2)
            {
for( inti = 2;i<pValues. Length;i++)
            {
                    pAttrControl. dataGridView1. Rows[ i-2]
                    . Cells["AttrValue"]. Value = pValues[ i]. Value;
            }
            }
AttributeControl. pSelId = pEntId;
            }
            }
pTrans. Commit( );
            }
            }
```

4.5.5 保存属性数据

在面板中操纵 AutoCAD 文档要素之前,首先需要使用 DocumentLock 对文档进行锁定才能进行相关操作,操作完成之后需要及时销毁该对象。属性存储后将永久保存在 XData 对象中,保存按钮实现代码如下:

```csharp
private void saveBtn_Click(object sender, EventArgs e)
        {//创建文档锁对象
DocumentLock m_DocumentLock =
                        Application.DocumentManager.MdiActiveDocument.LockDocument();
Document pDoc = Application.DocumentManager.MdiActiveDocument;
Database pCurDb = pDoc.Database;
using(Transaction pTrans = pCurDb.TransactionManager.StartTransaction())
            {//pSelId 为全局变量,从外部传入的对象 ObjectID
Entity pEnt = pTrans.GetObject(pSelId, OpenMode.ForWrite) as Entity;
TypedValue[] pValues = new TypedValue[10];
//存储应用程序名和要素编码 310301-单幢房、普通房屋—建筑成房屋
pValues[0] = new TypedValue(Convert.ToInt16(DxfCode.ExtendedDataRegAppName), "GISMap");
pValues[1] = new TypedValue(Convert.ToInt16(DxfCode.ExtendedDataAsciiString), "310301");
for(int row = 0; row<dataGridView1.Rows.Count-1; row++)
                {
string txt =
                    dataGridView1.Rows[row].Cells["AttrValue"].Value.ToString();
pValues[row+2] = new
                    TypedValue(Convert.ToInt16(DxfCode.ExtendedDataAsciiString), txt);
                }
pEnt.XData = new ResultBuffer(pValues);
pTrans.Commit();
            }
m_DocumentLock.Dispose();//销毁文档锁对象
        }
```

习题与思考题

1. 为什么要使用野外操作码？使用野外操作码有哪些好处？
2. 请对 CASS9.0 野外操作码进行解析。
3. 分别给出基于形和基于块的独立点状地物绘制实例代码。
4. 给出线状地形要素绘制实例代码。
5. 给出带有内环的面状地形要素绘制实例代码。
6. 给出地形要素属性录入与编辑实例代码。
7. 利用野外操作码的优势，编程实现基于外操作码的地形要素自动绘制。

基于 Jig 地形图要素的实时绘制

5.1 实时绘图技术 Jig 概述

Jig(Justin Time Graphic，即时绘图) 是根据用户输入参数的序列形成图形预览，用于模仿 AutoCAD 内部绘图命令，以便用户可以直观地显示出自己预想的图形。在 .NET API 的 Jig 中可以继承类 EntityJig 或 DrawJig 来实现。对于这两个类，两者操作的区别在于操作实体的数量不同，EntityJig 只能操作单个实体，而 DrawJig 对操作实体的数量没有限制。

5.1.1 EntityJig

EntityJig（单实体即时绘制）用于单个实体的生成预览，实现步骤：
(1) 通过 Editor.Draw() 调用 Sampler() 方法获得采样数据。
(2) 通过 Sampler() 采样函数，读入动作参数（角度、距离或点）。
(3) 每次采样后自动执行 Update() 重载函数更新原对象。
(4) 采样结束后获取基类的 Entity 属性添加到数据库中。
实现时需要重写以下两个函数。

```
protectedoverrideSamplerStatus Sampler(JigPrompts prompts)
{
    thrownewNotImplementedException();
}
protectedoverridebool Update()
{
    thrownewNotImplementedException();
}
```

5.1.2 DrawJig

DrawJig（多实体即时绘制）对于预览实体的数量没有限制，实现步骤：
(1) 通过 Editor.Drag() 调用 Sampler() 方法获得采样数据。
(2) 通过 Sampler() 采样函数，读入动作参数（角度、距离或点）。
(3) 每次采样后调用 WorldDraw() 重载函数更新原对象。
(4) 采样结束后获取基类的 Entity 属性添加到数据库中。
实现时需要重写以下两个函数。

```
    protectedoverrideSamplerStatus Sampler(JigPrompts prompts)
    {
```

```
thrownewNotImplementedException();
    }
protectedoverrideboolWorldDraw(WorldDraw draw)
    {
thrownewNotImplementedException();
    }
```

因此，在 Jig 具体实现中，可以根据需要选择对应的实现。

5.2 EntityJig 实例

5.2.1 直线实时绘制

本例通过 EntityJig 的方式绘制一条直线，在选取过程中可以预览到直线的形状，以便判断是不是所需的效果。实现代码如下：

```
using System;
usingAutodesk.AutoCAD.Runtime;
usingAutodesk.AutoCAD.ApplicationServices;
usingAutodesk.AutoCAD.DatabaseServices;
usingAutodesk.AutoCAD.EditorInput;
usingAutodesk.AutoCAD.Geometry;
[assembly:CommandClass(typeof(Chap5.LineJigSample))]
namespace Chap5
{
publicclassLineJigSample
    {
        [CommandMethod("LineJig")]
publicvoidLineJig()
        {
Editor ed = Application.DocumentManager.MdiActiveDocument.Editor;
LineJiglineJig = newLineJig();
PromptResult res = ed.Drag(lineJig);
if(res.Status == PromptStatus.OK)
            {
lineJig.SetCounter(1);
res = ed.Drag(lineJig);
ToModelSpace(lineJig.Entity);
            }
        }
///<summary>
///添加实体到模型空间
///</summary>
///<param name="ent">要添加的对象</param>
```

```csharp
///<returns>实体 ObjectId</returns>
public static ObjectId ToModelSpace(Entity ent)
{
    Database db = HostApplicationServices.WorkingDatabase;
    ObjectId entId;
    using(Transaction trans = db.TransactionManager.StartTransaction())
    {
        BlockTable bt = (BlockTable)trans.GetObject(
                    db.BlockTableId, OpenMode.ForRead);
        BlockTableRecord btr = (BlockTableRecord)trans.GetObject(
                    bt[BlockTableRecord.ModelSpace], OpenMode.ForWrite);
        entId = btr.AppendEntity(ent);
        trans.AddNewlyCreatedDBObject(ent, true);
        trans.Commit();
    }
    return entId;
}

public class LineJig:EntityJig
{
    Line myline;
    Point3d startpoint;
    Point3d endpoint;
    int count;
    public LineJig()
            :base(new Line())
    {
        myline = new Line();
        count = 0;
    }
    protected override SamplerStatus Sampler(JigPrompts prompts)
    {
        JigPromptPointOptions pntops = new JigPromptPointOptions();
        pntops.UserInputControls = (UserInputControls.Accept3dCoordinates |
                    UserInputControls.NoZeroResponseAccepted |
                    UserInputControls.NoNegativeResponseAccepted);
        pntops.UseBasePoint = false;
        pntops.DefaultValue = new Point3d();
        if(count == 0)
        {
            pntops.Message = "\n选择起点";
            PromptPointResult pntres = prompts.AcquirePoint(pntops);
            PromptStatus ss = pntres.Status;
```

```
          if( pntres. Status = = PromptStatus. OK)
               {
startpoint = pntres. Value;
               endpoint = pntres. Value;
returnSamplerStatus. OK;
               }
          }
if( count = = 1)
          {
pntops. Message = " \n 选择终点";
PromptPointResultpntres = prompts. AcquirePoint( pntops);
if( pntres. Status = = PromptStatus. OK)
               {
                    endpoint = pntres. Value;
returnSamplerStatus. OK;
               }
elseif( pntres. Status = = PromptStatus. Cancel)
               {
returnSamplerStatus. Cancel;
               }
          }
returnSamplerStatus. Cancel;
     }
protectedoverridebool Update( )
     {
thrownewNotImplementedException( );
          (( Line) Entity). StartPoint = startpoint;
          (( Line) Entity). EndPoint = endpoint;
returntrue;
     }
publicvoidSetCounter( inti)
     {
this. count = i;
     }
publicEntityEntity
     {
get { returnbase. Entity; }
     }
     }
}
```

加载程序集，运行"LineJig"命令，运行效果如图 5-1 所示。

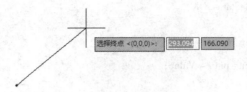

图 5-1　LineJig 执行效果

5.2.2　线状地形要素实时绘制

这里先创建实时绘制多段线实例 PolyLineJigClass，在后面章节介绍面状要素实时绘制时，同样需要调用此类。为了能够同时实现线状要素和面状要素的实时绘制，在构造函数中设置一个参数 IsColsed 控制多段线是否是封闭的，如果非封闭，则传入线状要素符号表记录对象标识 pLineTypeId，用于线状要素符号化。

多段线绘制时，通过获得用户输入关键字控制当前点至下一点的连线是由直线段还是弧段组成，如果是弧段，则还需要输入一个凸度值，它是圆弧所包含的四分之一角度的正切值。PolyLineJigClass 类结构如图 5-2 所示，Sampler 采样函数实时获得用户输入关键字和获取当前屏幕点并转换成地图点，并赋值给全局变量 tempPoint；Update 函数实时更新多段线当前顶点坐标和根据 isArcSeg 参数控制片段类型；isUndoing 控制是否删除当前点，删除当前点时，同时要获得前一点的凸度值，如果为非零值，则设置 isArcSeg 参数为 true。

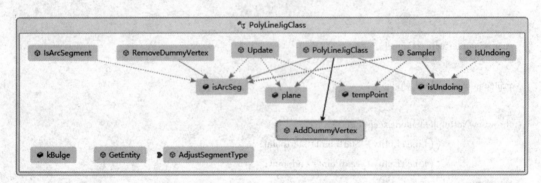

图 5-2　PolyLineJigClass 类结构

PolyLineJigClass 类实现代码如下：

```
using System;
usingAutodesk. AutoCAD. Runtime;
usingAutodesk. AutoCAD. ApplicationServices;
usingAutodesk. AutoCAD. DatabaseServices;
usingAutodesk. AutoCAD. EditorInput;
usingAutodesk. AutoCAD. Geometry;
[assembly:CommandClass(typeof(Chap5. PolyLineJigClass))]
namespace Chap5
{
    publicclassPolyLineJigClass:EntityJig
    {
```

```csharp
Point3d tempPoint;
Plane plane;
bool isArcSeg = false;
bool isUndoing = false;
const double kBulge = 1.0;
public PolyLineJigClass(Matrix3d ucs, bool IsColsed, ObjectId pLineTypeId)
    : base(new Polyline())
{
    Database db = Application.DocumentManager.MdiActiveDocument.Database;
    Point3d origin = new Point3d(0, 0, 0);
    Vector3d normal = new Vector3d(0, 0, 1);
    normal = normal.TransformBy(ucs);
    plane = new Plane(origin, normal);
    Polyline pline = Entity as Polyline;
    if (IsColsed == false)
    {
        pline.LinetypeId = pLineTypeId;
    }
    else if (IsColsed == true)
    {
        pline.Closed = IsColsed;
    }
    pline.Thickness = 3;
    pline.SetDatabaseDefaults();
    pline.Normal = normal;
    AddDummyVertex();
}
protected override SamplerStatus Sampler(JigPrompts prompts)
{
    JigPromptPointOptions jigOpts = new JigPromptPointOptions();
    jigOpts.UserInputControls = (UserInputControls.Accept3dCoordinates |
        UserInputControls.NullResponseAccepted |
        UserInputControls.NoNegativeResponseAccepted);
    isUndoing = false;
    Polyline pline = Entity as Polyline;
    if (pline.NumberOfVertices == 1)
    {
        jigOpts.Message = "\n选择多段线起点:";
    }
    else if (pline.NumberOfVertices > 1)
    {
        if (isArcSeg)
        {
```

```
jigOpts.SetMessageAndKeywords("\n 选择圆弧终点[Line/Undo]:","Line Undo");
            }
        else
            {
jigOpts.SetMessageAndKeywords("\n 选择下一顶点[Arc/Undo]:","Arc Undo");
            }
        }
    else
    returnSamplerStatus.Cancel;
PromptPointResult res=prompts.AcquirePoint(jigOpts);
if(res.Status==PromptStatus.Keyword)
    {
    if(res.StringResult=="Arc")
        {
        isArcSeg=true;
        }
    elseif(res.StringResult=="Line")
        {
        isArcSeg=false;
        }
    elseif(res.StringResult=="Undo")
        {
        isUndoing=true;
        }
    returnSamplerStatus.OK;
    }
elseif(res.Status==PromptStatus.OK)
    {
    if(tempPoint==res.Value)
        {
        returnSamplerStatus.NoChange;
        }
    else
        {
        tempPoint=res.Value;
        returnSamplerStatus.OK;
        }
    }
returnSamplerStatus.Cancel;
    }
protectedoverridebool Update()
    {
Polylinepline=Entity asPolyline;
```

```
pline.SetPointAt(pline.NumberOfVertices-1,tempPoint.Convert2d(plane));
if(isArcSeg)
    {
    pline.SetBulgeAt(pline.NumberOfVertices-1,kBulge);
    }
else
    {
    pline.SetBulgeAt(pline.NumberOfVertices-1,0);
    }
return true;
}
public Entity GetEntity()
    {
    return Entity;
    }
public bool IsArcSegment()
    {
    return isArcSeg;
    }
public bool IsUndoing()
    {
    return isUndoing;
    }
public void AddDummyVertex()
    {
    Polyline pline=Entity asPolyline;
    pline.AddVertexAt(pline.NumberOfVertices,new Point2d(0,0),0,0,0);
    }
public void RemoveDummyVertex()
    {
    Polyline pline=Entity asPolyline;
    if(pline.NumberOfVertices>0)
        {
        pline.RemoveVertexAt(pline.NumberOfVertices-1);
        }
    if(pline.NumberOfVertices>=2)
        {
        double blg=pline.GetBulgeAt(pline.NumberOfVertices-2);
        isArcSeg=(blg!=0);
        }
    }
public void AdjustSegmentType(bool isArc)
    {
```

```
            double bulge=0.0;
            if(isArc)
                        bulge=kBulge;
            Polylinepline=Entity asPolyline;
            if(pline.NumberOfVertices>=2)
            pline.SetBulgeAt(pline.NumberOfVertices-2,bulge);
                }
            }
        }
```

调用 PolyLineJigClass 类实现线状要素实时绘制代码如下:

```
        [CommandMethod("PolyLineJig")]
publicvoidPolyLineJig()
        {
UtilityClasspUtilityClass=newUtilityClass();
Document doc=Application.DocumentManager.MdiActiveDocument;
Databasedb=doc.Database;
Editor ed=doc.Editor;
Matrix3ducs=ed.CurrentUserCoordinateSystem;
ObjectIdpLineTypeId=pUtilityClass.LoadLineType("土坎",
@"D:\Xmap2015\System\XmapLineType.lin",db);
PolyLineJigClass jig=newPolyLineJigClass(ucs,false,pLineTypeId);
boolbPoint=false;
boolbKeyword=false;
boolbComplete=false;
do
            {
PromptResult res=ed.Drag(jig);
bPoint=(res.Status==PromptStatus.OK);
if(bPoint)
jig.AddDummyVertex();
bKeyword=(res.Status==PromptStatus.Keyword);
if(bKeyword)
                {
if(jig.IsUndoing())
                        {
jig.RemoveDummyVertex();
                        }
else
                        {
jig.AdjustSegmentType(jig.IsArcSegment());
                        }
                }
```

```
                bComplete = ( res. Status = = PromptStatus. None ) ;
                if( bComplete )
                jig. RemoveDummyVertex( ) ;
                            }while( ( bPoint||bKeyword)&&！bComplete ) ;
                if( bComplete )
                    {
                Polylinepline = jig. GetEntity( ) asPolyline ;
                if( pline. NumberOfVertices>1 )
                    {
                ToModelSpace( pline ) ;//同 5. 2. 1
                    }
                }
            }
```

加载程序集，运行"PolyLineJig"命令实现地形要素即时绘制，运行效果如图 5-3 所示。

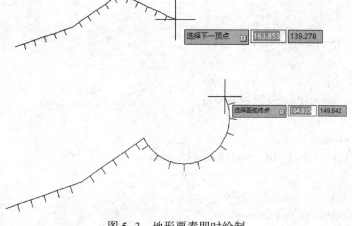

图 5-3　地形要素即时绘制

5.2.3　无填充面状地形要素实时绘制

无填充面状地形要素如房屋建筑、运动场等，这些要素可以调用 PolyLineJigClass 实现实时绘制，实例代码如下：

```
        [CommandMethod( "PolygonJig" ) ]
publicvoidPolygonJig( )
            {
Document doc = Application. DocumentManager. MdiActiveDocument ;
Editor ed = doc. Editor ;
Matrix3ducs = ed. CurrentUserCoordinateSystem ;
ObjectIdpObjectId = newObjectId( ) ;
PolyLineJigClass jig = newPolyLineJigClass( ucs , true , pObjectId ) ;
boolbPoint = false ;
```

```
boolbKeyword=false;
boolbComplete=false;
do
        {
PromptResult res=ed.Drag(jig);
bPoint=(res.Status==PromptStatus.OK);
if(bPoint)
jig.AddDummyVertex();
bKeyword=(res.Status==PromptStatus.Keyword);
if(bKeyword)
            {
if(jig.IsUndoing())
                {
jig.RemoveDummyVertex();
                }
else
                {
jig.AdjustSegmentType(jig.IsArcSegment());
                }
            }
bComplete=(res.Status==PromptStatus.None);
if(bComplete)
jig.RemoveDummyVertex();
        }while((bPoint||bKeyword)&&! bComplete);
if(bComplete)
        {
Polylinepline=jig.GetEntity()asPolyline;
if(pline.NumberOfVertices>1)
            {
ToModelSpace(pline);
            }
        }
    }
```

加载程序集,运行"PolygonJig"命令实现地形要素即时绘制,运行效果如图5-4所示。

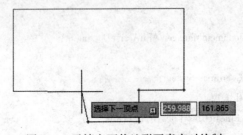

图5-4 无填充面状地形要素实时绘制

5.2.4 圆形面状地形要素实时绘制

圆形面状地形要素，如依比例探井、储油罐、圆形粮仓、灌溉机井、圆形转盘等，本实例展示使用 EntityJig 技术，动态交互模式创建圆形地形要素。代码如下：

```csharp
using System;
using Autodesk.AutoCAD.Runtime;
using Autodesk.AutoCAD.ApplicationServices;
using Autodesk.AutoCAD.DatabaseServices;
using Autodesk.AutoCAD.EditorInput;
using Autodesk.AutoCAD.Geometry;
namespace Chap5
{
    public class CircleJigClass : EntityJig
    {
        private Circle _circle;
        public int step = 1;
        private Point3d _center = new Point3d();
        private double _radius = 0.0001;
        public CircleJigClass(Circle circle) : base(circle)
        {
            _circle = circle;
            _circle.Center = _center;
            _circle.Radius = _radius;
        }
        protected override bool Update()
        {
            switch (step)
            {
                case 1:
                    _circle.Center = _center;
                    break;
                case 2:
                    _circle.Radius = _radius;
                    break;
                default:
                    return false;
            }
            return true;
        }
        protected override SamplerStatus Sampler(JigPrompts prompts)
        {
```

```
switch(step)
    {
case 1:
JigPromptPointOptions prOptions1 = new JigPromptPointOptions("\n 圆心:");
PromptPointResult prResult1 = prompts.AcquirePoint(prOptions1);
if(prResult1.Status == PromptStatus.Cancel)
returnSamplerStatus.Cancel;
if(prResult1.Value.Equals(_center))
        {
returnSamplerStatus.NoChange;
        }
else
        {
        _center = prResult1.Value;
returnSamplerStatus.OK;
        }
case 2:
JigPromptDistanceOptions prOptions2 = new JigPromptDistanceOptions("\n 半径:");
            prOptions2.BasePoint = _center;
PromptDoubleResult prResult2 = prompts.AcquireDistance(prOptions2);
if(prResult2.Status == PromptStatus.Cancel)
returnSamplerStatus.Cancel;
if(prResult2.Value.Equals(_radius))
        {
returnSamplerStatus.NoChange;
        }
else
        {
if(prResult2.Value<0.0001)
            {
returnSamplerStatus.NoChange;
            }
else
            {
            _radius = prResult2.Value;
returnSamplerStatus.OK;
            }
        }
default:
break;
        }
returnSamplerStatus.OK;
```

```
        }
        public new Circle Entity
        {
            get
            {
                return base.Entity as Circle;
            }
        }
    }
```

创建绘制命令，代码如下：

```
[CommandMethod("CircleJig")]
public static void JigCircle()
{
    Document doc = Application.DocumentManager.MdiActiveDocument;
    Database db = doc.Database;
    Circle circle = new Circle();
    CircleJigClass jigger = new CircleJigClass(circle);
    PromptResult pr;
    do
    {
        pr = doc.Editor.Drag(jigger);
        jigger.step++;
    }
    while (pr.Status != PromptStatus.Cancel && jigger.step <= 2);
    if (pr.Status != PromptStatus.Cancel)
    {
        using (Transaction tr = db.TransactionManager.StartTransaction())
        {
            BlockTable bt = tr.GetObject(db.BlockTableId, OpenMode.ForRead) as BlockTable;
            BlockTableRecord btr = tr.GetObject(bt[BlockTableRecord.ModelSpace], OpenMode.ForWrite) as BlockTableRecord;
            btr.AppendEntity(jigger.Entity);
            tr.AddNewlyCreatedDBObject(jigger.Entity, true);
            tr.Commit();
        }
    }
}
```

加载程序集，运行"CircleJig"命令实现圆形面状地形要素即时绘制，运行效果如图 5-5 所示的探井绘制，先绘制圆，然后以圆心为基点插入探井符号。

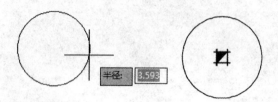

图 5-5　圆形面状地形要素实时绘制

5.2.5　注记要素实时绘制

注记要素主要用于标注地形要素名称、建筑结构等属性信息,如河流名称、道路名称、片区名、房屋结构和层数。本例通过 Jig 的方式实现注记要素的实时绘制。实现代码如下:

```
using System;
usingAutodesk.AutoCAD.Runtime;
usingAutodesk.AutoCAD.ApplicationServices;
usingAutodesk.AutoCAD.DatabaseServices;
usingAutodesk.AutoCAD.EditorInput;
usingAutodesk.AutoCAD.Geometry;
using Chap4;
[assembly:CommandClass(typeof(Chap5.AnnotationJigSample))]
namespace Chap5
{
    publicclassAnnotationJigSample
    {
        #region Test Commands
        [CommandMethod("TextJig")]
        publicstaticvoid TestPowerTextJigger2_Method()
        {
            try
            {
                EntityjigEnt=Textjig.Jig();
                if(jigEnt!=null)
                {
                    Databasedb=HostApplicationServices.WorkingDatabase;
                    using(Transaction tr=db.TransactionManager.StartTransaction())
                    {
                        BlockTableRecordbtr=(BlockTableRecord)tr.GetObject(
                                    db.CurrentSpaceId,OpenMode.ForWrite);
                        btr.AppendEntity(jigEnt);
                        tr.AddNewlyCreatedDBObject(jigEnt,true);
                        tr.Commit();
```

5.2 EntityJig 实例

```csharp
                }
            }
        }
        catch(System.Exception ex)
        {
            Application.DocumentManager.MdiActiveDocument.Editor.WriteMessage(ex.Message);
        }
    }
    #endregion
}
public class Textjig:EntityJig
{
    #region Fields
    //定义 Jig 因子
    public int mCurJigFactorIndex = 1;
    public Autodesk.AutoCAD.Geometry.Point3d mPosition;
    public double mHeight = 0.001;
    public double mRotation;
    #endregion
    #region Constructors
    public Textjig(DBTextent):base(ent)
    {
        //初始化并转换实体至当前用户坐标系
        Entity.SetDatabaseDefaults();
        Entity.TransformBy(UCS);
    }
    #endregion
    #region Properties
    private static Editor Editor
    {
        get
        {
            return Application.DocumentManager.MdiActiveDocument.Editor;
        }
    }
    private static Matrix3d UCS
    {
        get
        {
            return Application.DocumentManager.MdiActiveDocument.Editor.CurrentUserCoordinateSystem;
        }
    }
    #endregion
```

```csharp
#region Overrides
publicnewDBText Entity
        {
    get
        {
    returnbase. EntityasDBText;
        }
        }
protectedoverridebool Update()
        {
    switch(mCurJigFactorIndex)
        {
    case 1:
    Entity. Position = mPosition;
    break;
    case 2:
    if(mHeight<0.001)mHeight=0.001;
    Entity. Height = mHeight;
    break;
    case 3:
    Entity. Rotation = mRotation;
    break;
    default:
    returnfalse;
        }
    returntrue;
        }
protectedoverrideSamplerStatus Sampler(JigPrompts prompts)
        {
    switch(mCurJigFactorIndex)
        {
    case 1:
    JigPromptPointOptions prOptions1 = newJigPromptPointOptions("\nPosition:");
            prOptions 1. UserInputControls = UserInputControls. Accept3dCoordinates
                    |UserInputControls. GovernedByUCSDetect;
    PromptPointResult prResult1 = prompts. AcquirePoint(prOptions1);
    if(prResult1. Status = = PromptStatus. Cancel&&
                        prResult1. Status = = PromptStatus. Error)
    returnSamplerStatus. Cancel;
    if(prResult1. Value. IsEqualTo(mPosition))
            {
    returnSamplerStatus. NoChange;
            }
```

5.2　EntityJig 实例

```
        else
            {
    mPosition = prResult1. Value;
    returnSamplerStatus. OK;
            }
    case 2:
    JigPromptDistanceOptions prOptions 2 = new
                        JigPromptDistanceOptions(" \nHeight:");
            prOptions2. UserInputControls = UserInputControls. Accept3dCoordinates |
                        UserInputControls. GovernedByUCSDetect;
                prOptions2. UseBasePoint = true;
                prOptions2. BasePoint = mPosition;
    PromptDoubleResult prResult2 = prompts. AcquireDistance( prOptions2);
    if( prResult2. Status = = PromptStatus. Cancel&&
                        prResult2. Status = = PromptStatus. Error)
    returnSamplerStatus. Cancel;
    if( prResult2. Value. Equals( mHeight))
                    {
    returnSamplerStatus. NoChange;
                    }
        else
                    {
    mHeight = prResult2. Value;
    returnSamplerStatus. OK;
                    }
    case 3:
    JigPromptAngleOptions prOptions3 = newJigPromptAngleOptions(" \nRotation:");
            prOptions3. UserInputControls = UserInputControls. Accept3dCoordinates |
                        UserInputControls. GovernedByUCSDetect;
                prOptions3. UseBasePoint = true;
                prOptions3. BasePoint = mPosition;
    PromptDoubleResult prResult3 = prompts. AcquireAngle( prOptions3);
    if( prResult3. Status = = PromptStatus. Cancel&&
                        prResult3. Status = = PromptStatus. Error)
    returnSamplerStatus. Cancel;
    if( prResult3. Value. Equals( mRotation))
                    {
    returnSamplerStatus. NoChange;
                    }
        else
                    {
    mRotation = prResult3. Value;
    returnSamplerStatus. OK;
```

```
            }
       default:
       break;
            }
       return SamplerStatus.OK;
            }
       #endregion
       #region Methods to Call
       public static DBText Jig()
            {
       Textjig jigger = null;
       try
            {
                 jigger = new Textjig(new DBText());
       jigger.Entity.TextString = Editor.GetString("\nText content:").StringResult;
       PromptResult pr;
       do
            {
       pr = Editor.Drag(jigger);
       jigger.mCurJigFactorIndex++;
            } while(pr.Status! = PromptStatus.Cancel
       &&pr.Status! = PromptStatus.Error
       &&jigger.mCurJigFactorIndex<=6);
       if(pr.Status = = PromptStatus.Cancel||pr.Status = = PromptStatus.Error)
       return CleanUp(jigger);
       else
       return jigger.Entity;
            }
       catch
            {
       return CleanUp(jigger);
            }
            }
       private static DBText CleanUp(Textjig jigger)
            {
       if(jigger! = null&&jigger.Entity! = null)
       jigger.Entity.Dispose();
       return null;
            }
       #endregion
            }
       }
```

加载程序集，运行"TextJig"命令实现地形要素即时绘制，运行效果如图 5-6 所示。

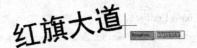

图 5-6　注记要素实时绘制

5.3　DrawJig 实例

5.3.1　使用 DrawJig 动态地移动、旋转、缩放地形要素

本例通过 Jig 的方式来动态地移动、旋转、缩放多个地形要素，在操作过程中可以预览到对象的形状，以便判断是不是所需的效果。代码如下：

```
using System;
using Autodesk.AutoCAD.Runtime;
using Autodesk.AutoCAD.ApplicationServices;
using Autodesk.AutoCAD.DatabaseServices;
using Autodesk.AutoCAD.EditorInput;
using Autodesk.AutoCAD.Geometry;
using System.Collections.Generic;
using Autodesk.AutoCAD.GraphicsInterface;
[assembly: CommandClass(typeof(Chap5.MoveRotateScaleJigClass))]
namespace Chap5
{
    public class MoveRotateScaleJigClass : DrawJig
    {
        private List<Entity> entities = new List<Entity>();
        public int step = 1;
        public int totalStepNum = 3;
        private Point3d moveStartPnt;
        private Point3d moveEndPnt;
        private Double rotateAngle;
        private Double scaleFactor;
        public MoveRotateScaleJigClass(Point3d basePnt)
        {
            moveStartPnt = basePnt;
            moveEndPnt = moveStartPnt;
            rotateAngle = 0;
            scaleFactor = 1;
        }
        public Matrix3d Transformation
        {
```

```
get
    {
        returnMatrix3d. Scaling( scaleFactor, moveEndPnt).
        PostMultiplyBy( Matrix3d. Rotation( rotateAngle, Vector3d. ZAxis, moveEndPnt)).
            PostMultiplyBy( Matrix3d. Displacement( moveStartPnt. GetVectorTo( moveEndPnt)));
    }
}
publicvoidAddEntity( Entityent)
{
    entities. Add( ent);
}
publicvoidTransformEntities( )
{
    Matrix3d mat = Transformation;
    foreach( Entityentin entities)
    {
        ent. TransformBy( mat);
    }
}
protectedoverrideboolWorldDraw( WorldDraw draw)
{
    Matrix3d mat = Transformation;
    WorldGeometry geo = draw. Geometry;
    if( geo! = null)
    {
        geo. PushModelTransform( mat);
        foreach( Entityentin entities)
        {
            geo. Draw( ent);
        }
        geo. PopModelTransform( );
    }
    returntrue;
}
protectedoverrideSamplerStatus Sampler( JigPrompts prompts)
{
    switch( step)
    {
        case 1:
            JigPromptPointOptions prOptions1 = newJigPromptPointOptions( "\nMove:");
                prOptions1. UserInputControls = UserInputControls. GovernedByOrthoMode
                    | UserInputControls. GovernedByUCSDetect;
            PromptPointResult prResult1 = prompts. AcquirePoint( prOptions1);
```

```
if(prResult1.Status! =PromptStatus.OK)
returnSamplerStatus.Cancel;
if(prResult1.Value.Equals(moveEndPnt))
                {
returnSamplerStatus.NoChange;
                }
else
                {
moveEndPnt=prResult1.Value;
returnSamplerStatus.OK;
                }
case 2:
JigPromptAngleOptions prOptions2=newJigPromptAngleOptions(" \nRotate:");
            prOptions2.UseBasePoint=true;
            prOptions2.BasePoint=moveEndPnt;
        prOptions2.UserInputControls=UserInputControls.GovernedByOrthoMode
                |UserInputControls.GovernedByUCSDetect;
PromptDoubleResult prResult2=prompts.AcquireAngle(prOptions2);
if(prResult2.Status! =PromptStatus.OK)
returnSamplerStatus.Cancel;
if(prResult2.Value.Equals(rotateAngle))
                {
returnSamplerStatus.NoChange;
                }
else
                {
rotateAngle=prResult2.Value;
returnSamplerStatus.OK;
                }
case 3:
JigPromptDistanceOptions prOptions3=newJigPromptDistanceOptions(" \nScale:");
            prOptions3.UseBasePoint=true;
            prOptions3.BasePoint=moveEndPnt;
        prOptions3.UserInputControls=UserInputControls.GovernedByOrthoMode
                |UserInputControls.GovernedByUCSDetect;
PromptDoubleResult prResult3=prompts.AcquireDistance(prOptions3);
if(prResult3.Status! =PromptStatus.OK)
returnSamplerStatus.Cancel;
if(prResult3.Value.Equals(scaleFactor))
                {
returnSamplerStatus.NoChange;
                }
else
```

```
                    {
scaleFactor = prResult3. Value;
returnSamplerStatus. OK;
                    }
        default:
        break;
                }
returnSamplerStatus. OK;
            }
        }
    }
```

调用 MoveRotateScaleJigClass 类创建动态移动、旋转、缩放命令，代码如下：

```
        [CommandMethod("TRSJIG")]
publicstaticvoid TRSJIG()
        {
Document doc = Application. DocumentManager. MdiActiveDocument;
Databasedb = doc. Database;
//选择对象
PromptSelectionResultselRes = doc. Editor. GetSelection();
if(selRes. Status! = PromptStatus. OK)
return;
//指定起点
PromptPointResultppr = doc. Editor. GetPoint("\nStart point:");
if(ppr. Status! = PromptStatus. OK)
return;
Point3dbasePnt = ppr. Value;
basePnt = basePnt. TransformBy(doc. Editor. CurrentUserCoordinateSystem);
//Draw Jig
MoveRotateScaleJigClass jig = newMoveRotateScaleJigClass(basePnt);
using(Transaction tr = db. TransactionManager. StartTransaction())
            {
foreach(ObjectId id inselRes. Value. GetObjectIds())
                {
Entityent = (Entity)tr. GetObject(id, OpenMode. ForWrite);
jig. AddEntity(ent);
                }
//Draw Jig 交互
PromptResultpr;
do
                {
pr = doc. Editor. Drag(jig);
if(pr. Status = = PromptStatus. Keyword)
```

5.3 DrawJig 实例

```
            }
        }
        else
        {
        }
        jig.step++;
    }
}
while(pr.Status==PromptStatus.OK&&jig.step<=jig.totalStepNum);
//结果
if(pr.Status==PromptStatus.OK&&jig.step==jig.totalStepNum+1)
{
    jig.TransformEntities();
}
else
{
    return;
}
tr.Commit();
        }
    }
```

加载程序集,运行"TRSJIG"命令实现多地形要素移动、旋转、缩放,运行效果如图 5-7 所示。

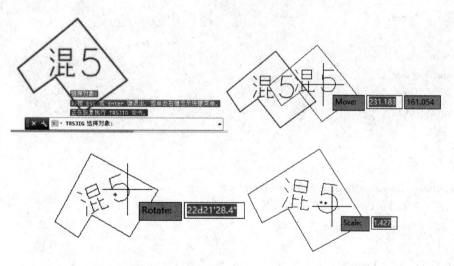

图 5-7 多地形要素移动、旋转、缩放命令运行效果

5.3.2 使用 DrawJig 实时绘制矩形要素

地形要素几何为矩形的主要有房屋建筑,在绘制时,只要输入左上对角点和右下对角点,本例实现代码如下:

```csharp
using System;
using Autodesk.AutoCAD.Runtime;
using Autodesk.AutoCAD.ApplicationServices;
using Autodesk.AutoCAD.DatabaseServices;
using Autodesk.AutoCAD.Geometry;
using Autodesk.AutoCAD.EditorInput;
using Autodesk.AutoCAD.GraphicsInterface;
[assembly: CommandClass(typeof(Chap5.RectangleJigClass))]
namespace Chap5
{
    class RectangleJigClass : DrawJig
    {
        private Point3d mCorner1;
        private Point3d mCorner2;
        public RectangleJigClass(Point3d basePt)
        {
            mCorner1 = basePt;
        }
        public Point3d Corner1
        {
            get { return mCorner1; }
            set { mCorner1 = value; }
        }
        public Point3d Corner2
        {
            get { return mCorner2; }
            set { mCorner2 = value; }
        }
        public Matrix3d UCS
        {
            get
            {
                return Application.DocumentManager.MdiActiveDocument.
                    Editor.CurrentUserCoordinateSystem;
            }
        }
        public Point3dCollection Corners
        {
            get
            {
                return new Point3dCollection(
                    new Point3d[]
                    {
```

5.3 DrawJig 实例

```
                        mCorner1,
newPoint3d(mCorner1.X,mCorner2.Y,0),
                        mCorner2,
newPoint3d(mCorner2.X,mCorner1.Y,0)
                    }
                );
        }
    }
protected override bool WorldDraw(Autodesk.AutoCAD.GraphicsInterface.WorldDraw draw)
    {
WorldGeometry geo = draw.Geometry;
if(geo! = null)
        {
geo.PushModelTransform(UCS);
geo.Polygon(Corners);
geo.PopModelTransform();
        }
return true;
    }
protected override SamplerStatus Sampler(JigPrompts prompts)
    {
JigPromptPointOptions prOptions2 = new JigPromptPointOptions("\n 指定第二个点:");
        prOptions2.UseBasePoint = false;
PromptPointResult prResult2 = prompts.AcquirePoint(prOptions2);
if(prResult2.Status = = PromptStatus.Cancel||
                    prResult2.Status = = PromptStatus.Error)
return SamplerStatus.Cancel;
Point3d tmpPt = prResult2.Value.TransformBy(UCS.Inverse());
if(! mCorner2.IsEqualTo(tmpPt,new Tolerance(10e-10,10e-10)))
        {
                mCorner2 = tmpPt;
return SamplerStatus.OK;
        }
else
return SamplerStatus.NoChange;
    }
public static RectangleJigClass jigger;
        [CommandMethod("RectangleJig")]
public static void CreateRectangle_Method()
    {
try
        {
Database db = HostApplicationServices.WorkingDatabase;
```

```
Editor ed = Application.DocumentManager.MdiActiveDocument.Editor;
PromptPointOptions prOpt = new PromptPointOptions("\n指定第一个点:");
PromptPointResult pr = ed.GetPoint(prOpt);
if(pr.Status! = PromptStatus.OK) return;
               jigger = new RectangleJigClass(pr.Value);
ed.Drag(jigger);
using(Transaction tr = db.TransactionManager.StartTransaction())
               {
BlockTableRecord btr = (BlockTableRecord)tr.GetObject(
               db.CurrentSpaceId,OpenMode.ForWrite);
Polyline ent = new Polyline();
ent.SetDatabaseDefaults();
for(int i = 0;i<jigger.Corners.Count;i++)
               {
Point3d pt3d = jigger.Corners[i];
Point2d pt2d = new Point2d(pt3d.X,pt3d.Y);
ent.AddVertexAt(i,pt2d,0,db.Plinewid,db.Plinewid);
               }
ent.Closed = true;
ent.TransformBy(jigger.UCS);
btr.AppendEntity(ent);
tr.AddNewlyCreatedDBObject(ent,true);
tr.Commit();
               }
          }
catch(System.Exception ex)
          {
Application.DocumentManager.MdiActiveDocument.Editor.WriteMessage(ex.ToString());
          }
     }
  }
}
```

加载程序集,运行"RectangleJig"命令实现矩形地形要素即时绘制,运行效果如图 5-8 所示。

图 5-8 矩形地形要素即时绘制

5.3.3 有填充面状要素实时绘制

在 5.2.3 小节介绍了无填充面状地形要素的实时绘制，对于有填充的面状地形要素（如稻田、菜地、草地等）使用 EntityJig 无法实现填充实时绘制，只能在多边形绘制结束后再对其填充，需要使用 DrawJig 并对其 WorldDraw 方法进行重写才能显示实时填充效果。本例代码实现如下：

```
using System;
usingAutodesk.AutoCAD.Runtime;
usingAutodesk.AutoCAD.ApplicationServices;
usingAutodesk.AutoCAD.DatabaseServices;
usingAutodesk.AutoCAD.EditorInput;
usingAutodesk.AutoCAD.Geometry;
usingAutodesk.AutoCAD.Internal;
namespace Chap5
{
publicclassHatchJigClass:DrawJig
    {
Point3d_tempPoint;
bool_isArcSeg=false;
bool_isUndoing=false;
Matrix3d_ucs;
Plane_plane;
Polyline_pline=null;
Hatch_hatch=null;
publicHatchJigClass(Matrix3ducs,Planeplane,Polyline pl,HatchpHatch)
            :base()
        {
            _ucs=ucs;
            _plane=plane;
            _pline=pl;
            _hatch=pHatch;
AddDummyVertex();
        }
protectedoverrideSamplerStatus Sampler(JigPrompts prompts)
        {
JigPromptPointOptionsjigOpts=newJigPromptPointOptions();
jigOpts.UserInputControls=(UserInputControls.Accept3dCoordinates|
UserInputControls.NullResponseAccepted|
UserInputControls.NoNegativeResponseAccepted);
            _isUndoing=false;
if(_pline.NumberOfVertices==1)
            {
```

```
                jigOpts. Message = " \n 选择多段线起点:";
            }
elseif( _pline. NumberOfVertices>1 )
            {
if( _isArcSeg)
                {
jigOpts. SetMessageAndKeywords( " \n 选择圆弧终点[ Line/Undo]:"," Line Undo" );
                }
else
                {
jigOpts. SetMessageAndKeywords( " \n 选择下一顶点[ Arc/Undo]:"," Arc Undo" );
                }
            }
else
returnSamplerStatus. Cancel;
PromptPointResult res = prompts. AcquirePoint( jigOpts);
if( res. Status = = PromptStatus. Keyword)
            {
if( res. StringResult = = " Arc" )
                {
                            _isArcSeg = true;
                }
elseif( res. StringResult = = " Line" )
                {
                            _isArcSeg = false;
                }
elseif( res. StringResult = = " Undo" )
                {
                            _isUndoing = true;
                }
returnSamplerStatus. OK;
            }
elseif( res. Status = = PromptStatus. OK)
            {
if( _tempPoint = = res. Value)
                {
returnSamplerStatus. NoChange;
                }
else
                {
                            _tempPoint = res. Value;
returnSamplerStatus. OK;
                }
```

```
                }
            returnSamplerStatus.Cancel;
        }
protectedoverrideboolWorldDraw(Autodesk.AutoCAD.GraphicsInterface.WorldDraw wd)
        {
            _pline.SetPointAt(_pline.NumberOfVertices-1,_tempPoint.Convert2d(_plane));
if(_isArcSeg)
                {
                    _pline.SetBulgeAt(_pline.NumberOfVertices-1,1);
                }
else
                {
                    _pline.SetBulgeAt(_pline.NumberOfVertices-1,0);
                }
if(_pline.NumberOfVertices==3)
                {
                    _pline.Closed=true;
ObjectIdCollection ids=newObjectIdCollection();
ids.Add(_pline.ObjectId);
//Add the hatch loops and complete the hatch
                    _hatch.Associative=true;
                    _hatch.AppendLoop(HatchLoopTypes.Default,ids);
                }
if(!wd.RegenAbort)
                {//实时绘制多边形和填充符号
wd.Geometry.Draw(_pline);
if(_pline.NumberOfVertices>2)
                    {
                        _hatch.EvaluateHatch(true);
if(!wd.RegenAbort)
wd.Geometry.Draw(_hatch);
                    }
                }
returntrue;
        }
publicboolIsArcSegment()
        {
return_isArcSeg;
        }
publicboolIsUndoing()
        {
return_isUndoing;
        }
```

```
publicvoidAddDummyVertex()
        {
                _pline.AddVertexAt(_pline.NumberOfVertices,newPoint2d(0,0),0,0,0);
        }
publicvoidRemoveDummyVertex()
        {
if(_pline.NumberOfVertices>0)
                {
                        _pline.RemoveVertexAt(_pline.NumberOfVertices-1);
                }
if(_pline.NumberOfVertices>=2)
                {
doubleblg=_pline.GetBulgeAt(_pline.NumberOfVertices-2);
                        _isArcSeg=(blg!=0);
                }
        }
publicvoidAdjustSegmentType(boolisArc)
        {
double bulge=0.0;
if(isArc)
                bulge=1;
if(_pline.NumberOfVertices>=2)
                        _pline.SetBulgeAt(_pline.NumberOfVertices-2,bulge);
        }
    }
}
```

创建带填充面状地形要素实时绘制命令 HatchJig，实现代码如下：

```
        [CommandMethod("HatchJig")]
publicstaticvoidRunHatchJig()
        {
Document doc=Application.DocumentManager.MdiActiveDocument;
Databasedb=doc.Database;
Editor ed=doc.Editor;
Transaction tr=db.TransactionManager.StartTransaction();
using(tr)
            {
BlockTableRecordbtr=(BlockTableRecord)tr.GetObject(
                        db.CurrentSpaceId,OpenMode.ForWrite);
Vector3d normal=Vector3d.ZAxis.TransformBy(ed.CurrentUserCoordinateSystem);
Planeplane=newPlane(Point3d.Origin,normal);
//传递数据库驻留 Polyline 对象
Polyline pl=newPolyline();
```

```
pl.ColorIndex = 3;
pl.Normal = normal;
btr.AppendEntity(pl);
tr.AddNewlyCreatedDBObject(pl,true);
Hatch hat = new Hatch();
//填充植被类型,1111 为稻田
hat.SetHatchPattern(HatchPatternType.PreDefined,"1111");
hat.ColorIndex = 3;
ObjectId hatId = btr.AppendEntity(hat);
tr.AddNewlyCreatedDBObject(hat,true);
//向 Jig 传递所有事项
HatchJigClass jig = new HatchJigClass(
                    ed.CurrentUserCoordinateSystem,plane,pl,hat);
while(true)
        {
PromptResult res = ed.Drag(jig);
switch(res.Status)
        {
//增加新点,继续绘制
case PromptStatus.OK:
jig.AddDummyVertex();
break;
//输入关键字
case PromptStatus.Keyword:
if(jig.IsUndoing())
jig.RemoveDummyVertex();
break;
//绘制结束
case PromptStatus.None:
//删除所有点
jig.RemoveDummyVertex();
tr.Commit();
return;
//用户取消命令
default:
return;
            }
        }
    }
}
```

加载程序集,运行"HatchJig"命令实现地形要素即时绘制,运行效果如图 5-9 所示的稻田实时绘制。

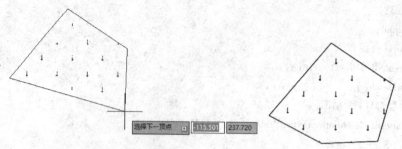

图 5-9 带填充面状地形要素实时绘制

习题与思考题

1. 分别阐述 EntityJig 和 DrawJig 工作原理。它们两者存在哪些区别？
2. 使用 EntityJig 分别绘制矩形和弧形地形要素。
3. 查找相关文献资料，使用 EntityJig 实现军事推演箭头绘制。
4. 使用 DrawJig 实现已知三点绘制矩形房屋要素。
5. 使用 DrawJig 实现基于圆心移动圆形面状地形要素。

6 事件与规则重定义

6.1 AutoCAD 中的事件

事件是 AutoCAD 发出的通知或消息,用以通知用户当前的会话状态,或提醒用户发生了什么情况。例如,当保存图形时会触发 BeginSave 事件。当关闭图形时,启动一个命令时,甚至修改一个系统变量时,都会有事件被触发。知道了这些信息,就可以编写一个子程序,或事件处理程序,使用这些事件来跟踪对图形的修改,或者跟踪记录用户在绘制某一特定图形时所花费的时间,等。

6.1.1 了解 AutoCAD 中的事件

AutoCAD 中有许多不同类型的事件。下面是一些常见的事件类型:

(1) Application 事件:对 AutoCAD 关闭、修改系统变量、开始双击以及进入和离开模式的状态等作出反应。对于系统变量的修改也有文档级事件。

(2) Database 事件:对保存图形、添加删除修改对象、插入块参考、添加和修改外部图形(xrefs)等作出反应。

(3) Document 事件:对关闭图形、运行 AutoCAD 命令、运行 AutoLISP 命令或函数、修改系统变量等作出反应。

(4) DocumentCollection:事件-对文档的创建与销毁、成为活动文档或进入非活动状态、以及文档的锁定模式发生变化等作出反应。

(5) Editor 事件:对请求用户输入期间发生的变化作出反应。

(6) Graphics 事件:对视图的创建与销毁、视图的配置发生变化等作出反应。

(7) Plotting 事件:对打印布局作出反应。

(8) Publishing 事件:对发布布局作出反应。

(9) Runtime 事件:对加载与卸载模块、变量发生变化或正在修改变量等作出反应。

(10) Windows 事件:对窗体的状态栏、托盘项目、调色板和信息中心的变化做出反应。

响应事件的子程序称之为事件处理程序(event handlers),每当指定的事件被触发时,就会自动执行事件处理程序。事件返回的参数所包含的信息,如 SystemVariableChanging 事件中的系统变量名,会从事件处理程序传递给 SystemVariableChangingEventArgs 对象。

6.1.2 事件处理程序的原则

事件只是简单地提供了关于 AutoCAD 的状态或发生在 AutoCAD 中的活动的信息,记住这一点非常重要的。尽管可以编写事件处理程序来响应那些事件,但触发事件处理程序的操作中间是有个 AutoCAD 在那儿的。因此，如果想让事件处理程序与 AutoCAD 及数据库一起使用时提供安全可靠的操作，必须对事件处理程序能做什么不能做什么有所限制。事件处理原则：

（1）原则 1：不要依赖于事件的顺序。编写事件处理程序时，不要依赖于所认为的事件发生的确切顺序序列。例如，如果运行 OPEN 命令，CommandWillStart 事件、DocumentCreateStarted 事件、DocumentCreated 事件和 CommandEnded 事件都会被触发。然而，这些事件可能不会每次都以确切的顺序发生。唯一可以依赖的是成对儿发生的那两个事件：开始事件和结束事件。

（2）原则 2：不要依赖于操作的顺序。如果你删除了对象 1，然后又删除了对象 2，不要依赖一个事实，即您将先收到对象 1 的 ObjectErased 事件，然后收到对象 2 的 ObjectErased 事件。可能会先收到对象 2 的 ObjectErased 事件。

（3）原则 3：不要从事件处理程序内尝试任何交互功能。试图从事件处理程序内执行交互功能会引起严重问题，因为事件被触发时 AutoCAD 可能仍在处理命令。因此，应该牢记避免从事件处理程序中执行下列操作：在命令提示行请求输入、请求选择对象以及使用 SendStringToExecute() 方法等。

（4）原则 4：不要从事件处理程序内启动对话框。一般认为对话框是一种交互功能，会干扰到 AutoCAD 的当前操作，而消息框和警告框不是交互功能，可以放心使用；不过，在下列事件的处理程序里发出消息框可能会导致意想不到的结果序列：EnterModal、LeaveModal、DocumentActivated、DocumentToBeDeactivated 等。

（5）原则 5：可以向数据库中的任何对象写入数据，但应避免修改引发事件的那个对象。很显然，引发事件的那个对象已经打开并且还处在当前的操作过程中。因此，应避免从该对象的事件处理程序修改这个对象。不过，可以放心地从触发事件的对象读取信息。

（6）原则 6：不要从事件处理程序执行可能会触发相同事件的任何操作。如果在事件处理程序中执行触发同一事件的相同动作，就会进入一个无限循环（死循环）。例如，永远不要试图在 ObjectOpenedForModify 事件的处理程序中打开一个对象，否则 AutoCAD 就会不停地打开对象、打开对象……

（7）原则 7：当 AutoCAD 显示一个模式对话框时没有事件被触发。

6.1.3 事件的注册与撤销

响应一个事件前，必须先在 AutoCAD 中注册该事件。注册事件的方法是，新创建一个所需类型的事件处理程序，然后将该事件处理程序赋给要在其中注册事件的那个对象。一旦处理完事件，最好撤销该事件的注册，以减少与其他处理程序的冲突，以及减少 AutoCAD 为维护的事件处理程序额外增加的对内存和 CPU 的占用。

（1）注册事件。通过将事件处理程序添加给事件来注册一个事件。事件处理程序对象需要一个子程序，必须先在项目中定义好。该子程序通常有 2 个参数：一个是类型 Object，另一个表示事件的返回参数。注册事件使用 C# 的 += 操作符。

下面的代码将一个类型为 SystemVariableChangedEventHandler 的委托对象注册给了 SystemVariableChanged 事件，该委托对象包含一个名为 appSysVarChanged 的方法。该方法接受两个参数：Object 和 SystemVariableChangedEventArgs，其中 SystemVariableChangedEventArgs

参数包含事件被触发时被修改的系统变量的名称（详见下一节的示例代码）。

```
Application.SystemVariableChanged+=
    new SystemVariableChangedEventHandler(appSysVarChanged)
```

（2）撤销注册一个事件。撤销注册一个事件，从该事件中移除事件处理程序即可。使用的语法和注册事件的语法类似，只是将 AddHandler 换成 RemoveHandler，或将+=操作符换成-=操作符。

与上面的代码相反，下列代码从 SystemVariableChanged 事件中撤销对 SystemVariableChangedEventHandler 委托类型对象中的方法 appSysVarChanged 的注册。

```
Application.SystemVariableChanged-=
    new SystemVariableChangedEventHandler(appSysVarChanged)
```

6.1.4 处理 Application 事件

应用程序窗口产生 Application 对象事件。一旦注册了 Application 事件，它将保持注册直到关闭 AutoCAD，或事件被撤销。

Application 对象的可用事件如下：

（1）BeginQuit：AutoCAD 会话结束前触发。

（2）PreTranslateMessage：在 AutoCAD 将要翻译消息前触发。

（3）QuitAborted：当试图关闭 AutoCAD 被终止时触发。

（4）QuitWillStart：在 BeginQuit 事件之后、关闭开始前触发。

（5）SystemVariableChanged：已经作出修改系统变量的试图时触发。当通过 setvar 命令或通过在命令行中输入变量名来修改一个系统变量时，该事件一定会发生。对于其他的引起系统变量改变的 AutoCAD 内置命令，不能保证会触发该事件。

（6）SystemVariableChanging：将要作出修改系统变量的试图前触发。

激活一个 AutoCAD 对象事件，本示例演示如何注册 SystemVariableChanged 事件的事件处理程序。注册之后，当在命令行修改一个系统变量后，会弹出一个消息框，显示修改的系统变量的名称及修改后的变量值。

```
usingAutodesk.AutoCAD.Runtime;
usingAutodesk.AutoCAD.ApplicationServices;
[CommandMethod("AddAppEvent")]
publicvoidAddAppEvent()
{
Application.SystemVariableChanged+=new Autodesk.AutoCAD.ApplicationServices.SystemVariableChangedEventHandler(appSysVarChanged);
}
[CommandMethod("RemoveAppEvent")]
publicvoidRemoveAppEvent()
{
Application.SystemVariableChanged-=new Autodesk.AutoCAD.ApplicationServices.SystemVariableChangedEventHandler(appSysVarChanged);
```

}

publicvoidappSysVarChanged（object senderObj，Autodesk.AutoCAD.ApplicationServices.SystemVariableChangedEventArgs sysVarChEvtArgs）

{

objectoVal=Application.GetSystemVariable(sysVarChEvtArgs.Name);

//弹出消息框,显示系统变量的名称及新值

Application.ShowAlertDialog(sysVarChEvtArgs.Name+" was changed. "+

"\nNew value:"+oVal.ToString());

}

6.1.5 处理 Document 事件

文档窗口对象产生 Document 对象事件。当注册一个文档事件时，该事件只与事件文档所在的 Document 对象相关联。因此，如果需要将一个事件注册给所有文档，应使用 DocumentCollection 对象的 DocumentCreated 事件给每个新建的或打开的图形文件注册事件。

Document 对象的可用事件如下：

（1）BeginDocumentClose：收到关闭图形的请求后触发。

（2）CloseAborted：终止试图关闭图形时触发。

（3）CloseWillStart：BeginDocumentClose 事件之后开始关闭图形前触发。

（4）CommandCancelled：当一个命令在执行完之前被取消时触发。

（5）CommandEnded：在一个命令执行完时立即触发。

（6）CommandFailed：命令没有被取消但运行失败时触发。

（7）CommandWillStart：启动一个命令后（执行完之前）立即触发。

（8）ImpliedSelectionChanged：当前 Pickfirst 选择集发生变化时触发。

（9）LispCancelled：当一个 LISP 表达式的计算被取消时触发。

（10）LispEnded：当一个 LISP 表达式的计算完成时触发。

（11）LispWillStart：AutoCAD 收到计算 LISP 表达式的请求后立即触发。

（12）UnknownCommand：在命令提示行键入一个未知命令时立即触发。

激活一个 Document 对象事件，下面的示例使用 BeginDocumentClose 事件提示用户是否继续关闭当前图形。事件处理程序显示一个含有 Yes 按钮和 No 按钮的消息框，单击 No 按钮将使用事件处理程序的参数的 Veto() 方法终止关闭图形。

usingAutodesk.AutoCAD.Runtime;

usingAutodesk.AutoCAD.ApplicationServices;

[CommandMethod("AddDocEvent")]

publicvoidAddDocEvent()

{

//获取当前文档

Document acDoc=Application.DocumentManager.MdiActiveDocument;

acDoc.BeginDocumentClose+=newDocumentBeginCloseEventHandler(docBeginDocClose);

}

[CommandMethod("RemoveDocEvent")]

```
publicvoidRemoveDocEvent( )
{
//获取当前文档
    Document acDoc=Application.DocumentManager.MdiActiveDocument;
acDoc.BeginDocumentClose-=newDocumentBeginCloseEventHandler(docBeginDocClose);
}
publicvoiddocBeginDocClose(objectsenderObj,
DocumentBeginCloseEventArgsdocBegClsEvtArgs)
{
//显示消息框提示是否继续关闭文档
if(System.Windows.Forms.MessageBox.Show(
"The document is about to be closed."+"\nDo you want to continue?",
"Close Document",System.Windows.Forms.MessageBoxButtons.YesNo)= =
System.Windows.Forms.DialogResult.No)
    {
docBegClsEvtArgs.Veto( );
    }
}
```

6.1.6 处理 DocumentCollection 对象事件

应用程序文档集合对象产生 DocumentCollection 对象事件。与 Document 对象事件不同，DocumentCollection 事件会保持其注册状态直到关闭 AutoCAD 或被撤销注册为止。

DocumentCollection 对象的可用事件如下：

（1） DocumentActivated：激活一个文档窗口时触发。

（2） DocumentActivationChanged：活动文档窗口被关闭或销毁后触发。

（3） DocumentBecameCurrent：一个文档窗口被设置为当前时，如果与前一个活动文档窗口不同，则触发此事件。

（4） DocumentCreated：当创建一个文档窗口后触发。该事件发生在新建一个图形或打开一个图形之后。

（5） DocumentCreateStarted：当将要创建一个文档窗口前触发。该事件发生在新建一个图形或打开一个图形之前。

（6） DocumentCreationCanceled：在新建一个图形或打开一个图形的请求被取消时触发。

（7） DocumentDestroyed：文档窗口被销毁并且与其关联的数据库对象被删除之前触发。

（8） DocumentLockModeChanged：文档的锁定模式发生改变之后触发。

（9） DocumentLockModeChangeVetoed：修改文档的锁定模式被否决后触发。

（10） DocumentLockModeWillChange：文档的锁定模式发生改变之前触发。

（11） DocumentToBeActivated：文档将要被激活时触发。

（12） DocumentToBeDeactivated：文档将要被关闭时触发。

（13）DocumentToBeDestroyed：文档将要被销毁时触发。

激活一个 DocumentCollection 对象事件，下面的示例使用 DocumentActivated 事件显示出文档窗口是什么时候被激活的。事件发生时，会弹出一个消息框，显示被激活的图形的名称。

```
usingAutodesk.AutoCAD.Runtime;
usingAutodesk.AutoCAD.ApplicationServices;
[CommandMethod("AddDocColEvent")]
publicvoidAddDocColEvent()
{
Application.DocumentManager.DocumentActivated+=
newDocumentCollectionEventHandler(docColDocAct);
}
[CommandMethod("RemoveDocColEvent")]
publicvoidRemoveDocColEvent()
{
Application.DocumentManager.DocumentActivated-=
newDocumentCollectionEventHandler(docColDocAct);
}
publicvoiddocColDocAct(objectsenderObj,DocumentCollectionEventArgsdocColDocActEvtArgs)
{
Application.ShowAlertDialog(docColDocActEvtArgs.Document.Name+" was activated.");
}
```

6.1.7 处理 Object 级事件

Object 事件用来响应打开、添加、修改、删除图形数据库中对象这些操作。有两类与对象有关的事件：Object 级事件和 Database 级事件。Object 级事件被定义为对一个数据库中的特定对象作出反应，而 Database 级事件则对一个数据库中的所有对象作出回应。

通过给数据库对象的一个事件注册一个事件处理程序来定义对象级事件；通过给打开的 Database 对象的一个事件注册一个事件处理程序来定义数据库级事件。

DBObjects 类定义的可用事件如下：

（1）Cancelled：当对象打开被取消时触发。

（2）Copied：对象被复制之后触发。

（3）Erased：当对象标记为要删除或撤销删除时触发。

（4）Goodbye：由于关联的数据库被销毁而将要从内存中删除对象时触发此事件。

（5）Modified：对象被修改时触发。

（6）ModifiedXData：附加到对象上的 XData 被修改时触发。

（7）ModifyUndone：上一个修改对象的操作被撤销时触发。

（8）ObjectClosed：对象被关闭时触发。

（9）OpenedForModify：对象被修改前触发。

（10）Reappended：当执行一个 Undo 操作后把对象从数据库中删除了，而后又执行

Redo 操作将对象重新添加到数据库时，触发该事件。

（11） SubObjectModified：对象的一个子对象被修改时触发。

（12） Unappended：当执行一个 Undo 操作后把对象从数据库中删除时触发。

下列事件用来响应对 Database 类型对象的修改：

（1） ObjectAppended：一个对象被添加到数据库时触发。

（2） ObjectErased：从数据库删除或撤销删除一个对象时触发。

（3） ObjectModified：对象已被修改时触发。

（4） ObjectOpenedForModify：对象被修改前触发。

（5） ObjectReappended：当执行一个 Undo 操作后把对象从数据库中删除了，而后又执行 Redo 操作将对象重新添加到数据库时，触发该事件。

（6） ObjectUnappended：当执行一个 Undo 操作后把对象从数据库中删除时触发。

激活 Object 事件，本实例创建一个轻量级多段线并注册多段线对象的 Modified 事件。每当修改多段线时，事件处理程序就显示闭合多段线的新面积。要想触发事件，只需在 AutoCAD 中修改多段线的大小即可。

```
usingAutodesk. AutoCAD. Runtime;
usingAutodesk. AutoCAD. ApplicationServices;
usingAutodesk. AutoCAD. DatabaseServices;
usingAutodesk. AutoCAD. Geometry;
//Polyline 对象全局变量
Polyline acPoly=null;
[CommandMethod("AddPlObjEvent")]
publicvoidAddPlObjEvent()
{
//获取当前文档和数据库,启动事务
    Document acDoc=Application. DocumentManager. MdiActiveDocument;
    Database acCurDb=acDoc. Database;
using(Transaction acTrans=acCurDb. TransactionManager. StartTransaction())
    {
//以读模式打开 BlockTable
BlockTableacBlkTbl;
acBlkTbl=acTrans. GetObject(acCurDb. BlockTableId,
OpenMode. ForRead)asBlockTable;
//以写模式打开 BlockTable 记录 Model 空间
BlockTableRecordacBlkTblRec;
acBlkTblRec=acTrans. GetObject(acBlkTbl[BlockTableRecord. ModelSpace],
OpenMode. ForWrite)asBlockTableRecord;
//创建闭合多段线
acPoly=new Polyline();
acPoly. AddVertexAt(0,new Point2d(1,1),0,0,0);
acPoly. AddVertexAt(1,new Point2d(1,2),0,0,0);
acPoly. AddVertexAt(2,new Point2d(2,2),0,0,0);
```

```
acPoly.AddVertexAt(3,new Point2d(3,3),0,0,0);
acPoly.AddVertexAt(4,new Point2d(3,2),0,0,0);
acPoly.Closed=true;
//添加新对象到块表记录及事务
acBlkTblRec.AppendEntity(acPoly);
acTrans.AddNewlyCreatedDBObject(acPoly,true);
acPoly.Modified+=new EventHandler(acPolyMod);
//保存新对象到数据库
acTrans.Commit();
        }
    }


[CommandMethod("RemovePlObjEvent")]
public void RemovePlObjEvent()
{
    if(acPoly!=null)
    {
        //获取当前文档和数据库,启动事务
        Document acDoc=Application.DocumentManager.MdiActiveDocument;
        Database acCurDb=acDoc.Database;
        using(Transaction acTrans=acCurDb.TransactionManager.StartTransaction())
        {
            //以读模式打开多段线
            acPoly=acTrans.GetObject(acPoly.ObjectId,
            OpenMode.ForRead) as Polyline;
            if(acPoly.IsWriteEnabled==false)
            {
            acPoly.UpgradeOpen();
            }
            acPoly.Modified-=new EventHandler(acPolyMod);
            //释放DBObject对象,此处只能用Dispose()方法释放对象
            acPoly.Dispose();
            acPoly=null;
        }
    }
}
public void acPolyMod(object senderObj,EventArgs evtArgs)
{
Application.ShowAlertDialog("The area of"+acPoly.ToString()+" is:"+acPoly.Area);
}
```

附：Database类定义的事件：

```
public sealed class Database:RXObject,IDynamicMetaObjectProvider
```

```
{
//Events
publiceventEventHandlerAbortDxfIn;
publiceventEventHandlerAbortDxfOut;
publiceventEventHandlerAbortSave;
publiceventIdMappingEventHandlerBeginDeepClone;
publiceventIdMappingEventHandlerBeginDeepCloneTranslation;
publiceventEventHandlerBeginDxfIn;
publiceventEventHandlerBeginDxfOut;
publiceventBeginInsertEventHandlerBeginInsert;
publiceventDatabaseIOEventHandlerBeginSave;
publiceventBeginWblockBlockEventHandlerBeginWblockBlock;
publiceventBeginWblockEntireDatabaseEventHandlerBeginWblockEntireDatabase;
publiceventBeginWblockObjectsEventHandlerBeginWblockObjects;
publiceventBeginWblockSelectedObjectsEventHandlerBeginWblockSelectedObjects;
publicstaticeventEventHandlerDatabaseConstructed;
publiceventEventHandlerDatabaseToBeDestroyed;
publiceventEventHandlerDeepCloneAborted;
publiceventEventHandlerDeepCloneEnded;
publiceventEventHandler Disposed;
publiceventDatabaseIOEventHandlerDwgFileOpened;
publiceventEventHandlerDxfInComplete;
publiceventEventHandlerDxfOutComplete;
publiceventEventHandlerInitialDwgFileOpenComplete;
publiceventEventHandlerInsertAborted;
publiceventEventHandlerInsertEnded;
publiceventIdMappingEventHandlerInsertMappingAvailable;
publiceventObjectEventHandlerObjectAppended;
publiceventObjectErasedEventHandlerObjectErased;
publiceventObjectEventHandlerObjectModified;
publiceventObjectEventHandlerObjectOpenedForModify;
publiceventObjectEventHandlerObjectReappended;
publiceventObjectEventHandlerObjectUnappended;
publiceventEventHandlerPartialOpenNotice;
publiceventProxyResurrectionCompletedEventHandlerProxyResurrectionCompleted;
publiceventDatabaseIOEventHandlerSaveComplete;
publiceventSystemVariableChangedEventHandlerSystemVariableChanged;
publiceventSystemVariableChangingEventHandlerSystemVariableWillChange;
publiceventEventHandlerWblockAborted;
publiceventEventHandlerWblockEnded;
publiceventIdMappingEventHandlerWblockMappingAvailable;
publiceventWblockNoticeEventHandlerWblockNotice;
publicstaticeventEventHandlerXrefAttachAborted;
```

```
publiceventEventHandlerXrefAttachEnded;
publiceventXrefBeginOperationEventHandlerXrefBeginAttached;
publiceventXrefBeginOperationEventHandlerXrefBeginOtherAttached;
publiceventXrefBeginOperationEventHandlerXrefBeginRestore;
publiceventXrefComandeeredEventHandlerXrefComandeered;
publiceventXrefPreXrefLockFileEventHandlerXrefPreXrefLockFile;
publiceventXrefRedirectedEventHandlerXrefRedirected;
publiceventEventHandlerXrefRestoreAborted;
publiceventEventHandlerXrefRestoreEnded;
publiceventXrefSubCommandAbortedEventHandlerXrefSubCommandAborted;
publiceventXrefSubCommandStartEventHandlerXrefSubCommandStart;
}
```

6.1.8 使用.NET 注册基于 COM 的事件

AutoCAD COM Automation 库提供了一些在.NET API 中没有的独特事件。注册 COM 库定义的事件与使用 VB 或 VBA 初始化事件的方法不同。给事件注册一个处理程序的方法是使用 C#的+=操作符。事件处理程序需要事件发生时要调用的子程序的地址。

注册一个基于 COM 的事件，本示例演示使用 COM 交互注册 BeginFileDrop 事件。BeginFileDrop 事件是 AutoCADCOM Automation 库中 Application 对象的成员。在 AutoCAD 加载程序（netload 命令），在命令提示行键入 AddCOMEvent 命令，然后拖曳一个 DWG 文件到绘图窗口。这是会弹出一个消息框，询问是否继续。使用 RemoveCOMEvent 命令移除事件处理程序。

```
usingAutodesk.AutoCAD.Runtime;
usingAutodesk.AutoCAD.ApplicationServices;
usingAutodesk.AutoCAD.DatabaseServices;
usingAutodesk.AutoCAD.Interop;
usingAutodesk.AutoCAD.Interop.Common;
//定义一个全局变量,用于 AddCOMEvent 命令和 RemoveCOMEvent 命令
AcadApplicationacAppCom;
[CommandMethod("AddCOMEvent")]
publicvoidAddCOMEvent()
{
//用全局变量保存到应用程序的引用
//并注册 COM 事件 BeginFileDrop
acAppCom=Application.AcadApplicationasAcadApplication;
acAppCom.BeginFileDrop+=
new_DAcadApplicationEvents_BeginFileDropEventHandler(appComBeginFileDrop);
}
[CommandMethod("RemoveCOMEvent")]
publicvoidRemoveCOMEvent()
{
```

```
//撤销注册的 COM 事件处理程序
acAppCom. BeginFileDrop-=
new_DAcadApplicationEvents_BeginFileDropEventHandler( appComBeginFileDrop);
acAppCom=null;
}
publicvoidappComBeginFileDrop( stringstrFileName,refboolbCancel)
{
//显示消息框,提示是否继续插入 DWG 文件
if( System. Windows. Forms. MessageBox. Show( "AutoCAD is about to load" +strFileName+" \nDo you want to
continue loading this file?" ,"DWG File Dropped" ,
System. Windows. Forms. MessageBoxButtons. YesNo)= =System. Windows. Forms. DialogResult. No)
    {
bCancel=true;
    }
}
```

6.2 规则重定义

AutoCAD 从 2010 版开始出现了规则重定义,知道在 AutoCAD 中有自定义实体,和自定义实体相比,规则重定义没有增加新的实体类型,它允许改变 AutoCAD 标准实体的属性及行为,如颜色、形状、颜色等信息,并在视图中显示出来。规则重定义有多种类型,表 6-1 列举了部分规则重定义类别。

表 6-1 重定义规则类型

重定义规则类型	重定义规则说明
ObjectOverrule	数据库对象重定义,可以重定义数据库对象的基本行为
DrawableOverrule	可视化对象规则重定义,可重定义可视化对象的显示形式,重定义只是将图形的显示规则做了改变,图形的基本属性,类型不会变化。实现方法:从 DrawableOverrule 派生一个类,重写 WorldDraw 函数改变图形在绘图区域中的显示规则
GripOverrule	夹点重定义,可以自定义夹点的行为
OsnapOverrule	重定义对象捕捉的行为
GeometryOverrule	重定义几何性质
HighlightOverrule	重定义高亮显示方式
PropertiesOverrule	重定义属性
TransformOverrule	重定义变形行为

规则重定义有很多用处,在测绘中,可以重新定义大规模 TIN 的显示方式、复合线状物的显示,如图 6-1 所示的三角网放大/缩小显示状态。

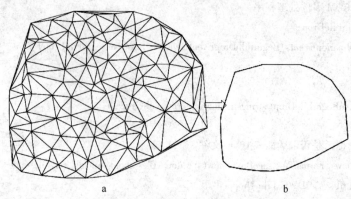

图 6-1 三角网显示重定义
a—放大状态；b—缩小状态

6.2.1 显示重定义

本例使用 DrawableOverrule 重定义直线的显示形式为一根空心管，实现代码如下：

```
usingAutodesk.AutoCAD.DatabaseServices;
usingAutodesk.AutoCAD.GraphicsInterface;
usingAutodesk.AutoCAD.Runtime;
using System;
[assembly:CommandClass(typeof(Chap6.OverruleClass))]
namespace Chap6
{
publicclassOverruleClass
    {
        [CommandMethod("LineToPipe")]
publicvoidLineToPipe()
        {
LineToPipe line=newLineToPipe(10);
StartOverRule(typeof(Line),line);
        }
        [CommandMethod("EndOverRule")]
publicvoid End()
        {
EndOverRule();
        }
///<summary>
///启动重定义
///</summary>
///<param name="Type">要重定义的类型</param>
///<param name="overrule">把要重定义的类型定义为的对象</param>
publicstaticvoidStartOverRule(Type Type,Overrule overrule)
```

6.2 规则重定义

```csharp
            }
            RXClass CADClass = RXClass.GetClass(Type);
            Overrule.AddOverrule(CADClass, overrule, false);
            Overrule.Overruling = true;
        }
        /// <summary>
        /// 关闭重定义
        /// </summary>
        public static void EndOverRule()
        {
            Overrule.Overruling = false;
        }
    }
    /// <summary>
    /// 线显示成管
    /// </summary>
    public class LineToPipe : DrawableOverrule
    {
        private double r;
        public LineToPipe(double R)
        {
            r = R;
        }
        public override bool WorldDraw(Drawable drawable, WorldDraw wd)
        {
            if (drawable is Line)
            {
                Line line = (Line)drawable;
                Circle circle = new Circle(line.StartPoint,
                              line.EndPoint - line.StartPoint, r);
                ExtrudedSurface pipe = new ExtrudedSurface();
                pipe.CreateExtrudedSurface(circle, line.EndPoint -
                              line.StartPoint, new SweepOptions());
                pipe.WorldDraw(wd);
                circle.Dispose();
                pipe.Dispose();
            }
            return true;
        }
    }
}
```

加载程序集,运行命令"LineToPipe",在模型空间添加一条直线,这条直线就被重新定义了显示的形式，如图 6-2 所示。运行名令"EndOverRule"关闭规则的重定义。

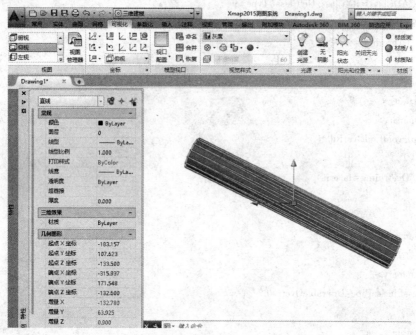

图 6-2　直线显示为三维管道

6.2.2　夹点重定义

GripOverrule 可以自定义夹点的显示效果及夹点的行为，重载 GripData 的 ViewportDraw 方法可以自定义夹点的显示形式，重载 GripOverrule 的 GetGripPoints 及 MoveGripPointsAt 方法可以自定义夹点选中及移动的行为。

本例重定义直线没有与其他直线重点链接时的起点的夹点样式为蓝色半圆，与其他直线终点链接时的起点夹点样式为红色圆形，并通过 MoveGripPointsAt 设置与直线连接的直线，实现夹点的智能感知，实现代码如下：

```
using System;
using Autodesk.AutoCAD.ApplicationServices;
using Autodesk.AutoCAD.DatabaseServices;
using Autodesk.AutoCAD.EditorInput;
using Autodesk.AutoCAD.Geometry;
using Autodesk.AutoCAD.GraphicsInterface;
using Autodesk.AutoCAD.Runtime;
using System.Collections.Generic;
[assembly:CommandClass(typeof(Chap6.GripOverruleClass))]
namespace Chap6
{
    public class MyGrip:GripOverrule
    {
```

6.2 规则重定义

```csharp
const string DictionaryName = "Dict";
const string HostDictName = "HostHandle";
public class ArcGrip:GripData
{
    private ObjectId hostId;
    public ObjectId HostId
    {
        get
        {
            return hostId;
        }
        set
        {
            hostId = value;
        }
    }

    private ResultBuffer GetHost(DBObject obj)
    {
        Xrecord xRec = null;
        ObjectId id = obj.ExtensionDictionary;
        if(id.IsValid)
        {
            Database db = Application.DocumentManager.MdiActiveDocument.Database;
            using(Transaction tr = db.TransactionManager.StartTransaction())
            {
                DBDictionary extDict = (DBDictionary)tr.GetObject(id,
                                        OpenMode.ForRead, false);
                if(extDict.Contains(DictionaryName))
                {
                    ObjectId dictId = extDict.GetAt((string)DictionaryName);
                    DBDictionary myDict = (DBDictionary)tr.GetObject(
                                        dictId, OpenMode.ForRead);
                    xRec = (Xrecord)tr.GetObject(myDict.GetAt(
                            (string)HostDictName), OpenMode.ForRead);
                }
            }
        }
        if(xRec == null)
        {
            return null;
        }
        else
```

```csharp
            return xRec.Data;
        }
    }
    public override bool ViewportDraw(ViewportDraw worldDraw, ObjectIdentityId, GripData.DrawType type, Point3d? imageGripPoint, int gripSizeInPixels)
    {
        Point2d unit = worldDraw.Viewport.GetNumPixelsInUnitSquare(GripPoint);
        Database db = Application.DocumentManager.MdiActiveDocument.Database;
        using(Transaction tr = db.TransactionManager.StartTransaction())
        {
            Line mLine = tr.GetObject(entityId, OpenMode.ForRead) as Line;
            ResultBuffer rb = GetHost(mLine);
            if(rb != null)
            {
                try
                {
                    long hl = (long)rb.AsArray()[0].Value;
                    Handle hostHandle = new Handle(hl);
                    if(hostHandle != new Handle())
                    {
                        worldDraw.SubEntityTraits.Color = 1;
                        worldDraw.Geometry.Circle(GripPoint, 1.5 *
                            gripSizeInPixels/unit.X, worldDraw.Viewport.ViewDirection);
                    }
                }
                catch
                {
                    worldDraw.SubEntityTraits.Color = 3;
                    worldDraw.Geometry.CircularArc(GripPoint, 1.5 * gripSizeInPixels/
                        unit.X, Vector3d.ZAxis, (mLine.EndPoint-mLine.StartPoint).RotateBy(
                        Math.PI/2, Vector3d.ZAxis), Math.PI, ArcType.ArcSimple);
                }
            }
            else
            {
            }
            tr.Commit();
        }
        return true;
    }
}
```

6.2 规则重定义

```csharp
public override void GetGripPoints(Entity entity, GripDataCollection
    grips, double curViewUnitSize, int gripSize,
    Vector3d curViewDir, GetGripPointsFlags bitFlags)
{
    Line myLine = entity as Line;
    if(myLine != null)
    {
        ArcGrip grip1 = new ArcGrip();
        grip1.GripPoint = myLine.EndPoint;
        grips.Add(grip1);
    }
    base.GetGripPoints(entity, grips, curViewUnitSize,
        gripSize, curViewDir, bitFlags);
}
public override void MoveGripPointsAt(Entity entity,
    GripDataCollection grips, Vector3d offset, MoveGripPointsFlags bitFlags)
{
    if(entity.Id.IsValid)
    {
        Line myLine = (Line)entity;
        Vector3d lineDir = (myLine.EndPoint - myLine.StartPoint);
        lineDir = lineDir.GetNormal();
        double offsetDist = lineDir.DotProduct(offset);
        foreach(GripData g in grips)
        {
            if(g is ArcGrip)
            {
                Database db = myLine.Database;
                using(Transaction tr = db.TransactionManager.StartTransaction())
                {
                    BlockTable bt = tr.GetObject(db.BlockTableId,
                        OpenMode.ForRead) as BlockTable;
                    BlockTableRecord modelSpace = tr.GetObject(
                        bt[BlockTableRecord.ModelSpace], OpenMode.ForRead) as BlockTableRecord;
                    Dictionary<double, Line> dic =
                        new Dictionary<double, Line>();
                    foreach(ObjectId id in modelSpace)
                    {
                        DBObject obj = tr.GetObject(id, OpenMode.ForRead);
                        if(id != myLine.ObjectId)
                        {
                            if(obj is Line)
                            {
```

```
                                    Line line = obj as Line;
dic.Add((myLine.EndPoint+offset).DistanceTo(line.StartPoint),line);
                                }
                            }
            tr.Commit();
                            Line closeLine = null;
                            foreach(double dis in dic.Keys)
                            {
                                if(dis<0.0000001)
                                {
closeLine = dic[dis];
                                    break;
                                }
                            }
                            if(closeLine! = null)
                            {
ResultBuffer rf = new ResultBuffer(
                new TypedValue((int)DxfCode.Int64,closeLine.Handle.Value));
SetHost(myLine,rf);
                            }
                            else
                            {
ResultBuffer rf = new ResultBuffer(
                new TypedValue((int)DxfCode.Handle,new Handle()));
SetHost(myLine,rf);
                            }
                        }
                    }
                }
            }
            for(int i = grips.Count-1;i>=0;i+=-1)
            {
                if(grips[i] is ArcGrip)
                {
grips.Remove(grips[i]);
                }
            }
            if(grips.Count>0)
            {
base.MoveGripPointsAt(entity,grips,offset,bitFlags);
            }
        }
```

6.2 规则重定义

```csharp
private void SetHost(DBObject obj, ResultBuffer myData)
{
    Database db = Application.DocumentManager.MdiActiveDocument.Database;
    using(Transaction tr = db.TransactionManager.StartTransaction())
    {
        DBDictionary myDict = default(DBDictionary);
        Xrecord xRec = null;
        ObjectId id = obj.ExtensionDictionary;
        if(id == ObjectId.Null)
        {
            obj.CreateExtensionDictionary();
            id = obj.ExtensionDictionary;
        }
        DBDictionary extDict = (DBDictionary)tr.GetObject(id, OpenMode.ForWrite);
        if(extDict.Contains(DictionaryName))
        {
            ObjectId dictId = extDict.GetAt((string)DictionaryName);
            myDict = (DBDictionary)tr.GetObject(dictId, OpenMode.ForWrite);
        }
        else
        {
            myDict = new DBDictionary();
            extDict.SetAt((string)DictionaryName, myDict);
            tr.AddNewlyCreatedDBObject(myDict, true);
        }
        if(myDict.Contains(HostDictName))
        {
            xRec = (Xrecord)tr.GetObject(myDict.GetAt(HostDictName),
                                OpenMode.ForWrite);
            xRec.Data = myData;
        }
        else
        {
            xRec = new Xrecord();
            xRec.Data = myData;
            myDict.SetAt(HostDictName, xRec);
            tr.AddNewlyCreatedDBObject(xRec, true);
        }
        tr.Commit();
    }
}
```

```csharp
public class GripOverruleClass
{
    [CommandMethod("StartGripOverrule")]
    public void GripOverrule()
    {
        StartOverRule(typeof(Line), new MyGrip());
    }
    [CommandMethod("End")]
    public void End()
    {
        EndOverRule();
    }
    ///<summary>
    ///启动重定义
    ///</summary>
    ///<param name="Type">要重定义的类型</param>
    ///<param name="overrule">把要重定义的类型定义为的对象</param>
    public static void StartOverRule(Type Type, Overrule overrule)
    {
        RXClass CADClass = RXClass.GetClass(Type);
        Overrule.AddOverrule(CADClass, overrule, false);
        Overrule.Overruling = true;
    }
    ///<summary>
    ///关闭重定义
    ///</summary>
    public static void EndOverRule()
    {
        Overrule.Overruling = false;
    }
}
```

加载程序集，运行命令"StartGripOverrule"，直线 B 和直线 C 的终点没有与其他直线连接的夹点被重新定义显示为绿色开口圆弧；直线 A 和 D 的终点分别与直线 B 和 C 的起点链接的夹点被重新定义显示为红色闭合圆，如图 6-3 所示，夹点移动的行为可以使得夹

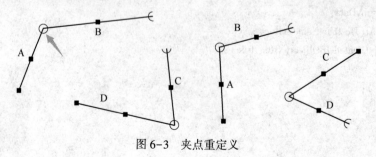

图 6-3 夹点重定义

点在两个状态之间变化，直线 C 的终点与直线 D 的起点链接的夹点被重新定义显示为红色闭合圆，而直线 D 的终点的夹点显示为绿色开口圆弧。

习题与思考题

1. 为什么要是用事件？事件的主要作用有哪些？
2. AutoCAD 提供了哪些主要事件？
3. AutoCAD 中打开文件和关闭文件分别要触发哪些事件？这些事件是如何工作？
4. 对象级事件主要有哪些？当对象被修改时，将要触发哪些事件及其如何工作？
5. 什么是规则重定义？AutoCAD 为什么要是用规则重定义？它提供了哪些规则重定义？
6. 编程实现三角网显示重定义。

7 ObjectArx.NET API 在测绘中的应用

7.1 Delaunay 三角网构建

7.1.1 Delaunay 三角网的特征

对于给定的初始点集 P，有多种三角网剖分方式，在实际中运用最多的三角剖分是 Delaunay 三角剖分。首先，来了解一下相关定义。

Delaunay 边的定义为：假设边集合 E 中的一条边 e（其端点为 a，b），若 e 满足条件：存在一个圆经过 a，b 两点，圆内不含点集中任何其他的点，这一特性又称空圆特性，则称之为 Delaunay 边。

Delaunay 三角剖分的定义为：如果点集的一个三角剖分只包含 Delaunay 边，那么该三角剖分称为 Delaunay 三角剖分。

根据以上定义可知，Delaunay 三角网具有以下特征：

（1）Delaunay 三角网是唯一的；

（2）三角网的外边界构成了点集 P 的凸多边形"外壳"；

（3）没有任何点在三角形的外接圆内部，反之，如果一个三角网满足此条件，那么它就是 Delaunay 三角网；

（4）如果将三角网中的每个三角形的最小角进行升序排列，则 Delaunay 三角网的排列得到的数值最大，从这个意义上讲，Delaunay 三角网是"最接近于规则化的"的三角网。

Delaunay 三角形网的特征又可以表达为以下特性：

（1）在 Delaunay 三角形网中任一三角形的外接圆范围内不会有其他点存在并与其通视，即空圆特性；

（2）在构网时，总是选择最邻近的点形成三角形并且不与约束线段相交；

（3）形成的三角形网总是具有最优的形状特征，任意两个相邻三角形形成的凸四边形的对角线如果可以互换的话，那么两个三角形 6 个内角中最小的角度不会变大；

（4）不论从区域何处开始构网，最终都将得到一致的结果，即构网具有唯一性。

7.1.2 Delaunay 三角形的基本准则

Delaunay 三角形的基本准则：

（1）空圆特性：Delaunay 三角网是唯一的，在 Delaunay 三角形网中任一三角形的外接圆范围内不会有其他点存在。

（2）最大化最小角特性：在散点集可能形成的三角剖分中，Delaunay 三角剖分所形成的三角形的最小角最大。

从这个意义上讲，Delaunay 三角网是"最接近于规则化的"的三角网。具体来说是指在两个相邻的三角形构成凸四边形的对角线，在相互交换后，六个内角的最小角不再增大。

7.1.3 Delaunay 三角形网的构建算法

迄今为止关于 Delaunay 剖分已经出现了很多算法，主要有分治算法、逐步插入法、三角网生长法等。其中三角网生长算法由于效率较低，目前较少采用；分治算法最为高效，但算法相对比较复杂；逐点插入法实现简单，但它的时间复杂度差。特别是近些年，随着计算机水平的不断提升，又出现了各种各样的改进算法。

本节案例采用逐点插入算法，具体算法过程如下：

（1）遍历所有散点，求出点集的包容盒，得到作为点集凸壳的初始三角形并放入三角形链表；

（2）将点集中的散点依次插入，在三角形链表中找出其外接圆包含插入点的三角形（称为该点的影响三角形），删除影响三角形的公共边，将插入点同影响三角形的全部顶点连接起来，从而完成一个点在 Delaunay 三角形链表中的插入；

（3）根据优化准则对局部新形成的三角形进行优化（如互换对角线等），将形成的三角形放入 Delaunay 三角形链表；

（4）循环执行上述第 2 步，直到所有散点插入完毕。

上述基于散点的构网算法理论严密、唯一性好、网格满足空圆特性，较为理想。由其逐点插入的构网过程可知，在完成构网后，增加新点时，无须对所有的点进行重新构网，只需对新点的影响三角形范围进行局部联网，且局部联网的方法简单易行。同样，点的删除、移动也可快速动态地进行。但在实际应用当中，这种构网算法不易引入地面的地性线和特征线，当点集较大时构网速度也较慢，如果点集范围是非凸区域或者存在内环，则会产生非法三角形。

为了克服基于散点构网算法的上述缺点，特别是为了提高算法效率，可以对网格中三角形的空圆特性稍加放松，亦即采用基于边的构网方法，其算法简述如下：

（1）根据已有的地性线和特征线，形成控制边链表；

（2）以控制边链表中一线段为基边，从点集中找出同该基边两端点距离和最小的点，以该点为顶点，以该基边为边，向外扩展一个三角形（仅满足空椭圆特性）并放入三角形链表；

（3）按照上述第 2 步，对控制边链表所有的线段进行循环，分别向外扩展；

（4）依次将新形成的三角形的边作为基边，形成新的控制边链表，按照上述第 2 步，对控制边链表所有的线段进行循环，再次向外扩展，直到所有三角形不能再向外扩展为止。

7.1.4 Delaunay 三角形网代码实现

7.1.4.1 数据结构设计

①定义离散高程点存储结构 UserPoint

```
publicstructUserPoint
{
publicfloat X,Y;H;
publicUserPoint(float x,float y,float h)
```

```
            }
            this.X=x;this.Y=y;this.H=h;
        }
        publicUserPoint(float x,float y)
        {
            this.X=x;this.Y=y;this.H=0;
        }
    }
```

②定义只包含顺时针点号三角形存储结构 IntegerTriangle

```
    publicstructIntegerTriangle
    {
        publicint A,B,C;
    }
```

7.1.4.2 定义主类 DelaunayTriangle

DelaunayTriangle 类首先根据离散高程点集的最大外包矩形构建一个超级三角形，该三角形包含所有点，然后采用逐个插点算法来构建三角网，该类主体结构如图 7-1 所示。在

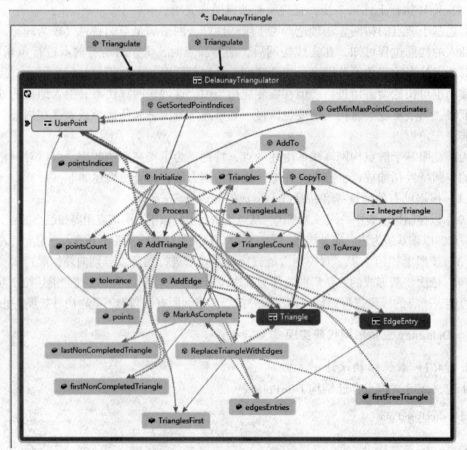

图 7-1 DelaunayTriangle 类结构

7.1 Delaunay 三角网构建

该类内部定义了一个嵌套结构体 DelaunayTriangulator，在该结构体内部由定义了两个结构体：Triangle 和 EdgeEntry，以及一系列方法和属性。Triangle 采用双向链表方式进行定义，可以实现快速访问；EdgeEntry 结构用于存储三角形的边，同时带有一个边参与组建三角形的计数器，如果边为非三角网边界，且达到了 2 次，则该边不再参与计算。

DelaunayTriangulator 结构体中的 Initialize 函数用于在构建三角网之前对结构体进行初始化及离散点空间排序，Process 函数的 DelaunayTriangle 类完整实现代码如下：

```
public static class DelaunayTriangle
{
    #region Triangulate 程序入口
    public static IntegerTriangle[] Triangulate(ICollection<UserPoint>
     pointsCollection, float tolerance)
    {
        DelaunayTriangulator edges = new DelaunayTriangulator();
        if(edges.Initialize(pointsCollection, tolerance))
            edges.Process();
        return edges.ToArray();
    }
    public static void Triangulate(ICollection<UserPoint>
   pointsCollection, float tolerance, IList<IntegerTriangle> destination)
    {
        DelaunayTriangulator edges = new DelaunayTriangulator();
        if(edges.Initialize(pointsCollection, tolerance))
        {
            edges.Process();
            edges.AddTo(destination);
        }
    }
    #endregion


    ///<summary>
    ///一个为三角化使用的专门的非常快的边表.
    ///</summary>
    private struct DelaunayTriangulator
    {
        #region Structures
        //三角形
        public struct Triangle
        {
            public int A;//三角形顶点
            public int B;//三角形顶点
            public int C;//三角形顶点, ABC 顺时针排列
            public float circumCirclecenterX;//外接圆圆心 X 坐标
```

```csharp
public float circumCirclecenterY;//外接圆圆心 Y 坐标
public float circumCircleRadius;//外接圆半径平方
//双向链表
public int Previous;//前一个三角形
public int Next;//后一个三角形
//双向链表
public int prevNonCompleted;//前一个未完成三角形
public int nextNonCompleted;//后一个未完成三角形
//转为整数三角形
public IntegerTriangle ToIntegerTriangle( )
{
    IntegerTriangle result;
    result.A=this.A;
    result.B=this.B;
    result.C=this.C;
    return result;
}
//转为整数三角形
public void ToIntegerTriangle( ref IntegerTriangle destination)
{
    destination.A=this.A;
    destination.B=this.B;
    destination.C=this.C;
}
}
//边
public struct EdgeEntry
{
    public int A;//起点
    public int B;//终点
    public int count;//重复数目
}
#endregion

#region Points fields
private int pointsCount;//点数目
private float tolerance;//误差
private UserPoint[ ] points;//顶点集
private int[ ] pointsIndices;//顶点索引集
#endregion

#region Triangles Fields
```

7.1 Delaunay 三角网构建

```
public Triangle[] Triangles;//三角形集
public int TrianglesLast;//最后一个三角形
public int TrianglesCount;//三角形个数
public int TrianglesFirst;//第一个三角形
private int firstNonCompletedTriangle;//第一个未完成的三角形
private int lastNonCompletedTriangle;//最后一个未完成的三角形
private int firstFreeTriangle;//第一个自由三角形
#endregion

#region Edges Fields
//边集,用来存放当一个点插入时,所有外接圆包含插入点的三角形的边
private Dictionary<long,EdgeEntry>edgesEntries;
#endregion

#region Initialize
public bool Initialize(ICollection<UserPoint>pointsCollection,
  float tolerance)
{
    this.points=null;
    this.pointsIndices=null;
    this.edgesEntries=null;
    this.Triangles=null;
    //初始化三角形表
    this.TrianglesFirst=-1;
    this.TrianglesLast=-1;
    this.TrianglesCount=0;
    this.firstNonCompletedTriangle=-1;
    this.lastNonCompletedTriangle=-1;
    //初始化边表
    this.tolerance=tolerance>0? tolerance:float.Epsilon;//确保误差有效
    this.pointsCount=pointsCollection==null? 0:pointsCollection.Count;
    if(pointsCollection.Count<3)
        return false;
    //创建点数组,需要额外 3 个元素,以便添加超级三角形的顶点
    this.points=new UserPoint[this.pointsCount+3];
    pointsCollection.CopyTo(points,0);
    //创建对点数组的索引数组,按 Y(第一),X(第二)和插入次序排序
    //索引数组中不包含超级三角形顶点的索引
    this.pointsIndices=DelaunayTriangulator.GetSortedPointIndices(
        points,this.pointsCount,tolerance);
    //计算点的最小和最大的 x 和 y 坐标
    UserPoint d,pointsMin,pointsMax;
    DelaunayTriangulator.GetMinMaxPointCoordinates(points,
```

```csharp
            this.pointsCount, out pointsMin, out pointsMax);
            //创建超级三角形顶点
            d.X = pointsMax.X - pointsMin.X;
            d.Y = pointsMax.Y - pointsMin.Y;
            float dmax = (d.X > d.Y) ? d.X : d.Y;
            UserPoint mid;
            mid.X = (pointsMax.X + pointsMin.X) * 0.5f;
            mid.Y = (pointsMax.Y + pointsMin.Y) * 0.5f;
            //添加到顶点集
            points[this.pointsCount] = new UserPoint(mid.X - 2 * dmax, mid.Y - dmax);
            points[this.pointsCount + 1] = new UserPoint(mid.X, mid.Y + 2 * dmax);
            points[this.pointsCount + 2] = new UserPoint(mid.X + 2 * dmax, mid.Y - dmax);
            //创建三角形数组
            this.Triangles = new Triangle[this.pointsCount * 4 + 1];
            Triangle triangleEntry = new Triangle();
            triangleEntry.prevNonCompleted = -1;
            triangleEntry.nextNonCompleted = -1;
            //初始化三角形数组,建立双向访问机制
            this.firstFreeTriangle = 0;
            for(int i = 0; i < this.Triangles.Length; ++i)
            {
                triangleEntry.Previous = i - 1;
                triangleEntry.Next = i + 1;
                this.Triangles[i] = triangleEntry;
            }
            //最后一个三角形的下一个三角形没有,设置为-1
            this.Triangles[this.Triangles.Length - 1].Next = -1;
            //初始化边表
            this.edgesEntries = new Dictionary<long, EdgeEntry>();
            //添加超级三角形
            this.AddTriangle(this.pointsCount, this.pointsCount + 1, this.pointsCount + 2);
            return true;
        }
        #endregion
        #region Process
        public void Process()
        {
            //对已排序点进行处理
            float circumCirclecenterX;
            float circumCirclecenterY;
            float circumCircleRadius;
            float dx, dy;
            float pointX = 0, pointY = 0;
```

7.1 Delaunay 三角网构建

```
            float pointYplusTolerance;
UserPoint point =
        this.points[ this.pointsIndices[ this.pointsIndices.Length-1]];
        //初始化为最后一个点,此变量表示前一个已处理的点
        pointX = point.X;
        pointY = point.Y;
        //从第一个排序点开始处理,每处理一个点,边数组清零
        for( int sortedIndex = 0; sortedIndex<
          this.pointsIndices.Length; ++sortedIndex)
        {
            int pointIndex = this.pointsIndices[ sortedIndex];
            point = this.points[ pointIndex];//第一个排序点
            if( sortedIndex! = 0 && Math.Abs( point.X-pointX)<
              tolerance && Math.Abs( point.Y-pointY)<tolerance)
              continue;//忽略与前一个重合的点.检查相等考虑了误差
            pointX = point.X;
            pointY = point.Y;
            pointYplusTolerance = pointY+tolerance;
            //检查上一个三角形的外接圆是否包含当前点,如果包含,
            //添加该三角形的边到边表中,并移除该三角形
for( int nextNonCompleted, triangleIndex = this.firstNonCompletedTriangle;
    triangleIndex>=0; triangleIndex = nextNonCompleted)
            {
                //计算三角形外接圆圆心到当前点的距离,并将该距离与
                //外接圆半径进行比较,如果小于等于,当前点在圆内,否则在圆外
circumCirclecenterX = this.Triangles[ triangleIndex]. circumCirclecenterX;
circumCirclecenterY = this.Triangles[ triangleIndex]. circumCirclecenterY;
    circumCircleRadius = this.Triangles[ triangleIndex]. circumCircleRadius;
nextNonCompleted = this.Triangles[ triangleIndex]. nextNonCompleted;
                dx = pointX-circumCirclecenterX;
                dy = pointY-circumCirclecenterY;
                if( ( dx * dx+dy * dy)<= circumCircleRadius)
                {
                //点在三角形外接圆内,添加该三角形的边到边表中,并移除该三角形.
                    this.ReplaceTriangleWithEdges( triangleIndex,
                      ref this.Triangles[ triangleIndex]);
                }
else if( ( circumCirclecenterY<pointYplusTolerance)
        &&( dy * dy>circumCircleRadius+tolerance))//xcr modify
                {
                //此三角形不再需要任何检查,把它从没有完成的三角形列表中移除.
                    this.MarkAsComplete( ref this.Triangles[ triangleIndex]);
                }
```

```csharp
            }
            //为当前点构成新三角形,使用两次或两次以上的边,
        //将被跳过,三角形的顶点按顺时针顺序排列
            foreach( var item in this.edgesEntries)
            {
                DelaunayTriangulator.EdgeEntry edge=item.Value;
                if(edge.count==1)//剔除重复边
                {
                    //该边仅用一次,从该边构建三角形,并添加到三角形列表中.
                    this.AddTriangle(edge.A,edge.B,pointIndex);
                }
            }
            //清除边列表
            this.edgesEntries.Clear();
        }
        this.firstNonCompletedTriangle=-1;
    //计数有效三角形(没有与超级三角形共享顶点的三角形)和找最后一个三角形.
        this.TrianglesLast=this.TrianglesFirst;
        this.TrianglesCount=0;
        if(this.TrianglesLast!=-1)
        {
            for(;;)
            {
DelaunayTriangulator.Triangle triangle=
                this.Triangles[this.TrianglesLast];
                if(triangle.A<this.pointsCount && triangle.B<
                this.pointsCount && triangle.C<this.pointsCount)
                {
                    //找到有效三角形,增加计数
                    ++this.TrianglesCount;
                }
                else
                {
                    //当前三角形无效,标记为无效
                    this.Triangles[this.TrianglesLast].A=-1;
                }
                int next=this.Triangles[this.TrianglesLast].Next;
                if(next==-1)
                    break;
                this.TrianglesLast=next;
            }
        }
    }
```

```csharp
        #endregion
        #region CopyTo,AddTo,ToArray
        public void AddTo(IList<IntegerTriangle>list)
        {
            List<IntegerTriangle>llist=list as List<IntegerTriangle>;
            if(llist!=null)
            {
                if(llist.Capacity<llist.Count+this.TrianglesCount)
                    llist.Capacity=llist.Count+this.TrianglesCount+4;
            }
            for(int triangleIndex=this.TrianglesLast;triangleIndex>=0;
                triangleIndex=this.Triangles[triangleIndex].Previous)
            {
                if(this.Triangles[triangleIndex].A>=0)
           list.Add(this.Triangles[triangleIndex].ToIntegerTriangle());
            }
        }
        public void CopyTo(IntegerTriangle[]array,int arrayIndex)
        {
            for(int triangleIndex=this.TrianglesLast;triangleIndex>=0;
                triangleIndex=this.Triangles[triangleIndex].Previous)
                if(this.Triangles[triangleIndex].A>=0)
this.Triangles[triangleIndex].ToIntegerTriangle(
                    ref array[arrayIndex++]);
        }
        public IntegerTriangle[]ToArray()
        {
IntegerTriangle[]result=new IntegerTriangle[this.TrianglesCount];
            this.CopyTo(result,0);
            return result;
        }
        #endregion
        #region Edges table
        private void ReplaceTriangleWithEdges(int triangleIndex,
        ref Triangle triangle)
        {
            //从链表中移除三角形
            if(triangle.Next>=0)
            this.Triangles[triangle.Next].Previous=triangle.Previous;
            if(triangle.Previous>=0)
                this.Triangles[triangle.Previous].Next=triangle.Next;
            else
                this.TrianglesFirst=triangle.Next;
```

```csharp
            //从未完成链表中移除三角形
            this.MarkAsComplete(ref triangle);
            //将三角形添加到自由三角形链表中
            triangle.Previous = -1;
            triangle.Next = this.firstFreeTriangle;
    this.Triangles[this.firstFreeTriangle].Previous = triangleIndex;
            this.firstFreeTriangle = triangleIndex;
            //添加三角形的边到边表中
            this.AddEdge(triangle.A, triangle.B);
            this.AddEdge(triangle.B, triangle.C);
            this.AddEdge(triangle.C, triangle.A);
        }
        private void AddEdge(int edgeA, int edgeB)
        {
            EdgeEntry entry;
            long key = edgeA * 33554432L + ((long)edgeB);
            if(edgeA > edgeB) key = edgeB * 33554432L + ((long)edgeA);
            if(edgesEntries.ContainsKey(key))
            {
                entry = edgesEntries[key];
                entry.count++;
            }
            else
            {
                entry.A = edgeA;
                entry.B = edgeB;
                entry.count = 1;
            }
            edgesEntries[key] = entry;
        }
        #endregion
        #region Triangles lists
        private void AddTriangle(int a, int b, int c)
        {
            //获得第一个自由三角形
            int result = this.firstFreeTriangle;
            this.firstFreeTriangle = this.Triangles[result].Next;
            this.Triangles[this.firstFreeTriangle].Previous = -1;
            Triangle triangle;
            //在三角形链表中插入三角形
            triangle.Previous = -1;
            triangle.Next = this.TrianglesFirst;
            if(this.TrianglesFirst! = -1)
```

7.1 Delaunay 三角网构建

```
                    this.Triangles[this.TrianglesFirst].Previous = result;
                this.TrianglesFirst = result;
            //将该三角形插入到未完成三角形链表中
            triangle.prevNonCompleted = this.lastNonCompletedTriangle;
            triangle.nextNonCompleted = -1;
            if(this.firstNonCompletedTriangle == -1)
                    this.firstNonCompletedTriangle = result;
            else
this.Triangles[this.lastNonCompletedTriangle].nextNonCompleted = result;
                this.lastNonCompletedTriangle = result;
            //创建新三角形
            triangle.A = a;
            triangle.B = b;
            triangle.C = c;
            //计算新三角形外接圆的圆心
            UserPoint pA = this.points[a];
            UserPoint pB = this.points[b];
            UserPoint pC = this.points[c];
            float m1,m2;
            float mx1,mx2;
            float my1,my2;
            float cX,cY;
            if(Math.Abs(pB.Y-pA.Y)<this.tolerance)
            {
                    m2 = -(pC.X-pB.X)/(pC.Y-pB.Y);
                    mx2 = (pB.X+pC.X) * 0.5f;
                    my2 = (pB.Y+pC.Y) * 0.5f;
                    cX = (pB.X+pA.X) * 0.5f;
                    cY = m2 * (cX-mx2)+my2;
            }
            else
            {
                    m1 = -(pB.X-pA.X)/(pB.Y-pA.Y);
                    mx1 = (pA.X+pB.X) * 0.5f;
                    my1 = (pA.Y+pB.Y) * 0.5f;
                    if(Math.Abs(pC.Y-pB.Y)<this.tolerance)
                    {
                        cX = (pC.X+pB.X) * 0.5f;
                        cY = m1 * (cX-mx1)+my1;
                    }
                    else
                    {
                        m2 = -(pC.X-pB.X)/(pC.Y-pB.Y);
```

```
                    mx2=(pB.X+pC.X)*0.5f;
                    my2=(pB.Y+pC.Y)*0.5f;
                    cX=(m1*mx1-m2*mx2+my2-my1)/(m1-m2);
                    cY=m1*(cX-mx1)+my1;
                }
            }
            triangle.circumCirclecenterX=cX;
            triangle.circumCirclecenterY=cY;
            //计算外接圆半径的平方
            mx1=pB.X-cX;
            my1=pB.Y-cY;
            triangle.circumCircleRadius=mx1*mx1+my1*my1;
            //储存新三角形
            this.Triangles[result]=triangle;
        }
        private void MarkAsComplete(ref Triangle triangle)
        {
            //从未完成链表中移除指定三角形
            if(triangle.nextNonCompleted>=0)
      this.Triangles[triangle.nextNonCompleted].prevNonCompleted=
            triangle.prevNonCompleted;
            else
            this.lastNonCompletedTriangle=triangle.prevNonCompleted;
            if(triangle.prevNonCompleted>=0)
  this.Triangles[triangle.prevNonCompleted].nextNonCompleted=
            triangle.nextNonCompleted;
            else
                this.firstNonCompletedTriangle=triangle.nextNonCompleted;
        }
        #endregion

        #region Static functions
        ///<summary>
        ///从指定数组中获得X,Y的最小和最大值.
        ///</summary>
        public static void GetMinMaxPointCoordinates(UserPoint[ ]points,
        int count,out UserPoint min,out UserPoint max)
        {
            if(count<=0)
                throw new InvalidOperationException("数组不能为空");
            min=points[0];
            max=points[0];
            for(int i=1;i<count;++i)
```

7.1 Delaunay 三角网构建

```
            }
                UserPoint v=points[i];
                if(v.X>max.X)
                    max.X=v.X;
                else if(v.X<min.X)
                    min.X=v.X;
                if(v.Y>max.Y)
                    max.Y=v.Y;
                else if(v.Y<min.Y)
                    min.Y=v.Y;
            }
    }
    ///<summary>
    ///创建一个对顶点数组的索引数组,该索引数组中元素的顺序按顶点的
    //Y(第一),X(第二)和插入次序(第三)排序
    ///</summary>
    private static int[] GetSortedPointIndices(UserPoint[]
        points,int count,float tolerance)
    {
        int[] result=new int[count];
        //在索引数组中储存索引
        for(int i=0;i<result.Length;++i)
            result[i]=i;
        //按Y(第一),X(第二)和插入次序(第三)排列索引数组
        Array.Sort(result,delegate(int a,int b)
        {
            UserPoint va=points[a];
            UserPoint vb=points[b];
        float f=va.Y-vb.Y;
        if(f>tolerance)
        return+1;
        if(f<-tolerance)
        return-1;
        f=va.X-vb.X;
        if(f>tolerance)
        return+1;
        if(f<-tolerance)
        return-1;
        return a-b;
        });
        return result;
}
#endregion
```

7.1.4.3 读取离散点构建 Delaunay 三角网

读取离散点构建 Delaunay 三角网，并在 AutoCAD 中绘制

```csharp
[CommandMethod("createTriNet")]
publicvoidcreateTriNet()
{
    readGCD();//读取离散高程点存入 pUserPoints 中
    //构建三角网
    StopwatchpStopwatch=newStopwatch();//记录时间
    pStopwatch.Start();
    var net=DelaunayTriangle.Triangulate(pUserPoints,0.001f);
    pStopwatch.Stop();
    //获得数据库、文档、编辑器等对象
    var doc=Application.DocumentManager.MdiActiveDocument;
    var editor=doc.Editor;
    var database=doc.Database;
    //在数据库中保存三角网
    //启动事务
    using(TransactionpTrans=doc.TransactionManager.StartTransaction())
    {
        //获得模型空间对象
        BlockTableblktbl=pTrans.GetObject(database.BlockTableId,
                        OpenMode.ForRead)asBlockTable;
        BlockTableRecordmodespace=pTrans.GetObject(blktbl[BlockTableRecord.ModelSpace],
                OpenMode.ForWrite)asBlockTableRecord;
        foreach(var item in net)
        {
            //获得三角形的三个顶点坐标
            UserPoint p1=pUserPoints[item.A];
            UserPoint p2=pUserPoints[item.B];
            UserPoint p3=pUserPoints[item.C];
            //创建一条多段线
            Point3dCollection p3dPts=newPoint3dCollection();
            Point3d pPt3d1=newPoint3d(p1.X,p1.Y,p1.H);
            Point3d pPt3d2=newPoint3d(p2.X,p2.Y,p2.H);
            Point3d pPt3d3=newPoint3d(p3.X,p3.Y,p3.H);
                    p3dPts.Add(pPt3d1);p3dPts.Add(pPt3d2);p3dPts.Add(pPt3d3);
            Polyline3d pPl3d=newPolyline3d(Poly3dType.SimplePoly,p3dPts,true);
                    pPl3d.ColorIndex=3;
            //添加到模型空间
            modespace.AppendEntity(pPl3d);
```

```
//添加到事务处理器
pTrans.AddNewlyCreatedDBObject(pPl3d,true);
            }
pTrans.Commit();//提交事务
        }
editor.WriteMessage("构建三角网用时:"+(pStopwatch.ElapsedMilliseconds/1000.0).ToString()+"秒");
        }
```

加载应用程序集,输入"createTriNet"命令,读取离散高程点数据,运行结果如图 7-2 所示。

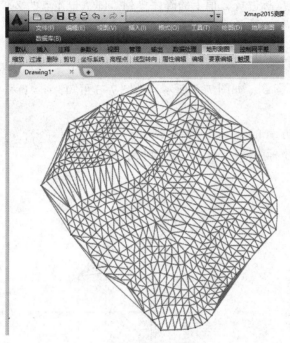

图 7-2　程序运行结果

7.2　土石方计算

开挖量计算在工程实际中经常用到,有很多种计算方法,主要有断面法、方格网、等高线法及 DEM 法等。但由于断面法和等高线法计算的误差较大,特别是对于复杂地形,所以现在工程实际中较少运用。

DEM(即数字高程模型)是一种用一系列点表示地形表面形状的方式。前面介绍的 Delaunay 三角剖面后的地形即为一种数字高程模型,它体现了地表形态起伏变化特征,具有形象、直观、精确等特点。在开挖量计算中,DEM 法的计算精度较高,且适应于多种类型的地形地貌。DEM 法计算开挖量的精度主要跟离散数据点的稀密、反应地形真实性有关,在工程测量中如果控制好测量点的位置可使 DEM 法计算开挖量达到较高的精度。本节中将结合前面生成的三角网,介绍利用三角网来计算开挖量。

通过三角网来计算开挖量，具体即为求三角网中每个三角形所对应的体积之和。若一个三角形所对应的开挖方量为 ω_i、填方量为 t_i，则总的开挖方量为 $W = \sum_{i=1}^{n} \omega_i$，总填方量为 $T = \sum_{i=1}^{n} t_i$。首先分析一个三角形所对应的开首先分析一个三角形所对应的开挖方量 ω_i 和填方量 t_i，然后将所有的三角形对应的开挖方量和填方量求和即可得到总体的开挖方量和填方量。假设一个三角形对应的三个顶点分别为 $A(a_1, a_2, a_3)$、$B(b_1, b_2, b_3)$、$C(c_1, c_2, c_3)$，对于给定的计算高程 Z_0 与三角形表面有三种关系：(1) $Z_0 \leqslant \min(a_3, b_3, c_3)$ 时，全部为开挖方量；(2) $Z_0 \geqslant \max(a_3, b_3, c_3)$ 时，全部为填方量；(3) $\min(a_3, b_3, c_3) < Z_0 < \max(a_3, b_3, c_3)$ 时，既有开挖方量，也有填方量。为了后面计算分析方便，先对三角形三个顶点坐标进行 Z 值上的降序排列，即赋予 A 点的 Z 值最大，B 点的 Z 值其次，C 点的 Z 值最小。当三角形为水平时，这三点的 Z 值相同。

7.2.1 开挖方量计算原理

首先分析开挖方量 ω_i，如图 7-3 所示。由图 7-3 可知，$\omega_i = V_1 + V_2$，其中：$V_1 = S_{\triangle A'B'C'} \times H_{CC'}$，$V_2 = V_{四面体 ABCA''B''}$。

假定计算开挖方量的设计高程为 Z_0，A 点坐标为 (a_1, a_2, a_3)，B 点坐标为 (b_1, b_2, b_3)，C 点坐标为 (c_1, c_2, c_3)，则 $H_{CC'} = c_3 - Z_0$。

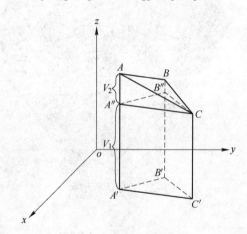

图 7-3 挖方示意图

7.2.1.1 求解 V_1

根据公式求解 $V_1 = S_{\triangle A'B'C'} \times H_{CC'}$，其中 $S_{\triangle A'B'C'}$ 面积为 $S_{\triangle ABC}$ 在水平面的投影面积，根据三角形顶点计算其面积公式如下：

$$S = \frac{1}{2} \times [(b_2 - a_2) \times (c_1 - a_1) - (b_1 - a_1) \times (c_2 - a_2)]$$

7.2.1.2 求解

由于四面体 $ABCA''B''$ 不一定为规则的四面体，所以求解 V_2 较 V_1 复杂。A'' 的坐标为 (a_1, a_2, c_3)，B'' 的坐标为 (b_1, b_2, c_3)。如图 7-4 所示，将四边形 $ABB''A''$ 转换一下 XY 坐标系。

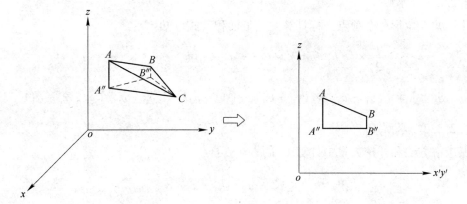

图 7-4 梯形面积计算

由空间关系可知,四边形 $ABB''A''$ 是一个直角梯形,且面 $ABB''A''$ 与面 $A''B''C$ 垂直,所以

$$V_2 = \frac{1}{3} \times S_{\text{梯形}ABB''A''} \times H_{\triangle A''B''C \text{中}A''B''\text{的高}}$$

通过计算推导最终得到 V_2 计算式如下:

$$V_2 = \frac{1}{2} \times (a_3 + b_3 - 2 \times c_3) \times S_{\triangle A'B'C'}$$

7.2.2 填方量计算原理

填方计算原理和开挖方量计算原理类似,如图 7-5 所示,将体积进行分解:

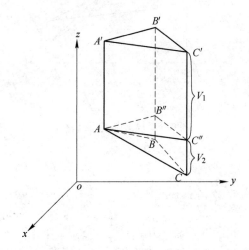

图 7-5 填方计算示意图

由图 7-5 可知,$t_i = V_1 + V_2$,其中 $V_1 = S_{\triangle A'B'C'} \times H_{AA'}$,$V_2 = V_{\text{四面体}ABCC''B''}$。

假定计算填方量的设计高程为 Z_0,A 点坐标为 (a_1, a_2, a_3),B 点坐标为 (b_1, b_2, b_3),C 点坐标为 (c_1, c_2, c_3),则 $H_{AA'} = Z_0 - a_3$。

7.2.2.1 求解 V_1

由已知三角形三个顶点坐标计算三角形面积公式可知：

$$S = \frac{1}{2} \times [(b_1 - a_1) \times (c_2 - a_2) - (b_2 - a_2) \times (c_1 - a_1)]$$

$$S = \frac{1}{2} \times [(b_1 - a_1) \times (c_2 - a_2) - (b_2 - a_2) \times (c_1 - a_1)] \times (Z_0 - a_3)$$

7.2.2.2 求解 V_2

其求解方法和开挖方量中计算 V_2 的方法一样，所以：

$$V_2 = \frac{1}{2} \times (2 \times a_3 - b_3 - c_3) \times S_{\triangle A'B'C'}$$

7.2.3 挖方与填方并存时计算原理

当 Z_0 在 a_3 和 c_3 之间时，既有挖方、又有填方的计算，如图7-6所示。则由图7-6可知 $\omega_i = V_1$，$t_i = V_2$。假设 A 点坐标为 (a_1, a_2, a_3)，B 点坐标为 (b_1, b_2, b_3)，C 点坐标为 (c_1, c_2, c_3)，A'点坐标为 (a_1, a_2, Z_0)，C'点坐标为 (c_1, c_2, Z_0)。由于 Z_0 与 b_3 的关系不明确，所以要分三种情况来讨论，如图7-7所示。

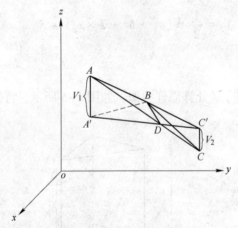

图7-6　填方与挖方并存

7.2.3.1 $Z_0 = b_3$

$$\omega_i = V_1 = \frac{1}{3} \times_{\triangle A'DC} \times H_{AA'} = \frac{1}{3} \times S_{\triangle A'DC} \times (a_3 - Z_0)$$

$$t_i = V_2 = \frac{1}{3} \times_{\triangle C'BD} \times H_{CC'} = \frac{1}{3} \times S_{\triangle C'BD} \times (Z_0 - a_3)$$

将三维空间图形分别投影至 ZOY 和 XOY 平面，如图7-8所示，根据等比性质求出 D 点坐标 (d_1, d_2, Z_0)。

通过推导可得

$$\omega_i = \frac{1}{6} \times [(b_1 - a_1) \times (d_2 - a_2) - (b_2 - a_2) \times (d_1 - a_1)] \times (a_3 - Z_0)$$

7.2 土石方计算

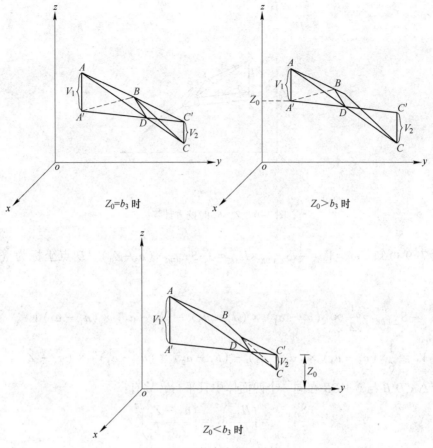

图 7-7 可能存在的三种情况

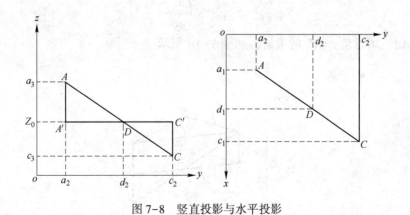

图 7-8 竖直投影与水平投影

$$t_i = \frac{1}{6} \times [(b_1 - c_1) \times (d_2 - c_2) - (b_2 - c_2) \times (d_1 - c_1)] \times (Z_0 - c_3)$$

7.2.3.2 $Z_0 > b_3$

先讨论开挖方量 $\omega_i = V_1$，如图 7-9 所示。

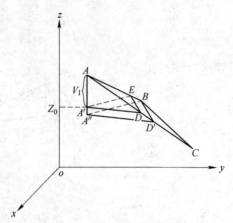

图 7-9 $Z_0>b_3$ 时挖方计算

由图 7-9 可知,$\omega_i = V_1 = \frac{1}{3}S_{\triangle A'DE} \times H_{AA'} = \frac{1}{3}S_{\triangle A'DE} \times (a_3 - Z_0)$。D 点坐标为 (d_1, d_2, Z_0),所以

$$S_{\triangle A'DE} = \frac{1}{2} \times [(b_1 - a_1) \times (d_2 - a_2) - (b_2 - a_2) \times (d_1 - a_1)]$$

$$V_1 = \frac{1}{6}[(b_1 - a_1) \times (d_2 - a_2) - (b_2 - a_2) \times (d_1 - a_1)] \times (a_3 - Z_0)$$

由于 $\triangle A''D'B$ 与 $\triangle A'DB$ 在同一个四面体中且平行,故有:

$$\frac{S_{\triangle A'DB}}{S_{\triangle A''D'B}} = \left(\frac{H_{AA'}}{H_{AA''}}\right)^2 = \left(\frac{a_3 - Z_0}{a_3 - b_3}\right)^2$$

所以,

$$S_{\triangle A''D'B} = S_{\triangle A'DB} \times \left(\frac{a_3 - b_3}{a_3 - Z_0}\right)^2$$

接下来讨论填方量 $t_i = V_2$ 的求解,如图 7-10 所示。

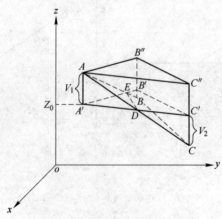

图 7-10 $Z_0>b_3$ 时填方计算

由图 7-10 可知,

$$t_i = V_2 = V_{\text{四面体}ABCC''B''} - (V_{\text{三棱柱}AB''C''C'B'A'} - V_1) = V_{\text{四面体}ABCC''B''} - V_{\text{三棱柱}AB''C''C'B'A'} + V_1$$

其中，$V_{\text{四面体}ABCC''B''}$ 即为前面 $Z_0 > b_3$ 时求解填方量中的 V_2，其值为

$$V_{\text{四面体}ABCC''B''} = \frac{1}{3} \times (2 \times a_3 - b_3 - c_3) \times S_{\triangle AB''C''}$$

$$V_{\text{三棱柱}AB''C''C'B'A'} = S_{\triangle AB''C''} \times H_{AA'} = S_{\triangle AB''C''} \times (a_3 - Z_0)$$

所以，

$$t_i = \frac{1}{3} \times (2 \times a_3 - b_3 - c_3) \times S_{\triangle AB''C''} - S_{\triangle AB''C''} \times (a_3 - Z_0) + V_1$$

7.2.3.3 $Z_0 < b_3$

先讨论填方量 $t_i = V_2$，如图 7-11 所示。

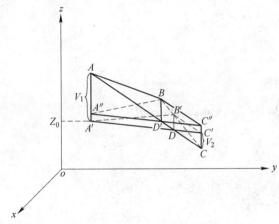

图 7-11 $Z_0 < b_3$ 时填挖计算

由图 7-11 可知，

$$t_i = V_2 = V_{\text{四面体}CDB'C'} = \frac{1}{3} S_{\triangle C'B'D'} \times H_{CC'} = \frac{1}{3} S_{\triangle C'B'D} \times (Z_0 - c_3)$$

由于 $S_{\triangle C'B'D}$ 与 $S_{\triangle C''D'B}$ 在同一个四面体中且平行，故有：

$$\frac{S_{\triangle C'B'D}}{S_{\triangle C''D'B}} = \left(\frac{H_{CC'}}{H_{CC''}}\right)^2 = \left(\frac{Z_0 - c_3}{b_3 - a_3}\right)^2$$

根据前文可知

$$S_{\triangle C''D'B} = \frac{1}{2} \times [(b_1 - c_1) \times (d_2 - c_2) - (b_2 - c_2) \times (d_1 - c_1)]$$

$$S_{\triangle C'B'D} = \frac{1}{2} \left(\frac{Z_0 - c_3}{b_3 - a_3}\right)^2 \times [(b_1 - c_1) \times (d_2 - c_2) - (b_2 - c_2) \times (d_1 - c_1)]$$

$$t_i = \frac{1}{6} \left(\frac{Z_0 - c_3}{b_3 - a_3}\right)^2 \times [(b_1 - c_1) \times (d_2 - c_2) - (b_2 - c_2) \times (d_1 - c_1)] \times (Z_0 - c_3)$$

接下来求开挖方量 $\omega_i = V_1$，由图可知 V_1 为 $V_{\text{四面体}AA''D'B}$ 和 $V_{\text{似三棱柱}A''C''BB'A'C'}$ 之和，则

$$\omega_i = V_1 = \frac{1}{3} S_{\triangle A''D'B} \times (a_3 - b_3) + \frac{1}{2} (S_{\triangle A''C''B} + S_{\triangle A'C'B'}) \times (b_3 - Z_0)$$

7.2.4 填挖程序代码实现

(1) 全部为挖方计算。

```
private double dig(double[ ]pArr,double pDesignH)//pArr 为三角形顶点坐标
{
double pDigV = 0;
double sABC;
sABC = ((pArr[3]-pArr[0]) * (pArr[7]-pArr[1])-(pArr[4]-pArr[1]) * (pArr[6]-pArr[0]))/2;
sABC = Math.Abs(sABC);
pDigV = sABC * (pArr[8]-pDesignH)+(pArr[2]+pArr[5]-
        2 * pArr[8]) * sABC/3;
return pDigV;
}
```

(2) 全部为填方计算。

```
private double fill(double[ ]pArr,double pDesignH)
{
double pFillV = 0;
double sABC;
sABC = ((pArr[3]-pArr[0]) * (pArr[7]-pArr[1])-(pArr[4]-
pArr[1]) * (pArr[6]-pArr[0]))/2;
sABC = Math.Abs(sABC);
pFillV = sABC * (pDesignH-pArr[2])/2+sABC * (2 * pArr[2]-
         pArr[5]-pArr[8])/3;
return pFillV;
}
```

(3) 既有填方又有挖方计算。

```
private double[ ]digAndfill(double[ ]pArr,double pDesignH)
{
double[ ]pDigFillV = new double[2];
double d1,d2;
d2 = pArr[7]-(pDesignH-pArr[8]) * (pArr[2]-pArr[8])/(pArr[7]-pArr[1]);
d1 = (pArr[6]-pArr[0]) * (d2-pArr[1])/(pArr[7]-pArr[1])+pArr[0];
double sADB,sCDB;
sADB = ((pArr[3]-pArr[0]) * (d2-pArr[1])-(pArr[4]-pArr[1]) *
       (d1-pArr[0]))/2;
sADB = Math.Abs(sADB);
sCDB = ((pArr[3]-pArr[6]) * (d2-pArr[7])-(pArr[4]-pArr[7]) *
       (d1-pArr[6]))/2;
sCDB = Math.Abs(sCDB);
```

```
if(pDesignH>=pArr[5])
    {
    double tempValue,V1;
    tempValue=(pArr[2]-pDesignH)/(pArr[2]-pArr[5]);
            V1=tempValue*tempValue*sADB*(pArr[2]-pDesignH)/3;
    pDigFillV[0]=V1;//挖方
    pDigFillV[1]=((2*pArr[2]-pArr[5]-pArr[8])/3-pArr[2]+pDesignH)
            *(sADB+sCDB)+V1;//填方
    }
else
    {
    double tempValue,V2;
    tempValue=(pDesignH-pArr[8])/(pArr[5]-pArr[2]);
            V2=tempValue*tempValue*sCDB*(pDesignH-pArr[8])/3;
    pDigFillV[1]=V2;//填方
    pDigFillV[0]=(sADB+sCDB)*(pDesignH-pArr[8])-V2;//挖方
    }
return pDigFillV;
}
```

（4）计算平均高程。遍历所有离散高程点，求取场地平均高程。

```
public void calcMeanH()
    {
double sum=0;
double count=0;
Document pDoc=Application.DocumentManager.MdiActiveDocument;
Database pCurDb=pDoc.Database;
Editor pEd=Application.DocumentManager.MdiActiveDocument.Editor;
using(Transaction pTrans=pCurDb.TransactionManager.StartTransaction())
    {
BlockTable pBT=pTrans.GetObject(pCurDb.BlockTableId,OpenMode.ForRead) as BlockTable;
BlockTableRecord pBTR=pTrans.GetObject(pBT[BlockTableRecord.ModelSpace],
            OpenMode.ForRead) as BlockTableRecord;
foreach(ObjectId pId in pBTR)
    {
Entity pEnt=pTrans.GetObject(pId,OpenMode.ForRead) as Entity;
if(pEnt is DBPoint)
    {
DBPoint pDBPt=pEnt as DBPoint;
Point3d p3dPt=pDBPt.Position;
            count=count+1;
            sum=sum+p3dPt.Z;
    }
```

```
            }
        }
meanH=sum/count;//meanH 全局变量
    }
```

（5）计算整个场地填挖量，如图 7-12 所示，黑色区域为全填方，浅灰色区域为全挖方，深灰色区域为既有挖方又有填方。

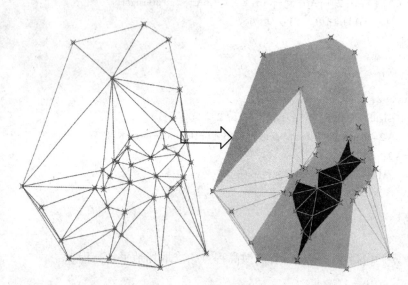

图 7-12　填挖区域

```
            publicvoidCalcFillandDig()
            {
doubleFillV=0,DigV=0;
DocumentpDoc=Application.DocumentManager.MdiActiveDocument;
DatabasepCurDb=pDoc.Database;
EditorpEd=Application.DocumentManager.MdiActiveDocument.Editor;
using(TransactionpTrans=pCurDb.TransactionManager.StartTransaction())
            {
BlockTablepBT=pTrans.GetObject(pCurDb.BlockTableId,
            OpenMode.ForRead)asBlockTable;
BlockTableRecordpBTR=pTrans.GetObject(pBT[BlockTableRecord.ModelSpace],
            OpenMode.ForRead)asBlockTableRecord;
doublepDigSumV=0,pFillSumV=0;
foreach(ObjectIdpIdinpBTR)//遍历所有三角形
            {
EntitypEnt=pTrans.GetObject(pId,OpenMode.ForRead)asEntity;
if(pEntisPolyline3d)
            {
Polyline3d pPl3d=pEntasPolyline3d;
```

```
Point3dCollection p3dPts = newPoint3dCollection();
                    pPl3d.GetStretchPoints(p3dPts);
if(p3dPts.Count==3)
                    {
double[ ] pArr = newdouble[9];
for(inti=0;i<p3dPts.Count;i++)
                    {
pArr[i*3] = p3dPts[i].X;
pArr[i*3+1] = p3dPts[i].Y;
pArr[i*3+2] = p3dPts[i].Z;
                    }
                    Sort(pArr);
if(pArr[8]>=meanH)//计算挖方
                    {
pDigSumV = pDigSumV+dig(pArr,meanH);
                    }
elseif(pArr[2]<=meanH)//计算填方
                    {
pFillSumV = pFillSumV+fill(pArr,meanH);
                    }
else//既有挖方又有填方计算
                    {
double[ ] pVs = digAndfill(pArr,meanH);
pDigSumV = pDigSumV+pVs[0];
pFillSumV = pFillSumV+pVs[1];
                    }
                    }
                    }
                    }
pTrans.Commit();
        }
    }
```

7.3 道路纵断面绘制

7.3.1 道路纵断面概述

通常在 AutoCAD 中进行道路设计采用三维多段线，可以较好地保存关键点位的高程值。纵断面是采用直角坐标，以横坐标表示里程桩号，纵坐标表示高程，为了明显地反映沿着中线地面起伏形状的图像，通常是指道路剖面图。纵断面采用直角坐标，以横坐标表示里程桩号，纵坐标表示高程。为了明显地反映沿着中线地面起伏形状，通常横坐标比例尺采用 1∶2000（城市道路平用 1∶500～1∶1000），纵坐标采用 1∶200（城市道路为

（1∶50）~（1∶100）），不过在输出过程中根据实际情况可进行调整。

在实际工作中，道路纵断面一般输出幅面为 A3 图纸，纵断面图由上、下两部分内容组成以及设计单位等信息，如图 7-13 所示。图的上半部绘有线路纵剖面，横向表示线路的长度，竖向表示高程，包括设计坡度线、地面线以及车站、桥梁、隧道、涵洞等建筑物的符号和中心里程。总的来说，上部主要用来绘制地面线和纵坡设计线，另外，也用以标注竖曲线及其要素；坡度及坡长（有时标在下部）；沿线桥涵及人工构造物的位置、结构类型、孔数和孔径；与道路、铁路交叉的桩号及路名；沿线跨越的河流名称、桩号、常水位和洪水位；水准点位置、编号和标高；断链桩位置、桩号及长短链关系等。图的下半部标注线路有关资料和数据，与上半部线路各相关点位置一一对应。各设计阶段的定线要求不同，编制的纵断面图所采用的比例尺和标注内容的繁简也有区别。下部主要用来填写有关内容，自下而上分别填写：直线及平曲线；里程桩号；地面高程；设计高程；填、挖高度；土壤地质说明；设计排水沟沟底线及其坡度、距离、标高、流水方向（视需要而标注）。

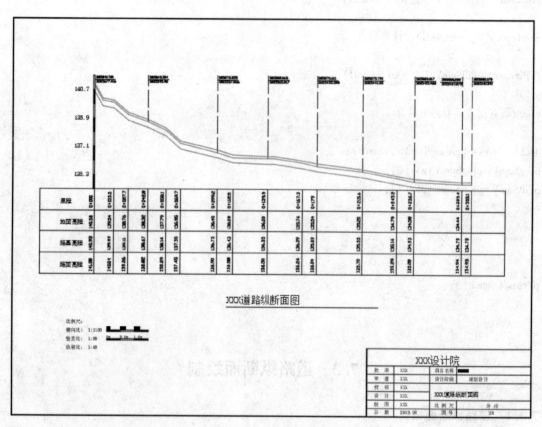

图 7-13　道路纵断面图

7.3.2　断面图纵横坐标计算

上文所述，断面图的纵坐标为高程、横坐标为里程，即需要将道路设计中线和原始地面线的每个点高程和里程按一定比例映射到断面图绘制区域，绘图区域大小一般设为宽

300mm 和高 80mm，图框大小设为宽 380mm 和高 280mm。

断面图纵横坐标计算步骤如下：

（1）计算纵横坐标比例。假设道路设计中线长度为 L，最大高程为 H_{max}，最小高程为 H_{min}，则纵横坐标比例如下：

$$\begin{cases} Scale_x = \text{Int}(L \times 1000 \div 300) \\ Scale_y = \text{Int}((H_{max} - H_{min} + 0.5) \times 1000 \div 80) \end{cases} \quad (1)$$

（2）纵断面逐点坐标计算。假设纵断面图坐标原点为 $O(x_0, y_0)$，道路中线点集 $\{P \mid p_i, 1 \leq i \leq n\}$，$L_i$ 为逐点到起始里程点的距离，H_i 为逐点高程，则道路中线点 p_i 在纵断面图坐标中的坐标为：

$$\begin{cases} x_i = x_0 + L_i \div Scale_x \times 300 \\ y_i = y_0 + (H_i - H_{min}) \div Scale_y \times 80 \end{cases} \quad (2)$$

7.3.3 纵断面图绘制代码

（1）计算纵横比例。

```
//pRoadMidPl-道路中线,pWidth 和 pHeight 为断面绘图区域宽和域高
publicdouble[ ]getScaleXY(Polyline3dpRoadMidPl,doublepWidth,doublepHeight)
    {
double[ ]ScaleXY=newdouble[2];
doublepLen=getPl3dLength(pRoadMidPl);
//读取道路中线三维顶点
Point3dCollection p3DPts=newPoint3dCollection( );
pRoadMidPl. GetStretchPoints(p3DPts);
doubleminH=9999,maxH=0;
foreach(Point3dpPtin p3DPts)
        {
if(pPt. Z<minH)minH=pPt. Z;
if(pPt. Z>maxH)maxH=pPt. Z;
        }
doubledeltH=maxH-minH;
ScaleXY[0]=pLen*1000/pWidth;
ScaleXY[1]=Convert. ToInt32(deltH+0.5)*1000/pHeight;
returnScaleXY;
    }
```

（2）将里程和逐点高差转换成断面逐点坐标。

```
//pRoadMidPl 为道路中线,ScaleXY-纵横比例,(x0,y0)为断面图坐标原点,minH 最小高程
publicPoint2dCollectiongetSectionPts(Polyline3dpRoadMidPl,double[ ]
        ScaleXY,double x0,double y0,doubleminH)
        {
Point2dCollection p2dPts=newPoint2dCollection( );
Point3dCollection p3dPts=newPoint3dCollection( );
```

```
pRoadMidPl. GetStretchPoints( p3dPts) ;
//假设道路走向从起始点开始
foreach( Point3dpPtin p3dPts)
        {
double x = pRoadMidPl. GetDistAtPoint( pPt) * 1000/ScaleXY[0]+x0;
double y = ( pPt. Z-minH) * 1000/ScaleXY[1]+y0;
                p2dPts. Add( newPoint2d( x,y) ) ;
        }
return p2dPts;
        }
```

(3) 绘制断面图纵坐标轴。

```
publicvoiddrawYAxis( Database pCurDb, Point2dCollection p2dPts, double x0, double
        y0, doubleminZ, doublescaleY)
        {
using( TransactionpTrans = pCurDb. TransactionManager. StartTransaction( ) )
        {
BlockTablepBlockTable = ( BlockTable) pTrans. GetObject( pCurDb. BlockTableId,
OpenMode. ForRead) ;
BlockTableRecordpBlockTableRecord =
        ( BlockTableRecord) pTrans. GetObject( pBlockTable[ BlockTableRecord. ModelSpace],
        OpenMode. ForWrite) ;
doublemaxY = 0;
foreach( Point2dpPtin p2dPts)
        {
if( pPt. Y>maxY) maxY = pPt. Y;
        }
//计算纵坐标跨越的整厘米间隔
int rows = Convert. ToInt32( ( maxY-y0) * 0.1) +1;
//绘制纵轴左右两侧线
Line pLine1 = newLine( newPoint3d( x0,y0,0) ,
                newPoint3d( x0, rows * 10+y0,0) ) ;
        Line pLine2 = newLine( newPoint3d( x0-1,y0,0) ,
                newPoint3d( x0-1,y0+rows * 10,0) ) ;
//创建顶线
Line pLine3 = newLine( newPoint3d( x0-1,y0+rows * 10,0) ,
                newPoint3d( x0,y0+rows * 10,0) ) ;
pBlockTableRecord. AppendEntity( pLine1) ;
pTrans. AddNewlyCreatedDBObject( pLine1,true) ;
pBlockTableRecord. AppendEntity( pLine2) ;
pTrans. AddNewlyCreatedDBObject( pLine2,true) ;
pBlockTableRecord. AppendEntity( pLine3) ;
pTrans. AddNewlyCreatedDBObject( pLine3,true) ;
```

//纵轴每隔10毫米使用宽度为1的Polyline填充一格
for(inti=0;i<rows;i++)
                {
if(i%2==0)
                   {
PolylinepMidLine=newPolyline();
pMidLine.AddVertexAt(0,newPoint2d(x0-0.5,i*10+y0),0,1,1);
pMidLine.AddVertexAt(0,newPoint2d(x0-0.5,(i+1)*10+y0),0,1,1);
pBlockTableRecord.AppendEntity(pMidLine);
pTrans.AddNewlyCreatedDBObject(pMidLine,true);
//标注纵轴刻度值
double pH=minZ+10*(i+1)*scaleY/1000;
                   pH=Math.Round(pH,2);
DBTextpTextH=newDBText();
pTextH.TextString=pH.ToString();
pTextH.Position=newPoint3d(x0-15,(i+1)*10+y0-1,0);
pTextH.Height=3.0;
pBlockTableRecord.AppendEntity(pTextH);
pTrans.AddNewlyCreatedDBObject(pTextH,true);
                    }
               }
pTrans.Commit();
          }
       }
```

(4) 绘制图框和右下角道路设计信息。

```
//x0和y0为断面坐标原点,pLDx、pRDx、pUDy和pDDy分别为原点距离图框左右上下的距离
         privatevoiddrawFrame(DatabasepDatabase,double x0,double y0,
doublepLDx,doublepRDx,doublepUDy,doublepDDy,intpGNo,stringpProjectName)
           {
using(TransactionpTrans=Database.TransactionManager.StartTransaction())
                {
BlockTablepBlockTable=(BlockTable)pTrans.GetObject(pDatabase.BlockTableId,
          OpenMode.ForRead);
BlockTableRecordpBlockTableRecord=
               (BlockTableRecord)pTrans.GetObject(pBlockTable[BlockTableRecord.ModelSpace],
               OpenMode.ForWrite);
doublepWidth=0.3;
//pldx=60,prdx=320;pudy=120,pddy=160;
//绘制图框,大小为380x280
PolylinepFramePl=newPolyline();
Point2d pPt1=newPoint2d(x0-pLDx,y0+pUDy);
Point2d pPt2=newPoint2d(x0+pRDx,y0+pUDy);

```
Point2d pPt3=newPoint2d(x0+pRDx,y0-pDDy);
Point2d pPt4=newPoint2d(x0-pLDx,y0-pDDy);
pFramePl. AddVertexAt(0,pPt1,0,pWidth,pWidth);
pFramePl. AddVertexAt(0,pPt2,0,pWidth,pWidth);
pFramePl. AddVertexAt(0,pPt3,0,pWidth,pWidth);
pFramePl. AddVertexAt(0,pPt4,0,pWidth,pWidth);
pFramePl. Closed=true;
pBlockTableRecord. AppendEntity(pFramePl);
pTrans. AddNewlyCreatedDBObject(pFramePl,true);
//绘制右下角表格
doublepRConX=x0+pRDx;
doublepRConY=y0-pDDy;
PolylinepPl=newPolyline();
pPl. AddVertexAt(0,newPoint2d(pRConX,pRConY+48),0,pWidth,pWidth);
pPl. AddVertexAt(0,newPoint2d(pRConX-120,pRConY+48),0,pWidth,pWidth);
pPl. AddVertexAt(0,newPoint2d(pRConX-120,pRConY),0,pWidth,pWidth);
pBlockTableRecord. AppendEntity(pPl);
pTrans. AddNewlyCreatedDBObject(pPl,true);
pPl=newPolyline();
pPl. AddVertexAt(0,newPoint2d(pRConX,pRConY+36),0,pWidth,pWidth);
pPl. AddVertexAt(0,newPoint2d(pRConX-120,pRConY+36),0,pWidth,pWidth);
pBlockTableRecord. AppendEntity(pPl);
pTrans. AddNewlyCreatedDBObject(pPl,true);
for(inti=1;i<=5;i++)
                {
pPl=newPolyline();
if(i==3)
                {
pPl. AddVertexAt(0,newPoint2d(pRConX-74,pRConY+i*6),0,0,0);
pPl. AddVertexAt(0,newPoint2d(pRConX-120,pRConY+i*6),0,0,0);
                }
else
                {
pPl. AddVertexAt(0,newPoint2d(pRConX,pRConY+i*6),0,0,0);
pPl. AddVertexAt(0,newPoint2d(pRConX-120,pRConY+i*6),0,0,0);
                }
pBlockTableRecord. AppendEntity(pPl);
pTrans. AddNewlyCreatedDBObject(pPl,true);
                }
pPl=newPolyline();
pPl. AddVertexAt(0,newPoint2d(pRConX-100,pRConY+36),0,0,0);
pPl. AddVertexAt(0,newPoint2d(pRConX-100,pRConY),0,0,0);
pBlockTableRecord. AppendEntity(pPl);
```

```
pTrans. AddNewlyCreatedDBObject(pPl,true);
pPl=newPolyline();
pPl. AddVertexAt(0,newPoint2d(pRConX-74,pRConY+36),0,0,0);
pPl. AddVertexAt(0,newPoint2d(pRConX-74,pRConY),0,0,0);
pBlockTableRecord. AppendEntity(pPl);
pTrans. AddNewlyCreatedDBObject(pPl,true);
pPl=newPolyline();
pPl. AddVertexAt(0,newPoint2d(pRConX-54,pRConY+36),0,0,0);
pPl. AddVertexAt(0,newPoint2d(pRConX-54,pRConY+24),0,0,0);
pBlockTableRecord. AppendEntity(pPl);
pTrans. AddNewlyCreatedDBObject(pPl,true);
pPl=newPolyline();
pPl. AddVertexAt(0,newPoint2d(pRConX-54,pRConY+12),0,0,0);
pPl. AddVertexAt(0,newPoint2d(pRConX-54,pRConY),0,0,0);
pBlockTableRecord. AppendEntity(pPl);
pTrans. AddNewlyCreatedDBObject(pPl,true);
//绘制表格字段
DBTextpDBText=null;
string[]pTxts=newstring[]{"批准","审查","校核","设计","制图","日期"};
for(inti=0;i<pTxts. Length;i++)
            {
pDBText=newDBText();
pDBText. TextString=pTxts[pTxts. Length-1-i];
pDBText. Height=2.5;
pDBText. Position=newPoint3d(pRConX-114,pRConY+i*6+2,0);
pBlockTableRecord. AppendEntity(pDBText);
pTrans. AddNewlyCreatedDBObject(pDBText,true);
            }
pTxts=newstring[]{"王大河","黄山","李明","张三","李四","2019.07"};
for(inti=0;i<pTxts. Length;i++)
            {
pDBText=newDBText();
pDBText. TextString=pTxts[pTxts. Length-1-i];
pDBText. Height=2.5;
pDBText. Position=newPoint3d(pRConX-95,pRConY+i*6+2,0);
pBlockTableRecord. AppendEntity(pDBText);
pTrans. AddNewlyCreatedDBObject(pDBText,true);
            }
DBTextpCompanyText=newDBText();
pCompanyText. TextString="江西省公路设计院";
pCompanyText. Height=5;
pCompanyText. Position=newPoint3d(pRConX-84,pRConY+38,0);
pBlockTableRecord. AppendEntity(pCompanyText);
```

```
pTrans. AddNewlyCreatedDBObject(pCompanyText,true);
pDBText=newDBText();
pDBText. Height=2.5;
pDBText. TextString="项目名称";
pDBText. Position=newPoint3d(pRConX-70,pRConY+32,0);
pBlockTableRecord. AppendEntity(pDBText);
pTrans. AddNewlyCreatedDBObject(pDBText,true);
pDBText=newDBText();
pDBText. Height=1.6;
pDBText. TextString=pProjectName;
pDBText. Position=newPoint3d(pRConX-53,pRConY+32,0);
pBlockTableRecord. AppendEntity(pDBText);
pTrans. AddNewlyCreatedDBObject(pDBText,true);
pDBText=newDBText();
pDBText. Height=2.5;
pDBText. Position=newPoint3d(pRConX-70,pRConY+26,0);
pBlockTableRecord. AppendEntity(pDBText);
pTrans. AddNewlyCreatedDBObject(pDBText,true);
pDBText=newDBText();
pDBText. Height=2.5;
pDBText. TextString="规划设计";
pDBText. Position=newPoint3d(pRConX-45,pRConY+26,0);
pBlockTableRecord. AppendEntity(pDBText);
pTrans. AddNewlyCreatedDBObject(pDBText,true);
pDBText=newDBText();
pDBText. Height=2.5;
pDBText. TextString="比例尺";
pDBText. Position=newPoint3d(pRConX-70,pRConY+7.5,0);
pBlockTableRecord. AppendEntity(pDBText);
pTrans. AddNewlyCreatedDBObject(pDBText,true);
pDBText=newDBText();
pDBText. Height=2.5;
pDBText. Position=newPoint3d(pRConX-32,pRConY+7.5,0);
pBlockTableRecord. AppendEntity(pDBText);
pTrans. AddNewlyCreatedDBObject(pDBText,true);
pDBText=newDBText();
pDBText. Height=2.5;
pDBText. TextString="图号";
pDBText. Position=newPoint3d(pRConX-65,pRConY+2,0);
pBlockTableRecord. AppendEntity(pDBText);
pTrans. AddNewlyCreatedDBObject(pDBText,true);
pDBText=newDBText();
pDBText. Height=2.5;
```

7.3 道路纵断面绘制

```
pDBText. TextString = pGNo. ToString( ) ;
pDBText. Position = newPoint3d( pRConX-30, pRConY+2, 0) ;
pBlockTableRecord. AppendEntity( pDBText) ;
pTrans. AddNewlyCreatedDBObject( pDBText, true) ;
pTrans. Commit( ) ;
            }
        }
```

(5) 绘制比例样式。

```
        private void drawScale( Polyline3d pRoadMidPl, Database pDatabase, double x0,
            double y0, double scaleX, double scaleY)
            {
using( Transaction pTrans = Database. TransactionManager. StartTransaction( ) )
            {
BlockTable pBlockTable = ( BlockTable) pTrans. GetObject( pDatabase. BlockTableId,
            OpenMode. ForRead) ;
BlockTableRecord pBlockTableRecord =
            ( BlockTableRecord) pTrans. GetObject( pBlockTable[ BlockTableRecord. ModelSpace], Open-
            Mode. ForWrite) ;
Point3dCollection p3DPts = newPoint3dCollection( ) ;
pRoadMidPl. GetStretchPoints( p3DPts) ;
double MaxZ = 0;
double MinZ = 10000;
foreach( Point3d pPt in p3DPts)
            {
if( pPt. Z<MinZ) MinZ = pPt. Z;
if( pPt. Z>MaxZ) MaxZ = pPt. Z;
            }
double pLen = pRoadMidPl. Length;
int pScale = ( int) ( pLen/( MaxZ-MinZ)) ;
//图框左下角坐标
DBText pDBText = null;
double pDownLConX = x0-60;
double pDownLConY = y0-160;
scaleX = Math. Round( scaleX, 0) ; scaleY = Math. Round( scaleY, 0) ;
string[ ] pTxts = newstring[ ]{"纵坡比:1:"+pScale. ToString( ),"竖直比:1:"+scaleY. ToString( ),"横向比:
1:"+scaleX. ToString( ),"比例尺:"};
Line pLine = null;
for( int i = 0; i<pTxts. Length; i++)
            {
pDBText = newDBText( ) ;
pDBText. TextString = pTxts[ i] ;
pDBText. Position = newPoint3d( pDownLConX+40, pDownLConY+45+i*6+2, 0) ;
```

```
pDBText. Height = 2.5;
pBlockTableRecord. AppendEntity(pDBText);
pTrans. AddNewlyCreatedDBObject(pDBText,true);
    }
//绘制竖直比例样式
pLine = newLine(newPoint3d(pDownLConX+70,pDownLConY+53,0),
                newPoint3d(pDownLConX+100,pDownLConY+53,0));
pBlockTableRecord. AppendEntity(pLine);
pTrans. AddNewlyCreatedDBObject(pLine,true);
pLine = newLine(newPoint3d(pDownLConX+70,pDownLConY+54,0),
                newPoint3d(pDownLConX+100,pDownLConY+54,0));
pBlockTableRecord. AppendEntity(pLine);
pTrans. AddNewlyCreatedDBObject(pLine,true);
PolylinepPl = newPolyline();
pPl. AddVertexAt(0,newPoint2d(pDownLConX+70,pDownLConY+53.5),0,1,1);
pPl. AddVertexAt(0,newPoint2d(pDownLConX+80,pDownLConY+53.5),0,1,1);
pBlockTableRecord. AppendEntity(pPl);
pTrans. AddNewlyCreatedDBObject(pPl,true);
pPl = newPolyline();
pPl. AddVertexAt(0,newPoint2d(pDownLConX+90,pDownLConY+53.5),0,1,1);
pPl. AddVertexAt(0,newPoint2d(pDownLConX+100,pDownLConY+53.5),0,1,1);
pBlockTableRecord. AppendEntity(pPl);
pTrans. AddNewlyCreatedDBObject(pPl,true);
doublepDh = 10 * scaleY/1000;
for(inti = 0;i<3;i++)
    {
pDBText = newDBText();
pDBText. TextString = Convert. ToString(i * pDh) +" m";
pDBText. Position = newPoint3d(pDownLConX+70+i * 10,pDownLConY+54.5,0);
pDBText. Height = 2.0;
pBlockTableRecord. AppendEntity(pDBText);
pTrans. AddNewlyCreatedDBObject(pDBText,true);
    }
//绘制横向比例样式
pLine = newLine(newPoint3d(pDownLConX+70,pDownLConY+59,0),
                newPoint3d(pDownLConX+100,pDownLConY+59,0));
pBlockTableRecord. AppendEntity(pLine);
pTrans. AddNewlyCreatedDBObject(pLine,true);
pLine = newLine(newPoint3d(pDownLConX+70,pDownLConY+60,0),
                newPoint3d(pDownLConX+100,pDownLConY+60,0));
pBlockTableRecord. AppendEntity(pLine);
pTrans. AddNewlyCreatedDBObject(pLine,true);
pPl = newPolyline();
```

7.3 道路纵断面绘制

```
pPl.AddVertexAt(0,newPoint2d(pDownLConX+70,pDownLConY+59.5),0,1,1);
pPl.AddVertexAt(0,newPoint2d(pDownLConX+80,pDownLConY+59.5),0,1,1);
pBlockTableRecord.AppendEntity(pPl);
pTrans.AddNewlyCreatedDBObject(pPl,true);
pPl=newPolyline();
pPl.AddVertexAt(0,newPoint2d(pDownLConX+90,pDownLConY+59.5),0,1,1);
pPl.AddVertexAt(0,newPoint2d(pDownLConX+100,pDownLConY+59.5),0,1,1);
pBlockTableRecord.AppendEntity(pPl);
pTrans.AddNewlyCreatedDBObject(pPl,true);
doublepDLen=10*scaleX/1000;
for(inti=0;i<3;i++)
    {
pDBText=newDBText();
pDBText.TextString=Convert.ToString(i*pDLen)+"m";
pDBText.Position=newPoint3d(pDownLConX+70+i*10,pDownLConY+60.5,0);
pDBText.Height=2.0;
pBlockTableRecord.AppendEntity(pDBText);
pTrans.AddNewlyCreatedDBObject(pDBText,true);
    }
pTrans.Commit();
        }
    }
```

(6) 绘制断面图下方分割线。

```
    privatevoiddrawHLine(DatabasepDatabase,double x0,double y0,doublepLeftDx)
        {
doublepDownDy=60;
doublepHeight=3;//字体高度
doublepdy=10;
doublepdx=25;
doublepColheight=15;//行高
int rows=5;
using(TransactionpTrans=Database.TransactionManager.StartTransaction())
        {
DBText[ ]pTexts=newDBText[4];
BlockTablepBlockTable=(BlockTable)pTrans.GetObject(pDatabase.BlockTableId,
        OpenMode.ForRead);
BlockTableRecordpBlockTableRecord=
            (BlockTableRecord) pTrans.GetObject(pBlockTable[BlockTableRecord.ModelSpace],
            OpenMode.ForWrite);
string[ ]pTxts=newstring[ ]{"里程","地面高程","路基高程","路面高程"};
for(inti=0;i<4;i++)
```

```
                    {
DBTextpDBText = newDBText( ) ;
pDBText. TextString = pTxts[ i ] ;
pDBText. Height = pHeight ;
pDBText. Position = newPoint3d( x0-pdx, y0-pdy-pColheight * i, 0 ) ;
pBlockTableRecord. AppendEntity( pDBText ) ;
pTrans. AddNewlyCreatedDBObject( pDBText, true ) ;
                    }
pTrans. Commit( ) ;
            }
using( TransactionpTrans = Database. TransactionManager. StartTransaction( ) )
                {
BlockTablepBlockTable = ( BlockTable ) pTrans. GetObject( pDatabase. BlockTableId,
            OpenMode. ForRead ) ;
BlockTableRecordpBlockTableRecord =
            ( BlockTableRecord ) pTrans. GetObject( pBlockTable[ BlockTableRecord. ModelSpace ],
            OpenMode. ForWrite ) ;
LinepLeftLine = newLine( newPoint3d( x0-pLeftDx, y0, 0 ) ,
                    newPoint3d( x0-pLeftDx, y0-pDownDy, 0 ) ) ;
LinepRighttLine = newLine( newPoint3d( x0+300, y0, 0 ) ,
                    newPoint3d( x0+300, y0-pDownDy, 0 ) ) ;
pBlockTableRecord. AppendEntity( pLeftLine ) ;
pTrans. AddNewlyCreatedDBObject( pLeftLine, true ) ;
pBlockTableRecord. AppendEntity( pRighttLine ) ;
pTrans. AddNewlyCreatedDBObject( pRighttLine, true ) ;
for( inti = 0; i<rows; i++ )
                {
LinepLine = newLine( ) ;
pLine. StartPoint = newPoint3d( x0-pLeftDx, y0-i * 15, 0 ) ;
pLine. EndPoint = newPoint3d( x0+300, y0-i * 15, 0 ) ;
pBlockTableRecord. AppendEntity( pLine ) ;
pTrans. AddNewlyCreatedDBObject( pLine, true ) ;
                }
pTrans. Commit( ) ;
            }
        }
```

(7) 绘制道路纵断面线。

```
        privatevoiddrawRoadSection( DatabasepDatabase, Polyline3d pPl3d, doublepStartX,
        doublepStartY, doublepXScale, doublepYScale, doublepMinZ, intpRow )
            {
using( TransactionpTrans = Database. TransactionManager. StartTransaction( ) )
```

7.3 道路纵断面绘制

```
            }
BlockTablepBlockTable=(BlockTable)pTrans.GetObject(pDatabase.BlockTableId,
        OpenMode.ForRead);
BlockTableRecordpBlockTableRecord=
            (BlockTableRecord) pTrans.GetObject (pBlockTable[BlockTableRecord.ModelSpace],
            OpenMode.ForWrite);
Point3dCollection pPoint3dCollection=newPoint3dCollection();
        pPl3d.GetStretchPoints(pPoint3dCollection);
//纵断面线
PolylinepOutPl=newPolyline(pPoint3dCollection.Count);
TypedValue[ ]pValues=pPl3d.XData.AsArray();
stringpType=pValues[3].Value.ToString().Split(',')[1];
double pPl3dLen=getPl3dLength(pPl3d);
doublepSumLc=0;
double pSumLc2=0;
for(inti=0;i<pPoint3dCollection.Count;i++)
            {
doublepLC=0;
Point2d pPoint2d=newPoint2d();
pLC=getPl3dLength(pPl3d,i);
            pPoint2d=newPoint2d(pLC*1000/pXScale+pStartX,
        (pPoint3dCollection[i].Z-pMinZ)*1000/pYScale+pStartY);
pOutPl.AddVertexAt(0,pPoint2d,0,0,0);
if(i>0)
            {
doublepPreLC=0;
pPreLC=getPl3dLength(pPl3d,i-1);
pSumLc=pSumLc+(pLC-pPreLC)*1000/pXScale;
            }
doublepTempLc=pSumLc;
//绘制设计里程线和里程
doublepDownDy=60;
LinepColLine=newLine(newPoint3d(pLC*1000/pXScale+pStartX,pStartY,0),
newPoint3d(pLC*1000/pXScale+pStartX,pStartY-pDownDy,0));
DBTextpLCText=newDBText();
pLCText.Position=newPoint3d(pLC*1000/pXScale+pStartX-2,pStartY-13,0);
pLC=Math.Round(pLC,1);
string txt=pLC.ToString();
if(pLC<1000)
            {
if(pLC<10)
            {
```

```
                                txt="0+00"+txt;
                            }
elseif(pLC>=10 &&pLC<100)
                            {
                                txt="0+0"+txt;
                            }
elseif(pLC>=100)
                            {
                                txt="0+"+txt;
                            }
                        }
elseif(pLC>=1000)
                        {
int k=txt.IndexOf(".");
if(k>0)
                            {
                                txt=txt.Substring(0,k-3)+"+"+txt.Substring(k-3);
                            }
                        }
pLCText.Height=2;
pLCText.TextString=txt;
pLCText.Rotation=Math.PI*0.5;
if(pSumLc>=8 &&i>0)
                        {
pBlockTableRecord.AppendEntity(pColLine);
pTrans.AddNewlyCreatedDBObject(pColLine,true);
pBlockTableRecord.AppendEntity(pLCText);
pTrans.AddNewlyCreatedDBObject(pLCText,true);
pSumLc=0;
                        }
elseif(i= =0)
                        {
pBlockTableRecord.AppendEntity(pColLine);
pTrans.AddNewlyCreatedDBObject(pColLine,true);
pBlockTableRecord.AppendEntity(pLCText);
pTrans.AddNewlyCreatedDBObject(pLCText,true);
                        }
elseif(pSumLc<8 &&i= =pPoint3dCollection.Count-1)
                        {
pBlockTableRecord.AppendEntity(pColLine);
pTrans.AddNewlyCreatedDBObject(pColLine,true);
pBlockTableRecord.AppendEntity(pLCText);
```

```
pTrans. AddNewlyCreatedDBObject(pLCText,true);
        }
//绘制高程
DBText pHText=new DBText();
pHText. Position=new Point3d(pLC*1000/pXScale+pStartX-2,pStartY-13-pRow*15,0);
pHText. TextString=Convert. ToString(Math. Round(pPoint3dCollection[i]. Z,2));
int kk=pHText. TextString. IndexOf(". ");
if(kk<0)
        {
pHText. TextString=pHText. TextString+". 00";
        }
if(kk>0)
        {
string txt1=pHText. TextString. Substring(kk+1);
if(txt1. Length= =1)
        {
pHText. TextString=pHText. TextString+"0";
        }
        }
pHText. Height=2;
pHText. Rotation=Math. PI*0. 5;
if(pTempLc>=8 &&i>0)
        {
pBlockTableRecord. AppendEntity(pHText);
pTrans. AddNewlyCreatedDBObject(pHText,true);
pSumLc=0;
        }
elseif(i= =0)
        {
pBlockTableRecord. AppendEntity(pHText);
pTrans. AddNewlyCreatedDBObject(pHText,true);
        }
elseif(pTempLc<8 &&i= =pPoint3dCollection. Count-1)
        {
pBlockTableRecord. AppendEntity(pHText);
pTrans. AddNewlyCreatedDBObject(pHText,true);
        }
        }
pBlockTableRecord. AppendEntity(pOutPl);
pTrans. AddNewlyCreatedDBObject(pOutPl,true);
pTrans. Commit();
        }
    }
```

(8) 主命令函数。

```csharp
[CommandMethod("drawSectionPL")]
public void drawSectionPL()
{
    string pFileName = "D:\\道路纵断面.dwg";
    Document pDoc = Application.DocumentManager.MdiActiveDocument;
    Database pCurDb = pDoc.Database;
    Editor pEd = Application.DocumentManager.MdiActiveDocument.Editor;
    PromptEntityOptions pEntOptions = new PromptEntityOptions("选择道路中线:");
    PromptEntityResult pEntResult = pEd.GetEntity(pEntOptions);
    if(pEntResult.Status == PromptStatus.Cancel) return;
    ObjectId pEntId = pEntResult.ObjectId;
    using(Transaction pTrans = pCurDb.TransactionManager.StartTransaction())
    {
        //在新的dwg文档中绘制纵断面
        Database pNewDatabase = new Database(true, false);
        double x0 = 60, y0 = 60;
        Polyline3d pRoadMidPl = pTrans.GetObject(pEntId, OpenMode.ForRead) as Polyline3d;
        //读取道路中线三维顶点,并获得最大和最小高程
        Point3dCollection p3DPts = new Point3dCollection();
        pRoadMidPl.GetStretchPoints(p3DPts);
        double minH = 9999, maxH = 0;
        foreach(Point3d pPt in p3DPts)
        {
            if(pPt.Z < minH) minH = pPt.Z;
            if(pPt.Z > maxH) maxH = pPt.Z;
        }
        minH = Math.Round(minH, 0);
        double[] scaleXY = getScaleXY(pRoadMidPl, minH, maxH, 300, 80);
        Point2dCollection p2dPts = getSectionPts(pRoadMidPl, scaleXY, x0, y0, minH);
        drawYAxis(pNewDatabase, p2dPts, 60, 60, minH, scaleXY[1]);
        //pldx=60,prdx=320;pudy=120,pddy=160;
        //绘制图框,大小为380x280
        drawFrame(pNewDatabase, x0, y0, 60, 320, 120, 160, 10, "赣粤高速横市段");
        drawScale(pRoadMidPl, pNewDatabase, x0, y0, scaleXY[0], scaleXY[1]);
        drawHLine(pNewDatabase, x0, y0, 40);
        drawRoadSection(pNewDatabase, pRoadMidPl, x0, y0, scaleXY[0], scaleXY[1], minH, 2);
        //保存断面到新的dwg文件中
        pNewDatabase.SaveAs(pFileName, DwgVersion.Current);
        pTrans.Commit();
    }
}
```

习题与思考题

1. 在 7.1 小节基础上实现等高线的绘制。
2. 在三角网基础上构建方格网,并编程实现基于格网的填挖方计算。
3. 如果一幅地形图中有多条设计道路,如何实现道路纵断面批量输出?在 7.3 小节基础上给出实现代码。
4. 对地形要素图层建立格网索引,并基于格网索引实现地形要素搜索。

8 AutoCAD 中的 GIS 插件
——ArcGIS for AutoCAD

本章介绍在 AutoCAD 中创建和使用地理信息的基本技术将 AutoCAD 实体生成 ArcGIS 要素,而且是原生 ArcGIS 要素,即不用经过中间转换就能被 ArcGIS 直接使用的要素。

8.1 简　　介

8.1.1 ArcGIS for AutoCAD?

ArcGIS for AutoCAD 是针对 AutoCAD 推出的 Esri 插件,使 CAD 专业人士可以将 AutoCAD 作为 ArcGIS for Server 的 web 客户端来使用。它还扩展了工程图文件,使 AutoCAD 实体具有属性信息,允许创作者在工程图文件中嵌入、编辑要素类方案和属性信息,并与 ArcGIS 系统共享。主要功能包括:

(1) 地图服务。通过 ArcGIS for AutoCAD 中的地图服务可访问由 ArcGIS for Server 发布的地图。可以向当前工程图中添加一个或多个地图服务,并使用"识别"工具来查看地图中允许查询操作的要素属性。要素图层可引用来自多种数据源(如地理数据库、shapefile 或栅格数据)的数据。

(2) 要素服务。通过 ArcGIS for AutoCAD 中的要素服务可访问地图中由 ArcGIS for Server 发布的矢量几何。要素以 AutoCAD 对象表示,分布在不同的工程图图层上,并以要素类的形式组织。可以使用标准 AutoCAD 命令来编辑要素,如果拥有写入权限,可以将更改内容返回至源企业级地理数据库的服务器中。

(3) 影像服务。通过 ArcGIS for AutoCAD 中的影像服务可访问由 ArcGIS for Server 发布的栅格和影像数据。可以向当前工程图中添加一个或多个影像服务。影像服务可引用来自多种数据源(如栅格数据集、镶嵌数据集或引用栅格数据集或镶嵌数据集的图层文件)的数据。

(4) 定位器服务。定位器服务是可用于定位地址、寻找地点、要素或感兴趣点的地理服务。使用 ArcGIS for AutoCAD 定位地点时,临时的 AutoCAD 点实体会添加到工程图中的已知坐标位置。如果找到多个位置,则每个位置均会添加一个临时点。

(5) 坐标系。指定坐标系会在工程图文件中嵌入 Esri 投影(.prj)文件的内容。ArcGIS for AutoCAD 使用坐标系在 AutoCAD 中动态投影 ArcGIS Web 服务。将工程图添加到地图(.mxd)文档时,ArcGIS for Desktop 也会识别此坐标系。

(6) 原生要素类。原生 ArcGIS 要素类是共享一组常见属性的 AutoCAD 对象的命名选择集。可以动态地创建和配置它们以显示内容的特定子集,作为 ArcGIS for Desktop 可识别的 ArcGIS 即用型要素类。它们的功能与 ArcMap 中的定义查询类似,此外它们还可以定义属性字段并将要素属性附加到原生的 AutoCAD 几何对象。

8.1.2 快速浏览——ArcGIS for AutoCAD

设计和工程专业人士通常根据 GIS 信息作出关键性的决策。完成项目后，重新设定 CAD 工程图的用途并用它来记录持续进行中的施工信息的情况并不少见。ArcGIS for AutoCAD 有助于 CAD 和 GIS 专业人士在各自的数据系统之间共享该数据。

该软件将作为 AutoCAD 的插件进行安装，供 AutoCAD 专业人士访问使用 ArcGIS for Server 发布的 ArcGIS web 服务。除了访问 ArcGIS 服务，该软件还提供一些将原生的 AutoCAD 几何对象转换为 ArcGIS 要素类的工具。用户可以创建、导入和编辑由 ArcGIS for Desktop 识别为只读要素类的要素类方案，包括 Esri 坐标系和附加到几何中的要素属性（见图 8-1）。

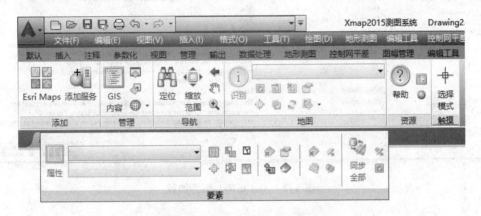

图 8-1　ArcGIS for AutoCAD 功能界面

8.1.2.1　功能区

功能区中的命令按照执行活动的类型进行分组，例如添加服务或使用特定内容。

8.1.2.2　ArcGIS Web 服务

ArcGIS Web 服务提供了对影像、智能地图和权威要素数据的访问权限。在 ArcGIS for AutoCAD 中，用户可与服务器进行交互，并通过单个接口访问 Web 服务。向工程图中添加的服务可能仅来自用户的服务器，也可能来自多个服务器。可从 Esri 免费获取用于提供特定工作流以协助作业的若干服务，例如底图（见图 8-2）。

（1）地图和影像服务。通过 ArcGIS for AutoCAD 中的地图服务可访问由 ArcGIS for Server 发布的地图。用户可以向当前工程图中添加一个或多个地图服务，并使用"识别"工具来查看地图中允许查询操作的要素属性。要素图层可引用来自多种数据源（如地理数据库、shapefile 或栅格数据）的数据。

通过 ArcGIS for AutoCAD 中的影像服务可访问由 ArcGIS for Server 发布的栅格和影像数据。用户可以向当前工程图中添加一个或多个影像服务。影像服务可引用来自多种数据源（如栅格数据集、镶嵌数据集或引用栅格数据集或镶嵌数据集的图层文件）的数据。地图和影像服务的常见用途包括以下示例：

1）在正确的地理位置上放置 AutoCAD 对象；
2）引用权威的要素数据，如拓扑、地质或水文信息；

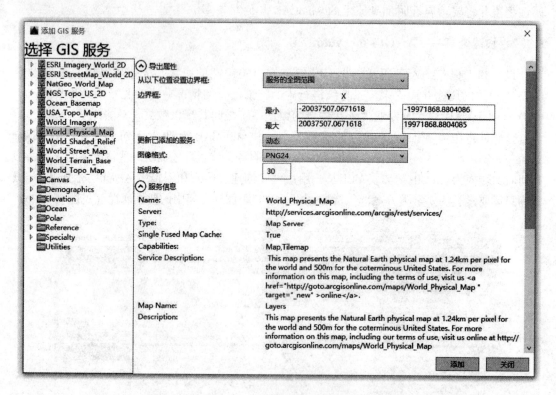

图 8-2　ArcGISWeb 服务加载

3）基于美国地质勘探局（USGS）和美国国家航空航天局（NASA）创建的全球土地测量（GLS）数据集来引用影像服务。

（2）要素服务。通过 ArcGIS for AutoCAD 中的要素服务可访问地图中由 ArcGIS for Server 发布的矢量几何。要素以 AutoCAD 对象来表示，分布在不同的工程图图层上，并以要素类的形式来组织。用户可以使用标准 AutoCAD 命令来编辑要素，如果拥有写入权限，可以将更改内容返回至源企业级地理数据库的服务器中。

8.1.2.3　Esri 底图

Esri 地图库可提供对 ArcGIS Online 上发布的只读地图和影像的快速访问，如图 8-3 所示。这些地图通常作为发挥位置参考功能的底图图层使用，在底图图层上用户可以创建和编辑包含在 AutoCAD 工程图中的业务数据。

8.1.2.4　定位地址或地点

定位 ![icon] 将搜索地址或地点，并在工程图中的已知坐标位置添加一个临时 AutoCAD 点。创建的临时点将作为 ESRI_Locations 要素类的成员，并放置 ESRI_Locations 图层上。关闭表后，点将从工程图中移除，如果想在图层中创建用户的位置，则保留图层。用户可以指定地点名称（例如夏威夷）或有效的缩写（例如 HI）。如果找到多个位置，则每个位置均会添加一个点要素。

与其他 Internet 定位器服务类似，对话框接受单行输入并使用 ArcGIS World Geocoding 服务。

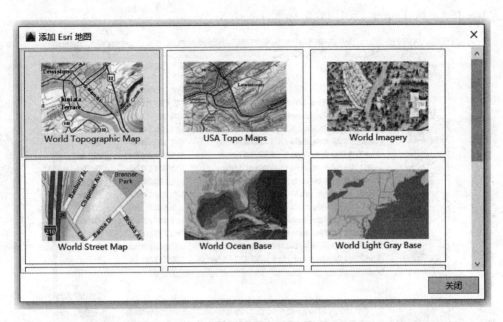

图 8-3　Esri 地图

8.1.2.5　识别要素

使用识别工具可以查看地图要素的只读信息。如果发布的地图服务未启用查询操作，则此控件不可用（见图 8-4）。

Feature ID	OBJECTID	LAT_LENGTH	MHDISTANCE	CONN_FEE	PERMIT_NUM	LATCODE
33	33	PL	344.4	C245	1112	B
34	34	PL	304.4	C245	1111	B
35	35	PL	239.4	C245	1110	B
36	36	PL	175.4	C245	1729	B
37	37	PL	109.4	C245	5967	B
38	38	PL	39.4	C245	973	B
41	41	PL	340.4	C245	9874	B
42	42	PL	301.4	C245	6584	B
43	43	PL	230.4	C245	6215	B
44	44	PL	161.4	C245	950	B

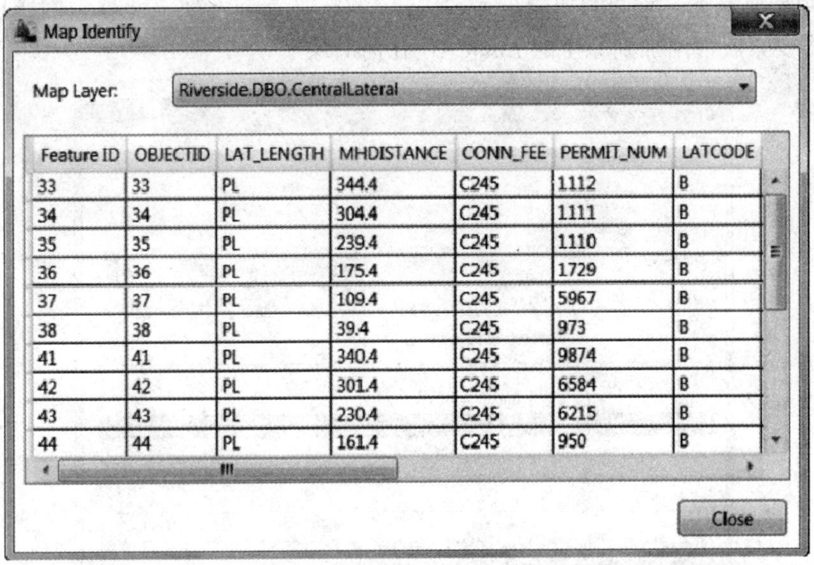

图 8-4　地图识别工具

8.1.2.6　指定坐标系

指定坐标系会在工程图文件中嵌入 Esri 投影（.prj）文件的内容。ArcGIS for AutoCAD 使用坐标系在 AutoCAD 中动态投影 ArcGIS Web 服务。将工程图添加到地图（.mxd）文档时，ArcGIS for Desktop 也会识别此坐标系（见图 8-5）。

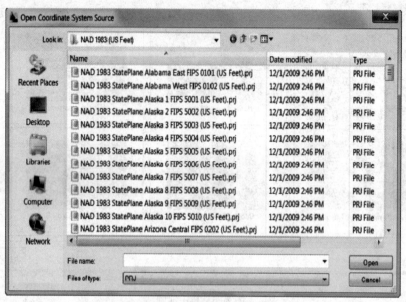

图 8-5 选择坐标系

8.1.2.7 创建、编辑和共享本地要素类

原生 ArcGIS 要素类是共享一组常见属性的 AutoCAD 对象的命名选择集（见图 8-6）。用户可以动态地创建和配置它们以显示内容的特定子集，作为 ArcGIS for Desktop 可识别的 ArcGIS 即用型要素类。它们的功能与 ArcMap 中的定义查询类似，此外它们还可以定义属性字段并将要素属性附加到原生的 AutoCAD 几何对象。

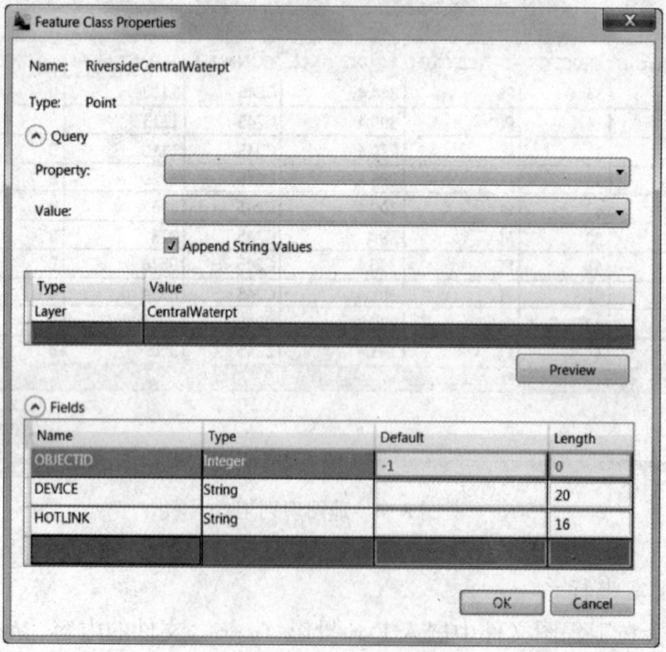

图 8-6 创建要素类

8.1.3 启动 ArcGIS for AutoCAD

安装 ArcGIS for AutoCAD 后，用户可以使用 Windows 任务栏上的开始按钮来启动 AutoCAD 并在启动时加载该插件。该菜单将在特定计算机上启动上次使用的 AutoCAD。具体步骤：

（1）单击 Windows 开始按钮，然后单击所有程序。
（2）单击以展开 ArcGIS for AutoCAD 文件夹。
（3）单击 ArcGIS for AutoCAD 图标以启动相应的 AutoCAD 和 ArcGIS for AutoCAD 插件。

提示：在 AutoCAD 会话中，用户可以使用 NETLOAD 命令加载 ArcGIS for AutoCAD。

8.1.4 ArcGIS for AutoCAD 基本词汇

ArcGIS for AutoCAD 基本词汇如表 8-1 所示。

表 8-1 ArcGIS for AutoCAD 基本词汇

术语	说明
要素类	ArcGIS 中的要素类是具有同一几何类型（例如，点、线或面）、相同属性字段和同一空间参考的地理要素的命名集合
要素图层	在 ArcMap 地图文档中，要素图层是一种数据的制图表达。要素图层引用特定的要素类数据，并管理符号系统和其他视觉特征
要素服务	要素服务是通过 ArcGIS for Server 发布的 ArcMap 地图文档，发布后将用作具有要素访问功能的基于 web 的服务。要素访问功能使得 ArcGIS Server 客户端可以查询和编辑要素
地理坐标系	地理坐标系是一种使用经纬度定义球体或椭球体表面上点位置的参考系统。地理坐标系的定义包括基准面、本初子午线和角度单位
影像服务	影像服务是通过 ArcGIS for Server 发布的栅格或影像数据，发布后将用作基于 web 的服务
原生要素类	原生要素类是共享相同属性和属性字段的标准 DWG 对象类型的命名集合。ArcGIS for AutoCAD 和 ArcGIS for Desktop 都可以读取和编写可嵌入 AutoCAD 工程图文件中的要素类方案
地图服务	地图服务是通过 ArcGIS for Server 发布的 ArcMap 地图文档，发布后将用作基于 web 的服务
投影坐标系	投影坐标系是一种采用两个或三个维度来定位点、线和面积要素的 x、y 和 z 位置的参考系统。投影坐标系由地理坐标系、地图投影、地图投影所需的所有参数以及线性测量单位来定义
空间参考	空间参考是一个用于定位空间位置并定义位置关系的地理坐标系。它通常也被称为坐标系
同步	同步要素服务可以更新 AutoCAD 工程图和具有最新信息的源企业级地理数据库，包括其他人的编辑内容
垂直坐标系	垂直坐标系是一个用于定义相对于表面的 z 值位置的参考系统。表面可以是重力相关表面（例如大地水准面）或者是一个较规则表面（例如球体或椭球体）
子类型	子类型是要素类中具有相同属性的要素的子集，或表中具有相同属性的对象的子集。可通过它们对数据进行分类
属性域	属性域或域是描述字段类型有效值的规则，提供了一种增强数据完整性的方法。属性域用于约束表或要素类的任意特定属性中的允许值

8.1.5 命令参考

除了使用功能区按钮之外，用户还可以在 AutoCAD 命令提示符中执行表 8-2 所示的命令。

表 8-2 ArcGIS for AutoCAD 命令

命令	参数	说明
Esri_AboutArcgis		报告 ArcGIS for AutoCAD 的版本
Esri_AddEsriMap		显示从 ArcGIS Online 的 Esri 底图中选择的可添加到当前工程图中的地图
ESRI_ADDFEATURESERVICEBYURL		将 Esri 要素服务添加到用户当前的工程图中
ESRI_ADDMAPSERVICEBYURL		将 Esri 地图服务添加到用户当前的工程图中
ESRI_ADDIMAGESERVICEBYURL		将 Esri 影像服务添加到用户当前的工程图中
Esri_AddService		打开添加 GIS 服务对话框
Esri_ArcgisHelp		打开 ArcGIS for AutoCAD 帮助系统
Esri_AssignCS	\<filename\>	开投影（.prj）文件，并将此坐标系指定给工程图
ESRI_CLEARSELECTION		移除 AutoCAD 中设置的任何选项
ESRI_DELETEFEATURECLASS		从用户的工程图中删除当前要素类
ESRI_DELETEALLFEATURESERVICES		从用户的工程图中移除所有要素服务
ESRI_DELETEFEATURESERVICE		从用户的工程图中移除当前要素服务
Esri_RemoveCS		移除当前坐标系
ESRI_DISCONNECTFEATURESERVICE		允许用户通过创建要素服务数据的本地副本，编辑要素服务数据
Esri_DiscardAllEdits		放弃工程图中对所有要素服务挂起的编辑内容
Esri_DiscardEdits		放弃工程图中对当前要素服务图层挂起的编辑内容
Esri_FeatureClassProperties		提供当前要素服务图层的相关信息
Esri_MapServiceProperties		提供当前地图或影像服务的相关信息
Esri_ExportMap		导出当前地图或影像服务，在磁盘和工程图中另存为栅格
Esri_GeneratePalette		根据工程图中的当前要素服务图层生成 ArcGIS 工具选项板
Esri_Attributes	\<第一个拐角\> \<第二个拐角\>	打开要素属性对话框并显示属性
Esri_IdentifyMap	\<第一个拐角\> \<第二个拐角\>	将打开要素属性对话框
Esri_ImportSchema	\<filename\>	将打开导入 GIS 方案对话框
Esri_ListCS		列出当前坐标系
Esri_Locate		打开定位对话框

续表 8-2

命令	参数	说明
ESRI_NAVIGATEPALETTE		打开"工具选项板"对话框，然后调用 ArcGIS for AutoCAD 标签
Esri_NewFeatureClass		打开"要素类属性"对话框以定义新要素类
ESRI_OPENATTRIBUTETABLE		打开属性表
ESRI_REFRESHALLMAPS		刷新工程图中所有地图服务
ESRI_REFRESHDATASET		与"工具选项板"对话框一同刷新原生要素类和要素服务
ESRI_REFRESHMAP		刷新当前地图服务
Esri_SelectByAttribute		将打开按属性选择对话框
ESRI_SELECTFEATURES		选择当前要素类的所有要素
ESRI_SETCURRENTDRAWINGLAYER		如果由要素服务中的图层定义当前图层，则定义后应与要素类图层相匹配
Esri_SelectFeatureObjects	<第一个拐角> <第二个拐角>	交互选择属于当前要素类的对象
Esri_SetCurrentFeature-ServiceLimit		通过工程图的当前视图设置当前要素服务限制
Esri_SetCurrentMapLimit		通过工程图的当前视图设置地图或影像服务限制
Esri_SetFeatureServiceLimit		通过工程图的当前视图设置要素服务限制
Esri_FeatureClassProperties		显示当前要素类的相关信息
Esri_Table		打开当前要素类的属性表
ESRI_TABLESELECTED		打开"表"对话框，然后仅显示选择的实体字段
Esri_ShowToc		打开"GIS 内容选项板"
ESRI_SYNCHRONIZE		与服务器同步编辑并刷新当前要素服务
Esri_SynchronizeAll		与服务器同步所有编辑内容，并刷新工程图中的所有要素服务
ESRI_UPDATEPALETTE		根据当前要素服务图层生成 ArcGIS 工具选项板，然后刷新对话框
Esri_ZoomExtents		缩放至当前工程图中所有对象的范围
ESRI_ZOOMFEATURES		缩放至当前工程图中当前要素类的要素范围
ESRI_ZOOMSELECTED		缩放至当前工程图中选择的要素范围

8.2 安装指南

8.2.1 ArcGIS for AutoCAD 的系统要求

要安装和使用 ArcGIS for AutoCAD，用户需要相关配置如表 8-3 所示。

表 8-3　ArcGIS for AutoCAD 系统配置

基于 AutoCAD 的应用程序	AutoCAD 2013 或更高版本，32 位或 64 位
	AutoCAD Map 3D 2013 或更高版本，32 位或 64 位
	AutoCAD Civil 3D 2013 或更高版本，32 位或 64 位
Windows 操作系统	Microsoft Windows 8 企业版；Microsoft Windows 7 企业版、旗舰版、专业版或家庭高级版
	Windows Vista 企业版、商务版、旗舰版或家庭高级版（SP1 或更高版本）
	Microsoft Windows XP 专业版或家庭版（SP3）
Microsoft.NET Framework	Microsoft.NET Framework v3.5（SP1 或更高版本）
ArcGIS Server 的 Internet 连接	含已发布地图服务、要素服务或影像服务的 ArcGIS Server 10.0 或更高版本
支持语言	英文、中文、法文、德文、意大利文、日文、葡萄牙文、俄文、西班牙文

注：ArcGIS for AutoCAD 不适用于 AutoCAD LT，因为它不包含必要的 SDK 组件。

8.2.2　安装 ArcGIS for AutoCAD

按以下步骤安装 ArcGIS for AutoCAD 32 位或 64 位，具体步骤：

（1）关闭计算机上的所有应用程序。
（2）打开 Windows 资源管理器窗口并浏览至下载安装程序文件的文件夹。
（3）运行 setup.exe 文件以启动安装过程。
（4）在欢迎使用 ArcGIS for AutoCAD 安装程序对话框中，单击下一步。
（5）安装的其余步骤，请按照屏幕上的说明操作。

注：安装 ArcGIS for AutoCAD 需要 Windows Installer 3.1 或更高版本。

（1）如果用户的计算机上不存在 3.1 或更高版本，则运行 setup.exe 文件来安装 Windows Installer 3.1。
（2）运行 setup.msi 文件需要预先安装 Windows Installer 3.1 或更高版本。

8.2.3　加载 ArcGIS for AutoCAD

在 AutoCAD 会话中，用户可以使用 NETLOAD 命令加载 ArcGIS for AutoCAD。具体步骤：

（1）启动用户选择的 AutoCAD 程序。启动 AutoCAD 应用程序。
（2）在命令提示符处输入 NETLOAD。
（3）浏览至 ArcGIS for AutoCAD 程序文件夹。例如：C:\Program Files\ArcGIS for AutoCAD。
（4）选择 ArcGISForAutoCAD.dll 文件，然后单击打开。当用户退出 AutoCAD 应用程序时，将卸载 ArcGIS for AutoCAD。

8.2.4　在启动时加载 ArcGIS for AutoCAD

有多种方法可用来实现启动时自动加载 ArcGIS for AutoCAD。

(1) 使用 acad.lsp 文件。当启动 AutoCAD 时，会搜索 acad.lsp 文件的支持文件搜索路径。如果找到 acad.lsp 文件，会加载该文件的内容。以下代码片段显示了如何从 acad.lsp 文件中加载 ArcGIS for AutoCAD。

(command"_ribbon")
(command"netload""C:\\Program Files\\ArcGIS for AutoCAD 355\\ArcGISForAutoCAD")

(2) 使用 (.scr) 脚本文件。脚本是每行对应一条命令的文本文件。以下代码片段显示了如何从脚本文件中加载 ArcGIS for AutoCAD。

_ribbon
netload
"arcgisforautocad.dll"

1) 在 AutoCAD 会话中运行脚本。
要在 AutoCAD 会话中运行脚本，在命令提示符处输入 SCRIPT。
2) 在"运行"对话框中运行脚本。
要在启动时运行脚本，在运行对话框中输入开关/b，例如，ACAD/b MyStartupScript。

8.3 ArcGIS 中的要素类

8.3.1 要素类

要素类是具有相同空间制图表达（如点、线或面）和一组通用属性列的常用要素的同类集合，例如，表示道路中心线的线要素类。最常用的四个要素类分别是点、线、面和注记（地图文本的地理数据库名称）。

在下图中，使用它们来表示同一个区域的四个数据集（见图 8-7）：(1) 以点形式表示的检修孔盖；(2) 下水道管线；(3) 宗地面；(4) 街道名注记。

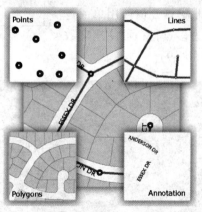

图 8-7 ArcGIS 中的要素类

在此图中，用户也可能已对潜在需求进行了标注，以便对某些高级要素属性建模。例如，下水道管线和检修孔盖位置构成了一个雨水下水道网络，用户可以使用该系统来对径流和流量建模。此外，还应注意相邻宗地如何共用公共边界。大多数宗地用户都希望使用拓扑来维护共享要素边界在数据集中的完整性。

如前文所述，用户通常需要在地理数据集中对此类空间关系和行为进行建模。在此种情况下，用户可通过添加多个高级地理数据库元素（如拓扑、网络数据集、terrain 和地址定位器）来扩展这些基本要素类。

8.3.2 地理数据库中要素类的类型

矢量要素（带有矢量几何的地理对象）是一种常用的地理数据类型，其用途广泛，非常适合表示带有离散边界的要素（例如街道、州和宗地）。要素是一个对象，可将其地理制图表达（通常为点、线或面）存储为行中的一个属性（或字段）。在 ArcGIS 中，要素类是数据库表中存储有公共空间制图表达和属性集的要素的同类集合，例如，线要素类用于表示道路中心线。

创建要素类时，将要求用户设置要素的类型以定义要素类的类型（点、线、面等）。

（1）点：表示过小而无法表示为线或面以及点位置（如 GPS 观测值）的要素。

（2）线：表示形状和位置过窄而无法表示为区域的地理对象（如，街道中心线与河流）。也使用线来表示具有长度但没有面积的要素，如等值线和边界。

（3）面：一组具有多个边的面要素，表示同类要素类型（如州、县、宗地、土壤类型和土地使用区域）的形状和位置。

（4）注记：包含表示文本渲染方式的属性的地图文本。除了每个注记的文本字符串，还包括一些其他属性（例如，用于放置文本的形状点、其字体与字号以及其他显示属性）。注记也可以是要素关联的，并可包含子类。

（5）尺寸注记：一种可显示特定长度或距离（例如，要指示建筑物某一侧或地块边界或两个要素之间距离的长度）的特殊注记类型。在 GIS 的设计、工程和公共事业应用中，经常会使用尺寸注记（见图 8-8）。

（6）多点：由多个点组成的要素。多点通常用于管理非常大的点集合数组（如激光雷达点聚类），可包含数以亿计的点。对于此类点几何使用单一行是不可行的。将这些点聚类为多点行，可使地理数据库能够处理海量点集（见图 8-9）。

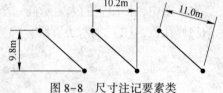

图 8-8 尺寸注记要素类

图 8-9 多点要素类

(7)多面体:一种3D几何,用于表示在三维空间中占用离散区域或体积的要素的外表面或壳。多面体由平面3D环和三角形构成,多面体将组合使用这两种形状以建立三维壳模型。可使用多面体来表示从简单对象(如球体和立方体)到复杂对象(如等值面和建筑物)的任何事物(见图8-10)。

图8-10 多面体要素类

8.4 原生要素类

8.4.1 使用原生要素类的基本概念

原生ArcGIS要素类是共享一组常见属性的AutoCAD对象的命名选择集。用户可以动态地创建和配置它们以显示内容的特定子集,作为ArcGIS for Desktop可识别的ArcGIS即用型要素类。它们的功能与ArcMap中的定义查询类似,此外它们还可以定义属性字段并将要素属性附加到原生的AutoCAD几何对象。

(1)方案。原生要素类方案是在数据集(或工程图)级别嵌入工程图中的非图形信息。它们是一种仅方案的要素类,用于存储元数据但不包含任何实际的要素数据。信息按照DWG对象字典的标准化框架存储为原生DWG xrecord。方案和编码结构由CAD的Esri制图规范定义。

(2)创建原生要素类。用户可以从零开始创建原生要素类,或者从工程图(.dwg)文件或要素服务导入。

1)在功能区的要素组中,单击新建要素类 按钮从零开始创建要素类。

2)在功能区的管理组中,单击导入GIS方案按钮从包含预定义方案的工程图(.dwg)文件导入要素类。

3)要从服务中进行提取,请使用添加GIS服务对话框,或者在GIS内容选项板中右键单击该服务。

(3)设置当前要素类

在功能区的要素组中,使用各种工具和命令来控制通过当前要素类下拉列表设置为当前要素类的要素类。

8.4.2 创建原生要素类

可以使用新建要素类对话框创建一个新的原生要素类。具体步骤：

（1）在功能区的要素组中，单击新建要素类 按钮，将打开新建要素类对话框。

（2）在名称文本框中输入要素类的名称。该名称必须对当前工程图唯一，以字母开始，而且不含空格。

（3）单击类型下拉箭头并选择要素类型。

"类型"属性将选择集限制为 ArcGIS for Desktop 和 ArcGIS for Server 中 ArcGIS 要素几何类型支持的 AutoCAD 对象。

（4）单击下一步。将打开要素类属性对话框。

（5）单击属性下拉箭头并配置查询，以选择希望作为要素类成员的 AutoCAD 对象，例如图层 V-PROP-LINE 上的所有实体。

如果将过滤器留空，默认情况下，要素类型属性定义的所有 AutoCAD 对象都是要素类成员。单击预览通过观察确认查询是否被正确配置。

（6）在字段部分中，单击名称、类型和默认单元格定义必填字段。

这些字段用于将属性值直接附加到 AutoCAD 对象，并使用 ArcGIS for Desktop 将它们共享为要素属性。

8.4.3 导入原生要素类

用户可以将来自现有 DWG 或 DWT 文件中的要素类方案导入到当前的工程图。具体步骤：

（1）在功能区的管理组中，单击导入 GIS 方案按钮 ，将打开导入方案对话框。

（2）单击文件类型下拉列表，并选择 DWG 或 DWT。

（3）导航到 DWG 或 DWT 文件并将其选中。

（4）单击打开。

如果当前工程图尚未分配坐标系，此操作将同时导入坐标系。

提示：用户可以使用添加 GIS 服务对话框从要素服务中提取要素类方案，或在 GIS 内容选项板中右键单击服务以实现该目的。

8.4.4 选择原生要素

用户可以通过功能区上要素组中的选择工具选择 AutoCAD 对象作为要素类。步骤：

（1）在功能区的"要素"组中，单击当前要素类下拉列表，并将要素类设置为当前要素类。

（2）单击以下选择工具之一。

1）选择对象 ：系统将提示用户使用指针以交互方式选择对象。

2）按属性选择 ：将打开按属性选择对话框。

3）全选 ：选择当前要素类的所有成员。

8.4 原生要素类

4)清除所选项 ![] : 清除选择集。

(3)键入或单击适用于对象的 AutoCAD 命令,例如移动或复制。

注: AutoCAD 系统变量 PICKFIRST 设置为 1 时,用户可以先选择对象,然后发出命令。要进行此设置,请打开选项对话框,单击选择选项卡,然后选中名动选项复选框。

8.4.5 按属性选择要素

用户可以在按属性选择对话框中使用基于 SQL 的表达式来选择要素类的成员。具体步骤:

(1)在功能区的要素组中,单击按属性选择按钮 ![],将打开按属性选择对话框。

(2)单击要素类下拉箭头,选择一个要素类。

(3)单击方法下拉箭头,然后选择一个选择方法。

(4)双击某一字段并将其添加到表达式框中。

(5)单击运算符将其添加到表达式。

(6)单击获取唯一值,然后双击一个值并将其添加到表达式,也可以单击验证检查选择表达式。

(7)单击应用。

(8)单击关闭。

提示: 单击清除按钮以清空表达式框。

8.4.6 编辑原生要素属性

可以通过要素属性对话框查看和编辑各个原生要素的属性。具体步骤:

(1)在功能区的要素组中,单击属性按钮 ![],将显示以提示"选择要素:"。

(2)单击并选择一个或多个要素,然后按 ENTER,将打开要素属性对话框。

(3)单击并编辑单元格的值。

多个所选要素共有的属性字段将显示消息 *-Varies-*。编辑这些字段将更改选择集内的所有实体值。要删除属性,请单击该行,然后按 DELETE。

提示: 用户可以使用选择要素 ![] 按钮创建新的选择集。

8.4.7 覆盖要素类属性

用户可以使用原生要素类属性对话框随时覆盖原生要素属性。关闭对话框后将应用这些更改。具体步骤:

(1)在功能区的要素组中,单击当前要素类下拉列表,并将原生要素类设置为当前要素类。

(2)单击要素类属性按钮,将打开要素类属性对话框。

(3)单击属性下拉箭头并配置查询,以选择希望作要素类成员的 AutoCAD 为对象,例如图层 V-PROP-LINE 上的所有实体。

如果将过滤器留空,默认情况下,要素类型属性定义的所有 AutoCAD 对象都是要素类成员。单击预览目测配置的查询是否正确。

（4）在字段部分中，单击名称、类型和默认单元格定义必填字段。

这些字段用于将属性值直接附加到 AutoCAD 对象，并将它们作为要素属性与 ArcGIS for Desktop 进行共享。用户可以随时添加和删除它们。

（5）单击确定。

8.4.8 原生要素类属性

原生要素类属性是定义如何选择 AutoCAD 对象并显示为 ArcGIS 可直接使用的要素类的参数。

（1）名称。指定要素类名称。该名称在当前工程图中必须唯一，以字母开始，而且不含空格。最佳做法是选择可清楚地描述要素的名称，它使用大小写混合的命名约定或使用下划线分隔单词，例如 MajorRoads 或 Major_Roads。要更改要素类的名称，必须创建新的要素类。

（2）类型。定义 ArcGIS 要素几何类型并将要素类限制如表 8-4 所列出的特定 AutoCAD 对象。要更改要素类型，必须创建新的要素类。

表 8-4 ArcGIS 要素几何类型

ArcGIS 几何类型	支持的 AutoCAD DWG 对象
点	点、插入物、影线和取代物
折线	弧、圆、椭圆、线、多线、折线、样条、实体和三维面
面	圆、实体、椭圆、面、闭合折线、闭合 3D 折线和闭合多线
注记	文本、多行文本、属性和属性定义
多面体	圆、椭圆、闭合多线、闭合样条、实体和三维面

（3）查询。"查询"属性是可定义选择集的可配置属性过滤器。它可减少允许作为要素类成员的对象类型。用户可以随时配置查询，因此符合条件的 AutoCAD 对象是会动态变化的要素类成员。

可将逗号作为逻辑 OR 运算符来分隔以字符串指定的属性值（如多个图层名称或线型）。如果将过滤器留空，要素类型定义的所有 AutoCAD 对象都默认为要素类成员。

（4）字段。字段使用户能够将要素属性直接附加到 AutoCAD 对象并对它们进行编辑。用户可以随时在原生要素类中添加或移除字段。使用名称、数据类型和值来定义它们，类似于地理数据库中的字段定义。

1）名称。定义（虚拟）表列的名称。当用户在属性表中查看要素属性时，此名称以字段标题的形式出现。

2）类型。指定可以存储在属性字段中的各种值，如表 8-5 所示。

表 8-5 AutoCAD 中指定属性字段类型

AutoCAD 类型	ArcGIS 等效工具	AutoCAD 类型	ArcGIS 等效工具
字符串	文本	短整型	短整型
双精度	双精度	整型	长整型

3) 默认值。为要素类的所有新成员设置默认属性值。
4) 长度。设置要素属性可输入的最大字符数。只有文本字段才能识别此属性。

8.5 使用 AutoLISP 对 ArcGIS for AutoCAD 进行自定义

8.5.1 AutoLISP

AutoLISP 是一种功能强大的用户自定义脚本语言。AutoCAD 具备内置的 LISP 解释程序。用户可以在命令提示符处输入 AutoLISP 代码，或者从外部（.lsp）文件加载代码。存在多种从脚本、菜单和其他应用程序编程接口（API）自动化应用程序中加载和调用 AutoLISP 的方法。

Esri 已针对 ArcGIS for AutoCAD 中包含的 AutoLISP 函数进行了分组，用以轻松操作大多数 ArcGIS for AutoCAD 对象。自 2013 年 11 月的 ArcGIS for AutoCAD 版本起，将提供这些函数。

使用 AutoLISP 所需的知识，假设 ArcGIS for AutoCADAutoLISP API 用户对 AutoLISP 及其如何在 AutoCAD 中使用有基本的了解。这些函数是标准的 AutoLISP 可调用工具，并且将以同样的方式与 AutoCAD 中的其他 AutoLISP 例程结合使用。如果用户需要有关 AutoLISP 的行为和语法的其他信息，请查找其他资源。

8.5.2 ArcGIS for AutoCAD 命令

除此处描述的 AutoLISP 函数之外，还有许多 ArcGIS for AutoCAD 特定命令可用于对 ArcGIS for AutoCAD 对象执行操作，以及控制 ArcGIS for AutoCAD 用户界面行为。由于这些命令被定义为 AutoCAD 命令行命令，因此它们也可以通过各种 AutoCAD API（包括 AutoLISP）进行调用。ArcGIS for AutoCAD 命令可以包含在自定义设置中，其中集成了 ArcGIS for AutoCAD AutoLISP 函数和其他 AutoLISP 函数的组合，以及用户可以在 AutoCAD 中使用的命令。

8.5.3 ArcGIS for AutoCAD AutoLISP API

ArcGIS for AutoCAD API 将使用已命名的 ArcGIS for AutoCAD 对象。大部分 ArcGIS for AutoCAD 对象 API 可用于获取现有对象列表、添加新对象、移除对象以及设置对象属性。大多数情况下不提供显式修改或设置选项，开发者可以删除和重新添加对象。

因为在工程图中，ArcGIS for AuoCAD 要素类及其属性将作为标准的 AutoCAD 图形和非图形实体进行编码，用户可以使用 Esri 的 CAD 制图规范（MSC）中的知识直接在 AutoLISP 或其他 API 中处理该信息。此 AutoLISP API 为 AutoLISP 开发人员提供处理该信息的快捷方式。但是 ArcGIS for AutoCAD 的其他方面（如与 ArcGIS Server 的连接和通信）只能通过 ArcGIS for AutoCAD AutoLISP API 来提供。

按照其操作对象的类型，将 ArcGIS for AutoCAD AutoLISP 函数分类如下。

(1) 坐标系函数。坐标系函数可用于检索、设置和移除用于描述当前工程图坐标的坐标系定义，见表 8-6。

表 8-6 坐标系函数

函数名	功能
esri_coordsys_get	获取当前在工程图中指定的字符串形式的坐标系
esri_coordsys_set	通过指定有效的 Esri.PRJ 文件路径来设置当前工程图的坐标系
esri_coordsys_remove	从当前工程图中移除现有的坐标系定义

（2）要素属性函数。要素属性函数可用于创建、修改和删除实体中存储的要素属性值，见表 8-7。

表 8-7 要素属性函数

函数名	功能
esri_attributes_get	获取字段名称的相关列表及其属性值
esri_attributes_set	在实体上添加或修改属性
esri_attribute_delete	从指定的实体中删除 ArcGIS for AutoCAD 属性值和 XRECORD

（3）要素类函数。要素类函数可用于创建、修改、删除和管理工程图中的本地要素类，见表 8-8。

表 8-8 要素类函数

函数名	功能
esri_featureclass_names	在当前工程图中检索字符串列表形式的本地要素类名称列表
esri_featureclass_add	将本地要素类定义添加到 AutoCAD 工程图
esri_featureclass_get	返回本地要素类属性的相关列表
esri_featureclass_getquery	以 DXF 对相关列表的形式返回现有本地要素类的 FILTERQUERY
esri_featureclass_setquery	修改现有本地要素类的 QUERYFILTER
esri_featureclass_remove	从工程图中删除要素类定义
esri_featureclass_getcurrent	获取当前本地要素类的名称
esri_featureclass_setcurrent	设置当前本地要素类并更新 ArcGIS for AutoCAD 功能区

（4）要素服务函数。要素服务函数可用于创建、修改、删除和管理 ArcGIS for AutoCAD 中的要素服务。通过 ArcGIS for AutoCAD 应用程序访问要素服务实体时，将在单个 AutoCAD 图层上对要素服务实体进行管理。ArcGIS for AutoCAD 将在该图层上追踪匹配几何类型的对象，见表 8-9。

表 8-9 要素服务函数

函数名	功能
esri_featureservice_names	在当前工程图中检索要素服务要素类名称列表
esri_featureservice_add	将要素服务器中的要素服务要素类添加到当前工程图会话中
esri_featureservice_get	针对指定要素服务要素类返回要素服务属性的相关列表
esri_featureservice_set	更新指定要素类的要素服务属性

8.5 使用 AutoLISP 对 ArcGIS for AutoCAD 进行自定义

续表 8-9

函数名	功能
esri_featureservice_remove	从工程图中删除要素服务要素类定义及其实体
esri_featureservice_getcurrent	获取当前要素类的名称
esri_featureservice_setcurrent	设置当前要素类并更新 ArcGIS for AutoCAD 功能区
esri_featureservice_names	在当前工程图中检索要素服务要素类名称列表

（5）字段定义函数。字段定义函数可用于创建、修改、删除和管理 ArcGIS for AutoCAD 中的字段定义。用户可用这些字段来查询和修改本地要素类的方案，但是要素服务字段定义是只读的，见表 8-10。

表 8-10 字段定义函数

函数名	功能
esri_fielddef_names	返回现有的本地要素类或要素服务要素类的字段名称列表
esri_fielddef_add	将新字段定义添加到现有的本地要素类中
esri_fielddef_get	以相关列表形式获取要素类的要素字段属性
esri_fielddef_set	返回现有本地字段定义的字段名称列表或更新现有的要素类字段
esri_fielddef_remove	从要素类定义中移除字段定义，但实体保持不变

（6）影像服务函数。影像服务函数可用于创建、修改、删除和管理 ArcGIS 影像服务，见表 8-11。

表 8-11 影像服务函数

函数名	功能
esri_image_names	以字符串列表形式返回当前工程图会话中的影像服务名称列表
esri_image_add	使用指定的影像服务属性将影像服务添加到当前工程图中
esri_image_get	获取指定影像服务名称的影像服务属性
esri_image_set	通过指定的 SERVICE_PROPERTIES 来更新工程图中的现有影像服务属性
esri_image_remove	从当前工程图中移除指定的影像服务
esri_image_getcurrent	获取 CURRENT IMAGE SERVICE 名称
esri_image_setcurrent	将指定的 IMAGE SERVICE 设置为当前影像服务
esri_image_sendbehind	将影像服务移动到工程图中对象绘制顺序的底部
esri_image_names	以字符串列表形式返回当前工程图会话中的影像服务名称列表

（7）地图服务函数。地图服务函数可用于创建、修改、删除和管理工程图中的 ArcGIS 地图服务。ArcGIS for AutoCAD 地图服务在 AutoCAD 中被渲染成自定义动态栅格影像实体，见表 8-12。

表 8-12 地图服务函数

函数名	功能
esri_map_names	以字符串列表形式获取当前工程图中定义的地图服务名称列表
esri_map_add	使用指定的服务属性将地图服务添加到当前工程图中
esri_map_get	获取定义的地图服务名称的地图服务属性
esri_map_set	通过指定的 SERVICE_PROPERTIES 来修改工程图中现有地图服务的属性
esri_map_remove	移除指定的地图服务
esri_map_getcurrent	获取 CURRENT MAP SERVICE 名称
esri_map_setcurrent	将工程图中的 CURRENT MAP SERVICE 设置为指定的地图服务名称
esri_map_sendbehind	将地图服务移动到工程图中对象绘制顺序的底部

(8) 服务器连接函数。服务器连接函数可用于创建和管理访问各种 ArcGIS web 服务（如要素服务、位置服务、影像服务和地图服务）所需的服务器连接，见表 8-13。

表 8-13 服务器连接函数

函数名	功能
esri_proxy_initialize	如果当前 ArcGIS for AutoCAD 会话需要，则设置 Internet 代理连接的用户和密码
esri_connection_names	获取字符串列表形式的名为 ArcGIS for AutoCAD 的服务器连接列表
esri_connections_get	获取包含服务器连接名称的服务器连接信息相关列表
esri_connection_add	存储正确的 ArcGIS for AutoCAD 服务器连接信息
esri_connections_test	尝试使用指定的连接参数连接到服务器
esri_connection_remove	从磁盘上的 AutoCAD 会话中移除服务器连接及其相应的连接信息
esri_proxy_initialize	如果当前 ArcGIS for AutoCAD 会话需要，则设置 Internet 代理连接的用户和密码

(9) 子类型函数。子类型函数可用于管理要素类的子类型，见表 8-14。

表 8-14 子类型函数

函数名	功能
Esri_subtype_names	如果指定要素类具有子类型，则返回子类型名称列表
Esri_subtype_getcadlayer	返回子类型的 AutoCAD 图层名称
Esri_subtype_getcurrent	获取本地要素类或要素服务要素类的当前子类型名称

8.6 AutoCAD 制图规范

8.6.1 AutoCAD 制图规范

AutoCAD 制图规范是一种 Esri 开源规范，它描述了如何使用 AutoCAD 应用程序实现 ArcGIS 可直接使用的要素类。开发人员可选择在 AutoLISP 或在 ObjectARX 编程环境中选择使用 C++、C#或 VB.NET。

（1）与 ArcGIS 实现互操作。ArcGIS for Desktop（9.3 或更高版本）由此规范定义的可读写 ArcGIS 要素方案。使用地理处理工具将要素转为 AutoCAD 实体时，自动将此方案嵌入到 AutoCAD 工程图（.dwg）文件中并且此过程中 ArcGIS 用户无需做任何设置。

（2）使用 Esri 开发者符号。为 Autodesk 推出的任何 AutoCAD 产品创建应用的开发人员都允许将开发者符号 ESRI_用于命名对象（正如本规范中所述）。

（3）Open Design Alliance。Esri 是 Open Design Alliance(ODA) 的会员并使用 Teigha 开发平台在 ArcGIS 中构建 AutoCAD 互操作功能。同理，执行 AutoCAD 制图规范的开发人员必须使用 Teigha 库支持的方法来确保与 ArcGIS for Desktop 的互操作。一个例子是，对用于过滤 DWG 对象的条件运算符的支持非常有限。

（4）代码实例。AutoLISP、C#和 VB.NET 的代码实例假设用户对所选语言的 DWG 文件格式具有实际的编程经验。

8.6.2 面向开发人员的 DWG 文件基本词汇

DWG 文件格式将数据组织到 3 个一般的结构中：表示几何的图形实体、定义属性的非图形符号表和存储数据的非图形对象。AutoCAD 制图规范如表 8-15 所示的非图形对象来定义要素类方案、存储要素属性并将要素属性链接至实体并为数据集分配地理空间坐标系。

表 8-15 AutoCAD 部分非图形对象

DWG 对象	描述
字典	字典是存储自定义数据的非图形对象容器。可接受多种对象，如 xrecord、数据表和其他嵌套形式的字典
命名对象字典	命名对象字典是拥有其他所有字典的父字典。它是 DWG 文件的有机组成部分而且不能创建或删除
扩展字典	扩展字典是用于存储任意数据并将任意数据链接至实体的对象字典。字典的句柄存储在对象或实体的定义中
Xrecord	Xrecord 对象是 ObjectARX 和 AutoLISP 应用程序用于存储非图形数据的通用对象。它们以 DXF 名称 XRECORD 存储在对象字典或扩展字典中。数据由一个 DXF 类型编码和一个值组成。AutoLISP 将它们作为以双虚线符号表示的列表进行操作。ObjectARX 将它们作为 ResultBuffers 进行操作
链接的列表	链接列表是两个或多个 ObjectARX Result Buffers 或双虚线 AutoLISP 列表，它们用于定义包含多种属性和数据类型的实体或对象。例如，((0."INSERT")(2."MyBlock")(8."MyLayer"))
选择过滤器	选择过滤器是可为创建选择集对象而定义选择标准的链接列表。在 ObjectARX 中，选择集会传递给选择方法。在 AutoLISP 中，选择集会传递给 ssget 功能

注：ArcGIS 或 Teigha 库当前不支持条件运算符。当创建选择集过滤器列表时，使用由逗号分隔的字符串为字符串值属性（如图层名称和线类型）创建 OR 条件。DWG 对象模型示意图如图 8-11 所示。

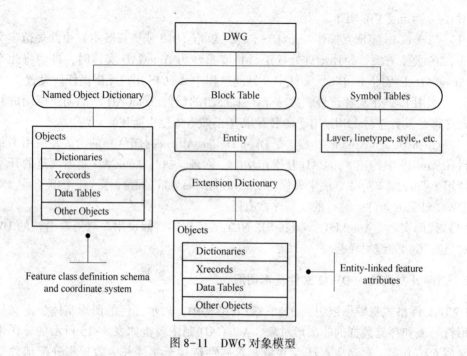

图 8-11 DWG 对象模型

8.6.3 原生要素类编码的基本概念

原生 ArcGIS 要素类是共享一组常见属性的 AutoCAD 对象的命名选择集。用户可以动态地创建和配置它们以显示内容的特定子集，作为 ArcGIS for Desktop 可识别的 ArcGIS 即用型要素类。它们的功能与 ArcMap 中的定义查询类似，此外它们还可以定义属性字段并将要素属性附加到原生的 AutoCAD 几何对象。

8.6.3.1 要素类方案

要素类方案是在数据集（或工程图）级别嵌入工程图中的非图形信息。它们是一种空的仅方案要素类，用于存储元数据但不包含实际的要素数据。信息按照 DWG 对象字典的标准化框架存储为原生 DWG xrecord。

（1）名称。指定要素类名称。该名称在当前工程图中必须唯一，以字母开始，而且不含空格。最佳做法是选择可清楚地描述要素的名称，它使用大小写混合的命名约定或使用下划线分隔单词，例如 MajorRoads 或 Major_Roads。要更改要素类的名称，必须创建新的要素类。

（2）类型。定义 ArcGIS 要素几何类型并将要素类限制如表 8-16 所列出的特定 AutoCAD 对象。要更改要素类型，必须创建新的要素类。

表 8-16 ArcGIS 几何类型与对应的 AutoCAD DWG 对象

ArcGIS 几何类型	支持的 AutoCAD DWG 对象
点	点、插入物、影线和取代物
折线	弧、圆、椭圆、线、多线、折线、样条、实体和三维面

续表 8-16

ArcGIS 几何类型	支持的 AutoCAD DWG 对象
面	圆、实体、椭圆、面、闭合折线、闭合 3D 折线和闭合多线
注记	文本、多行文本、属性和属性定义
多面体	圆、椭圆、闭合多线、闭合样条、实体和三维面

结果是一个包含两部分的复合过滤器列表。第一部分是按要素类型定义的实体静态列表。第二部分由下一部分中介绍的要素查询列表定义。

（3）查询。一种用户可配置属性，可缩小按类型属性定义的选择集。此聚合列表可创建向选择方法传递的最终选择集对象。

可将逗号作为逻辑 OR 运算符来分隔以字符串指定的属性值（如多个图层名称或线类型）。如果将过滤器留空，要素类型定义的所有 AutoCAD 对象都默认为要素类成员。

（4）字段。字段使用户能够将要素属性直接附加到 AutoCAD 对象并对它们进行编辑。用户可以随时在原生要素类中添加或移除字段。使用名称、数据类型和值来定义它们，类似于地理数据库中的字段定义。

1）名称。定义（虚拟）表列的名称。当用户在属性表中查看要素属性时，此名称以字段标题的形式出现。

2）类型。指定可以存储在属性字段中的各种值，如 8.4.8 小节的表 8-5 所示。

3）默认值。为要素类的所有新成员设置默认属性值。

4）长度。设置要素属性可输入的最大字符数。只有文本字段才能识别此属性。

8.6.3.2 要素类图

AutoCAD 中要素类与 ArcGIS 中要素类的对应关系，见图 8-12。

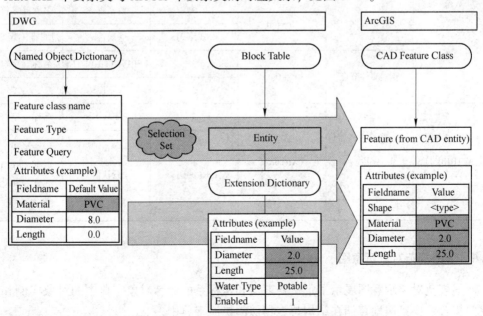

图 8-12 AutoCAD 中要素类与 ArcGIS 中要素类的对应关系

8.6.4 制图规范分组编码

所有制图规范对象都使用 DWG 文件格式定义的标记格式。框架中的每个数据元素之前都存在一个整数，称为分组编码。分组编码指示了随对象存储的数据元素类型。

表 8-17 分组编码适用于 CAD 制图规范定义的所有非图形对象。

表 8-17 分组编码

父对象	地图对象	对象类型	分组编码	值	描述
命名对象字典	坐标系	Xrecord	3	ESRI_PRJ	名称（字符串）
			1	<坐标系>	WKT（字符串）
	要素类节点	字典	3	ESRI_FEATURES	名称（字符串）
			3	<要素类名称>	字典
ESRI_FEATURES	要素类	字典	3	<要素类名称>	名称（字符串）
			3	要素类型	Xrecord
			3	要素查询	Xrecord
			3	ESRI_ATTRIBUTES	字典（可选）
<要素类>	要素类型	Xrecord	3	要素类型	名称（字符串）
			1	<要素类型>	点、折线、面、多面体或注记（字符串）
	要素查询	Xrecord	3	要素查询	名称（字符串）
			<dxf编码>	<属性>	过滤器（类型不同）
	要素属性节点	字典	3	ESRI_ATTRIBUTES	名称（字符串）
			3	<字段>	字典
ESRI_ATTRIBUTES	字段	Xrecord	3	<字段名>	名称（字符串）
			<dxf编码>	<默认值>	1=字符串，40=实型，70=16位整型，90=32位整型

8.6.5 制图规范对象示意图

制图规范对象示意图展示了定义要素类和坐标系的命名对象字典中的对象实例和属性的完整集合。要素属性存储在结构与之相似的扩展字典中。

要素类和坐标系见图 8-13。

8.6 AutoCAD 制图规范

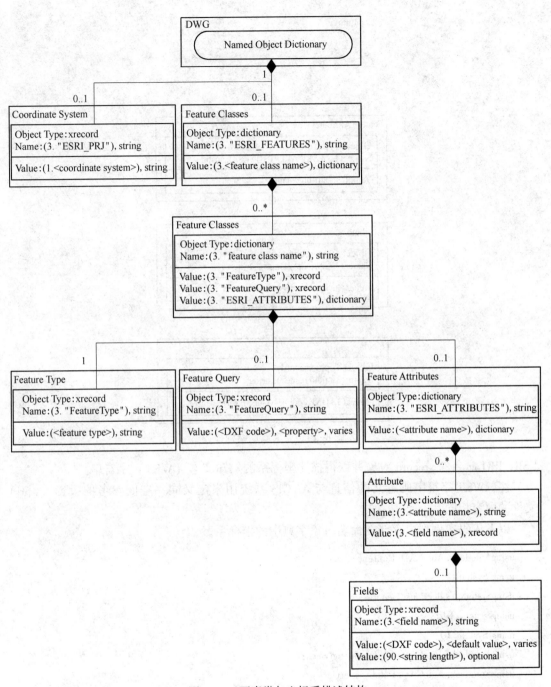

图 8-13 要素类与坐标系描述结构

要素属性见图 8-14。

8.6.6 代码实例

8.6.6.1 列出坐标系

本小节介绍如何使用 C#列出存储在命名对象字典中的空间参考。代码示例可打开以

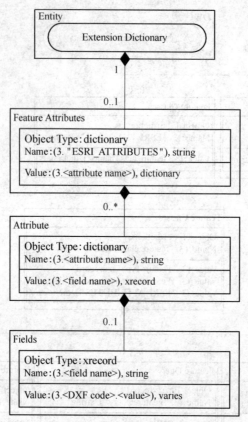

图 8-14 要素属性结构描述

ESRI_PRJ 命名的 xrecord 对象并获得描述坐标系的熟知文本（WKT）字符串。

注：WKT 字符串所定义的信息与 ArcGIS 系统用来定义同一空间参考的投影（.prj）文件的内容相同。

以下代码实例列出存储在命名对象字典中的坐标系。

```
usingAutodesk.AutoCAD.Runtime;
using System;
usingSystem.Collections.Generic;
usingSystem.Text;
using System.IO;
usingAutodesk.AutoCAD.ApplicationServices;
usingAutodesk.AutoCAD.DatabaseServices;
usingAutodesk.AutoCAD.EditorInput;
[assembly:CommandClass(typeof(Chap8.PRJSamples))]
namespace Chap8
{
publicclassPRJSamples
    {
staticStringPRJ_RecordName="ESRI_PRJ";
```

```
[CommandMethod("ESRIPRJ")]
publicstaticvoidGet_WKT()
    {
    Databasedb = Application. DocumentManager. MdiActiveDocument. Database;
    using(Transaction t = db. TransactionManager. StartTransaction())
        {
        //获得当前文档的编辑器
        Editor ed = Application. DocumentManager. MdiActiveDocument. Editor;
        try
            {
            //打开命名对象字典
            DBDictionarydict =
            (DBDictionary)t. GetObject(db. NamedObjectsDictionaryId,OpenMode. ForRead,false);
            //获取坐标扩展记录对象
            ObjectIdobjID = dict. GetAt(PRJ_RecordName);
            Xrecord rec = (Xrecord)t. GetObject(dict. GetAt(PRJ_RecordName),OpenMode. ForRead);
            //输出坐标系
            ResultBuffer data = rec. Data;
            if(data! = null)
                {
                ed. WriteMessage(data. ToString());
                }
            }
        catch
            {
            ed. WriteMessage("No valid coordinate system found");
            }
        }
    }
```

8.6.6.2 创建要素类

本小节介绍如何使用 C#将要素类添加到 ESRI_FEATURES 字典中。在代码示例中,在命名对象字典中创建一个新的要素类,同时将要素的名称、要素类型和要素查询存储为单个 Xrecord。8.6.6.3 小节至 8.6.6.6 小节均需调用本例方法。

在以下代码实例中,创建一个名为 MyFeatureClass 的折线要素类,其中的要素查询指定了 Layer1 和 Layer2。

```
usingAutodesk. AutoCAD. Runtime;
using System;
usingSystem. Collections. Generic;
usingSystem. Text;
```

```csharp
using System.IO;
usingAutodesk.AutoCAD.ApplicationServices;
usingAutodesk.AutoCAD.DatabaseServices;
usingAutodesk.AutoCAD.EditorInput;
[assembly:CommandClass(typeof(Chap8.FeaClassSamples))]
namespace Chap8
{
    publicclassFeaClassSamples
    {
        staticstringFC_DictName="ESRI_FEATURES";
        staticstringFC_Type="FeatureType";
        staticstringFC_Query="FeatureQuery";
        staticstringFC_Attr="ESRI_ATTRIBUTES";
        [CommandMethod("CreateFeatureClass")]
        publicvoidCreateFeatureClass()
        {
            Databasedb=Application.DocumentManager.MdiActiveDocument.Database;
            using(TransactionpTrans=db.TransactionManager.StartTransaction())
            {
                DocumentThisDrawing=Application.DocumentManager.GetDocument(db);
                DocumentLockdocLock=ThisDrawing.LockDocument();
                DBDictionarypFeaDatasetDict=OpenFeatureDatasetDictionary(db,
                        pTrans,OpenMode.ForWrite,FC_DictName);
                DBDictionarypFeaClassDict=
                OpenFeatureClassDictionary(pFeaDatasetDict,db,"MyFeatureClass",
                        pTrans,OpenMode.ForWrite);
                //添加要素类型,有效的要素类型为
                //"Polyline","Point","Annotation","Point","MultiPatch"
                XrecordrecType=newXrecord();
                recType.Data=newResultBuffer(newTypedValue((int)DxfCode.Text,"Polyline"));
                //向要素类命名词典中存储要素类型扩展记录对象
                pFeaClassDict.SetAt(FC_Type,recType);
                pTrans.AddNewlyCreatedDBObject(recType,true);
                //向要素类命名词典中添加查询扩展记录对象
                XrecordrecQuery=newXrecord();
                recQuery.Data=newResultBuffer(newTypedValue(8,"Layer1,Layer2"));
                pFeaClassDict.SetAt(FC_Query,recQuery);
                pTrans.AddNewlyCreatedDBObject(recQuery,true);
                //提交事务
                docLock.Dispose();
                pTrans.Commit();
            }
        }
```

8.6 AutoCAD 制图规范

```
//打开或创建要素数据集命名词典
public DBDictionary OpenFeatureDatasetDictionary(Database db,Transaction
        t,OpenMode mode,string pFeaDataset)
    {
DBDictionary fcCollection;
DBDictionary NOD=(DBDictionary)t.GetObject(db.NamedObjectsDictionaryId,
            mode,false);
//如果"ESRI_FEATURES"命名对象词典存在,则打开并返回该对象
try
        {
fcCollection=(DBDictionary)t.GetObject(NOD.GetAt(pFeaDataset),
                    mode,false);
return fcCollection;
        }
catch
        {
//如果不存在,则创建它,打开并返回该对象
if(mode!=OpenMode.ForWrite)
return null;
fcCollection=new DBDictionary();
NOD.SetAt(FC_DictName,fcCollection);
t.AddNewlyCreatedDBObject(fcCollection,true);
fcCollection=(DBDictionary)t.GetObject(NOD.GetAt(FC_DictName),mode,false);
return fcCollection;
        }
    }
//打开或创建要素类命名词典
public DBDictionary OpenFeatureClassDictionary(DBDictionary pFeaDatasetDict,
        Database db,string pFeaClass,Transaction t,OpenMode mode)
    {
//打开要素数据集命名词典对象,在该对象中存储了要素类命名对象词典
try
        {//从要素数据集命名词典对象中打开并返回要素类命名词典对象
DBDictionary fc=
        (DBDictionary)t.GetObject(pFeaDatasetDict.GetAt(pFeaClass),mode,false);
return fc;
        }
catch
        {//如果要素类命名对象词典不存在,则新建并打开
if(mode==OpenMode.ForWrite)
            {
DBDictionary fc=new DBDictionary();
pFeaDatasetDict.SetAt(pFeaClass,fc);
```

```
            t. AddNewlyCreatedDBObject(fc,true);
                    fc=(DBDictionary)t. GetObject(pFeaDatasetDict. GetAt(pFeaClass),mode,false);
            return fc;
                }
        returnnull;
                }
            }
```

//打开或创建要素类命名词典中的属性命名对象词典
```
publicDBDictionaryOpenAttributeDictionary(DBDictionarypFeaClassDict,
            Databasedb,stringpFC_Attr,Transaction t,OpenMode mode)
        {
try
            {
DBDictionaryfcAttr=(DBDictionary)t. GetObject(
                    pFeaClassDict. GetAt(pFC_Attr),mode,false);
returnfcAttr;
            }
catch
            {
if(mode==OpenMode. ForWrite)
                {
DBDictionaryfcAttr=newDBDictionary();
pFeaClassDict. SetAt(pFC_Attr,fcAttr);
t. AddNewlyCreatedDBObject(fcAttr,true);
fcAttr=(DBDictionary)t. GetObject(pFeaClassDict. GetAt(pFC_Attr),mode,false);
returnfcAttr;
                }
        returnnull;
            }
        }
```

8.6.6.3 向要素类添加字段

在前一节的基础上，本小节介绍如何使用 C#将字段定义添加到 ESRI_FEATURES 字典中的现有要素类中。在代码示例中，为 ArcGIS for AutoCAD 支持的每种数据类型创建一个字段。每个字段定义都存储为名称唯一的 Xrecord 对象，并赋予了默认值。

以下代码实例将每种数据类型的字段定义添加到现有要素类 MyFeatureClass 中。

```
using System;
usingSystem. Collections. Generic;
usingSystem. Text;
using System. IO;
usingAutodesk. AutoCAD. Runtime;
```

8.6 AutoCAD 制图规范

```csharp
usingAutodesk.AutoCAD.ApplicationServices;
usingAutodesk.AutoCAD.DatabaseServices;
usingAutodesk.AutoCAD.EditorInput;
[assembly:CommandClass(typeof(Chap8.AddAttributeClass))]
namespace Chap8
{
    publicclassAddAttributeClass
    {
        staticstringFC_DictName = "ESRI_FEATURES";
        staticstringFC_Attr = "ESRI_ATTRIBUTES";
        [CommandMethod("AddAttributeDefinitions")]
        publicvoidAddAttributeDefinitions()
        {
            FeaClassSamplespFeaClassSamples = newFeaClassSamples();
            Databasedb = Application.DocumentManager.MdiActiveDocument.Database;
            using(TransactionpTrans = db.TransactionManager.StartTransaction())
            {
                DocumentThisDrawing = Application.DocumentManager.GetDocument(db);
                DocumentLockdocLock = ThisDrawing.LockDocument();
                DBDictionarypFeaDatasetDict = pFeaClassSamples.OpenFeatureDatasetDictionary(
                    db, pTrans, OpenMode.ForWrite, FC_DictName);
                DBDictionarypFeaClassDict = pFeaClassSamples.OpenFeatureClassDictionary(
                    pFeaDatasetDict, db, "MyFeatureClass", pTrans, OpenMode.ForWrite);
                //打开或创建属性命名词典
                DBDictionaryfcAttr = pFeaClassSamples.OpenAttributeDictionary(
                    pFeaClassDict, db, FC_Attr, pTrans, OpenMode.ForWrite);
                //增加一个整型字段,缺省值为99
                XrecordrecIntField = newXrecord();
                recIntField.Data = newResultBuffer(newTypedValue(70,99));
                fcAttr.SetAt("IntField", recIntField);
                pTrans.AddNewlyCreatedDBObject(recIntField, true);
                //增加一个长整型字段,缺省值为900000
                XrecordrecLongField = newXrecord();
                recLongField.Data = newResultBuffer(newTypedValue(90,900000));
                fcAttr.SetAt("longField", recLongField);
                pTrans.AddNewlyCreatedDBObject(recLongField, true);
                //增加一个实数型字段,缺省值为99.999
                XrecordrecRealField = newXrecord();
                recRealField.Data = newResultBuffer(newTypedValue(40,99.999));
                fcAttr.SetAt("realField", recRealField);
                pTrans.AddNewlyCreatedDBObject(recRealField, true);
                //增加一个字符型字段,缺省值为"Sample String",最大长度为64
                XrecordrecStringField = newXrecord();
```

```
              recStringField.Data =
              newResultBuffer(newTypedValue(1,"Sample String"));
              fcAttr.SetAt("TextField",recStringField);
              pTrans.AddNewlyCreatedDBObject(recStringField,true);
              docLock.Dispose();
              pTrans.Commit();
                }
              }
            }
          }
```

8.6.6.4 列出要素类

在 8.6.6.2 小节的基础上，本小节介绍如何使用 C#列出命名对象字典中的所有要素类方案。代码示例使用简单的循环结构逐条查看 ESRI_FEATURES 字典中的每个元素以获得每个要素类的要素名称、要素类型、属性过滤器和字段定义方案。

以下代码实例将命名对象字典中所有要素类的方案输出到文本屏幕中。

```
using System;
usingSystem.Collections.Generic;
usingSystem.Text;
using System.IO;
usingAutodesk.AutoCAD.Runtime;
usingAutodesk.AutoCAD.ApplicationServices;
usingAutodesk.AutoCAD.DatabaseServices;
usingAutodesk.AutoCAD.EditorInput;
[assembly:CommandClass(typeof(Chap8.ListFeatureClass))]
namespace Chap8
{
publicclassListFeatureClass
   {
staticstringFC_DictName = "ESRI_FEATURES";
staticstringFC_Attr = "ESRI_ATTRIBUTES";
        [CommandMethod("ListFeatureClass")]
publicvoidListFeatureClasses()
         {
Databasedb = Application.DocumentManager.MdiActiveDocument.Database;
Editor ed = Application.DocumentManager.MdiActiveDocument.Editor;
FeaClassSamplespFeaClass = newFeaClassSamples();
using(TransactionpTrans = db.TransactionManager.StartTransaction())
            {
DocumentThisDrawing = Application.DocumentManager.GetDocument(db);
DocumentLockdocLock = ThisDrawing.LockDocument();
DBDictionarypFeaDatasetDict = pFeaClass.OpenFeatureDatasetDictionary(db,
```

8.6 AutoCAD 制图规范

```
                        pTrans,OpenMode.ForWrite,FC_DictName);
//列出所有要素类
foreach(DBDictionaryEntrycurDictinpFeaDatasetDict)
            {
ed.WriteMessage("Name:"+curDict.Key+Environment.NewLine);
DBDictionarythisDict=
pFeaClass.OpenFeatureClassDictionary(pFeaDatasetDict,db,
                    curDict.Key,pTrans,OpenMode.ForRead);
//获得要素类型扩展记录
XrecordxType=(Xrecord)pTrans.GetObject(thisDict.GetAt("FeatureType"),
                    OpenMode.ForRead,false);
foreach(TypedValue tv inxType.Data.AsArray())
ed.WriteMessage(String.Format("FeatureType={1}",
tv.TypeCode,tv.Value)+Environment.NewLine);
//获得要素查询扩展记录
XrecordxQuery=(Xrecord)pTrans.GetObject(thisDict.GetAt("FeatureQuery"),
OpenMode.ForRead,false);
ResultBufferrbQuery=xQuery.Data;
foreach(TypedValue tv inxQuery.Data.AsArray())
ed.WriteMessage(String.Format("TypeCode={0},Value={1}",
tv.TypeCode,tv.Value)+Environment.NewLine);
            }
docLock.Dispose();
            }
        }
    }
}
```

8.6.6.5 选择要素

本小节介绍如何使用 C#选择和控制要素类的所有成员。

提示：选择对象时，AutoCAD 系统变量 GRIPOBJLIMIT 可限制夹点的显示。用户可以设置此限制值，方法为：在命令提示符处输入 GRIPOBJLIMIT，或者使用 AutoCAD 选项对话框，然后在选择选项卡中输入值。默认情况下其设置为 100。

以下代码实例选择和控制要素类 MyFeatureClass 的所有成员。

```
using System;
usingSystem.Collections.Generic;
usingSystem.Text;
using System.IO;
usingAutodesk.AutoCAD.Runtime;
usingAutodesk.AutoCAD.ApplicationServices;
usingAutodesk.AutoCAD.DatabaseServices;
usingAutodesk.AutoCAD.EditorInput;
```

```csharp
[assembly:CommandClass(typeof(Chap8.SelectFeatureClass))]
namespace Chap8
{
    publicclassSelectFeatureClass
    {
        staticstringFC_DictName="ESRI_FEATURES";
        staticstringFC_Attr="ESRI_ATTRIBUTES";
        staticTypedValue[]tvPoint={   newTypedValue(-4,"<or"),
        newTypedValue(0,"POINT"),
        newTypedValue(0,"INSERT"),
        newTypedValue(0,"SHAPE"),
        newTypedValue(0,"HATCH"),
        newTypedValue(0,"PROXY"),
        newTypedValue(-4,"or>")
                                    };
        staticTypedValue[]tvPolyline={   newTypedValue(-4,"<or"),
        newTypedValue(0,"ARC"),
        newTypedValue(0,"CIRCLE"),
        newTypedValue(0,"ELLIPSE"),
        newTypedValue(0,"LINE"),
        newTypedValue(0,"MLINE"),
        newTypedValue(0,"*POLYLINE"),
        newTypedValue(0,"RAY"),
        newTypedValue(0,"SPLINE"),
        newTypedValue(0,"XLINE"),
        newTypedValue(0,"TRACE"),
        newTypedValue(0,"SOLID"),
        newTypedValue(0,"FACE"),
        newTypedValue(-4,"or>")
                                       };
        staticTypedValue[]tvPolygon={   newTypedValue(-4,"<or"),
        newTypedValue(0,"CIRCLE"),
        newTypedValue(0,"SOLID"),
        newTypedValue(0,"ELLIPSE"),
        newTypedValue(0,"FACE"),
        newTypedValue(-4,"<and"),
        newTypedValue(0,"*POLYLINE"),
        newTypedValue(70,1),
        newTypedValue(-4,"and>"),
        newTypedValue(-4,"<and"),
        newTypedValue(0,"MLINE"),
        newTypedValue(70,1),
        newTypedValue(-4,"and>"),
```

8.6 AutoCAD 制图规范

```
            newTypedValue(-4,"or>")
                                        };
TypedValue[ ]tvAnnotation = { newTypedValue(-4,"<or"),
newTypedValue(0,"TEXT"),
newTypedValue(0,"MTEXT"),
newTypedValue(0,"ATTRIBUTE"),
newTypedValue(0,"ATTDEF"),
newTypedValue(-4,"or>")
                                        };
TypedValue[ ]tvMultiPatch = tvPolygon;
//选择"MyFeatureClass"要素类中的所有要素
        [CommandMethod("SelectFeatures")]
publicvoidSelectFeatures()
            {
FeaClassSamplespFeaClass = newFeaClassSamples();
Databasedb = Application.DocumentManager.MdiActiveDocument.Database;
using(TransactionpTrans = db.TransactionManager.StartTransaction())
                {
DocumentThisDrawing = Application.DocumentManager.GetDocument(db);
DocumentLockdocLock = ThisDrawing.LockDocument();
StringfcName = "MyFeatureClass";
DBDictionarypFeaDatasetDict = pFeaClass.OpenFeatureDatasetDictionary(
            db,pTrans,OpenMode.ForWrite,FC_DictName);
//打开要素类词典
DBDictionarypFeaClassDict = pFeaClass.OpenFeatureClassDictionary(
                    pFeaDatasetDict,db,fcName,pTrans,OpenMode.ForRead);
if(pFeaClassDict! = null)
                {
stringtypeString = "";
//获得要素类型扩展记录
XrecordxType = (Xrecord)pTrans.GetObject(
                    pFeaClassDict.GetAt("FeatureType"),OpenMode.ForRead,false);
foreach(TypedValue tv inxType.Data.AsArray())
typeString = tv.Value.ToString();
//获得要素查询扩展记录
XrecordxQuery = (Xrecord)pTrans.GetObject(
                    pFeaClassDict.GetAt("FeatureQuery"),OpenMode.ForRead,false);
ResultBufferrbFilter = newResultBuffer(newTypedValue(-4,"<and"));
if(typeString = = "Polyline")
                {
for(int j = 0;j<tvPolyline.Length;j++)
rbFilter.Add(tvPolyline[j]);
                }
```

```
elseif( typeString = = "Point" )
    {
    for( int j = 0;j<tvPoint. Length;j++)
    rbFilter. Add( tvPoint[ j ] );
    }
elseif( typeString = = "Polygon" )
    {
    for( int j = 0;j<tvPolygon. Length;j++)
    rbFilter. Add( tvPolygon[ j ] );
    }
elseif( typeString = = "Annotation" )
    {
    for( int j = 0;j<tvAnnotation. Length;j++)
    rbFilter. Add( tvAnnotation[ j ] );
    }
elseif( typeString = = "MultiPatch" )
    {
    for( int j = 0;j<tvMultiPatch. Length;j++)
    rbFilter. Add( tvMultiPatch[ j ] );
    }
TypedValue[ ] values = xQuery. Data. AsArray( );
for( inti = 0;i<values. Length;i++)
rbFilter. Add( values[ i ] );
rbFilter. Add( newTypedValue( -4, "and>" ) );
SelectionFilterfilterSS = newSelectionFilter( rbFilter. AsArray( ) );
Editor ed = Application. DocumentManager. MdiActiveDocument. Editor;
PromptSelectionResultselResults = ed. SelectAll( filterSS );
if( selResults. Status = = PromptStatus. OK&&selResults. Value. Count>0)
    {
    ObjectId[ ]ids = selResults. Value. GetObjectIds( );
    Autodesk. AutoCAD. Internal. Utils. SelectObjects( ids );
    }
    }
docLock. Dispose( );
        }
    }
}
```

8.6.6.6 删除要素类

本小节介绍如何使用 C#从 ESRI_ FEATURES 字典中删除要素类。
以下代码实例从 ESRI_FEATURES 字典中删除名为 MyFeatureClass 的要素类。

```csharp
using System;
usingSystem.Collections.Generic;
usingSystem.Text;
using System.IO;
usingAutodesk.AutoCAD.Runtime;
usingAutodesk.AutoCAD.ApplicationServices;
usingAutodesk.AutoCAD.DatabaseServices;
usingAutodesk.AutoCAD.EditorInput;
[assembly:CommandClass(typeof(Chap8.DeleteFeatureClass))]
namespace Chap8
{
    publicclassDeleteFeatureClass
    {
        staticstringFC_DictName="ESRI_FEATURES";
        staticstringFC_Attr="ESRI_ATTRIBUTES";
        //删除"MyFeatureClass"要素类词典定义,但是不会删除该要素类对应图层实体的任何属性
        [CommandMethod("DelFeaClass")]
        publicvoidDelFeaClass()
        {
            FeaClassSamplespFeaClass=newFeaClassSamples();
            Databasedb=Application.DocumentManager.MdiActiveDocument.Database;
            using(TransactionpTrans=db.TransactionManager.StartTransaction())
            {
                DocumentThisDrawing=Application.DocumentManager.GetDocument(db);
                DocumentLockdocLock=ThisDrawing.LockDocument();
                DBDictionarypFeaDatasetDict=pFeaClass.OpenFeatureDatasetDictionary(
                             db,pTrans,OpenMode.ForWrite,FC_DictName);
                //打开要素类词典
                DBDictionarypFeaClassDict=pFeaClass.OpenFeatureClassDictionary(
                             pFeaDatasetDict,db,"MyFeatureClass",pTrans,OpenMode.ForWrite);
                //删除
                pFeaClassDict.Erase();
                pTrans.Commit();
                docLock.Dispose();
            }
        }
    }
}
```

8.6.6.7 列出要素属性

本小节说明了如何使用 C#列出扩展字典中链接至实体的字段定义方案和属性值。代码示例提示用户选择一个实体,然后从 ESRI_ ATTRIBUTES 扩展字典中获得字段定义方案。

以下代码实例列出扩展字典中链接至实体的字段定义方案和属性值：

```csharp
using System;
usingSystem.Collections.Generic;
usingSystem.Text;
using System.IO;
usingAutodesk.AutoCAD.Runtime;
usingAutodesk.AutoCAD.ApplicationServices;
usingAutodesk.AutoCAD.DatabaseServices;
usingAutodesk.AutoCAD.EditorInput;
usingSystem.Collections;

[assembly:CommandClass(typeof(Chap8.ListAttributesClass))]
namespace Chap8
{
publicclassListAttributesClass
    {
        [CommandMethod("ListAttributes")]
publicvoidListAttributes()
        {
Databasedb=Application.DocumentManager.MdiActiveDocument.Database;
Editor ed=Application.DocumentManager.MdiActiveDocument.Editor;
PromptSelectionOptionsselectionOpts=newPromptSelectionOptions();
selectionOpts.MessageForAdding="\nSelect object to list:";
selectionOpts.AllowDuplicates=false;
selectionOpts.SingleOnly=true;
PromptSelectionResultpsr=ed.GetSelection(selectionOpts);
if(psr.Status==PromptStatus.OK)
            {
ObjectId[]ids=psr.Value.GetObjectIds();
//获得一个实体ObjectId
ObjectIdentid=ids[0];
using(TransactionpTrans=db.TransactionManager.StartTransaction())
                {
//打开实体,并获得扩展词典
Entityentity=(Entity)pTrans.GetObject(entid,OpenMode.ForRead,true);
ObjectIdextDictId=entity.ExtensionDictionary;
if((extDictId.IsNull==false)&&(extDictId.IsErased==false))
                    {
//打开扩展词典
DBObjecttmpObj=pTrans.GetObject(extDictId,OpenMode.ForRead);
DBDictionarydbDict=tmpObjasDBDictionary;
if(dbDict!=null)
```

8.6 AutoCAD 制图规范

```
        }
//如果扩展词典包含属性,则打开属性词典
if( dbDict. Contains( "ESRI_ATTRIBUTES" ) )
        {
ObjectIdattrDictId = dbDict. GetAt( "ESRI_ATTRIBUTES" ) ;
if( ( attrDictId. IsNull = =false) &&
                        ( attrDictId. IsErased = =false) )
        {
DBObjectanObj = pTrans. GetObject( attrDictId,OpenMode. ForRead) ;
DBDictionaryattrDict = anObjasDBDictionary;
if( attrDict! = null)
        {
//通过迭代提取属性词典中的属性,并在命令行输出它们的值
foreach( DBDictionaryEntrycurEntryinattrDict)
        {
ObjectIdcurEntryId = curEntry. Value;
DBObjectcurEntryObj = pTrans. GetObject( curEntryId,OpenMode. ForRead) ;
XrecordcurX = curEntryObjasXrecord;
if( curX! = null)
        {
if( curX. Data! = null)
        {
IEnumeratoriter = curX. Data. GetEnumerator( ) ;
iter. MoveNext( ) ;
TypedValuetmpVal = ( TypedValue) iter. Current;
if( tmpVal! = null)
        {
ed. WriteMessage( " \n" ) ;
                        ed. WriteMessage( curEntry. m_key) ;
ed. WriteMessage( " (" ) ;
                        ed. WriteMessage( tmpVal. TypeCode. ToString( ) ) ;
ed. WriteMessage( " )= " ) ;
                        ed. WriteMessage( tmpVal. Value. ToString( ) ) ;
                        }
                        }
                        }
                    }
                }
            }
        }
    }
}
```

习题与思考题

1. ArcGISforAutoCAD 插件具有哪些功能模块？
2. 什么是源生要素类？在 AutoCAD 中能够创建哪些要素类？
3. AutoCAD 中源生要素类属性可以是哪些类型？
4. 对于源生要素类的点、线、面和体的几何分别可以使用哪些 AutoCAD 几何对象？
5. 详细阐述 AutoCAD 如何存储和管理 ArcGIS 源生要素类？
6. 编程实现在 AutoCAD 使用源生要素类实现基础地理信息采集与更新。
7. 在 AutoCAD 中创建的源生要素类如何存储到 Geodatabase 中？

参 考 文 献

[1] 范国雄. 数字测图技术 [M]. 南京：东南大学出版社, 2016.
[2] 潘正风. 数字测图原理与方法 [M]. 武汉：武汉大学出版社, 2010.
[3] 徐泮林. 数字化成图：最新 AutoCAD 地形图测绘高级开发 [M]. 北京：地震出版社, 2008.
[4] AutoCADObjectARX SDK Developer Center. https://www.autodesk.com/developer-network/platform-technologies/autocad/objectarx.
[5] 王文波, 邹清源, 张斯珩, 等. AutoCAD2010 二次开发实例教程 [M]. 北京：机械工业出版社, 2013.
[6] 王玉琨. CAD 二次开发技术及其工程应用 [M]. 北京：清华大学出版社, 2008.
[7] 李冠亿. 深入浅出 AutoCad.Net 二次开发 [M]. 北京：中国建筑工业出版社, 2012.
[8] 张帆, 郑立楷, 卢择临, 等. AutoCAD VBA 二次开发教程 [M]. 北京：清华大学出版社, 2008.
[9] 张帆, 朱文俊. AutoCAD ObjectARX（VC）开发基础与实例教程 [M]. 北京：中国电力出版社, 2014.
[10] 曾洪飞. AutoCAD VBA & VB.NET 开发基础与实例教程 [M]. 北京：中国电力出版社, 2013.
[11] 徐贤德. AutoCAD 二次开发在铁路桥墩设计中的应用 [J]. 铁道工程学报, 2014（02）：56~60.
[12] 胡祝敏, 刘星, 艾鸿敏. CAD 二次开发在宗地数据处理中应用 [J]. 测绘工程, 2014, 23（05）：62~65, 70.
[13] 刘明政, 符锌砂, 袁功青. 互通立交曲线梁桥 CAD 系统的研究与开发 [J]. 中外公路, 2010, 30（03）：338~340.
[14] 杨钦, 白润才. CAD 二次开发在三维地质建模中的应用 [J]. 微计算机信息, 2010, 26（34）：169~170.
[15] 李伟干, 江启双. 基于中望 CAD 二次开发实现地下管线数据处理的图库联动 [J]. 测绘通报, 2016（S1）：225~227.
[16] 刘仁峰, 吴志春. AutoCAD 平台下 DLG 建库的关键技术研究 [J]. 测绘通报, 2015（09）：113~116.
[17] 赵宁, 黄地龙, 徐莉. 基于 C#的区域自动填充 CAD 二次开发 [J]. 工程勘察, 2008（01）：58~61.
[18] ObjectARX 自定义实体的地下管线前端数据采集系统开发 [J]. 测绘科学, 2010, 35（05）：214~216.
[19] 基于中望 CAD 二次开发实现地下管线数据处理的图库联动 [J]. 测绘通报, 2016（S1）：225~227.
[20] 基于 ObjectARX 开发工程图模块的研究 [J]. 图学学报, 2013, 34（01）：71~76.
[21] 基于 ObjectARX 的用户地图符号库系统的设计与开发 [J]. 测绘通报, 2013（11）：109~111.
[22] 基于 ObjectARX 的图形接口和数据提取方法 [J]. 测绘科学, 2009, 34（03）：189~191, 185.